U0185905

DK动物百科系列

鸟

英国DK出版社　著
肖笛　译
刘阳　审译

科学普及出版社
·北　京·

著作权合同登记号：01-2018-6142

图书在版编目(CIP)数据

DK动物百科系列．鸟 / 英国DK出版社著 ； 肖笛译. -- 北京 ： 科学普及出版社，2020.10(2023.3重印)
ISBN 978-7-110-09878-3

Ⅰ. ①D… Ⅱ. ①英… ②肖… Ⅲ. ①生物学一少儿读物②鸟类一少儿读物 Ⅳ. ①Q-49②Q959.7-49

中国版本图书馆CIP数据核字(2018)第190779号

策划编辑　邓　文
责任编辑　邓　文　齐　宇
封面设计　朱　颖
图书装帧　金彩恒通
责任校对　杨京华
责任印制　李晓霖

科学普及出版社出版
北京市海淀区中关村南大街16号 邮政编码： 100081
电话：010-62173865 传真：010-62173081
http://www.cspbooks.com.cn
中国科学技术出版社有限公司发行部发行
广东金宣发包装科技有限公司印刷
*
开本：889毫米×1194毫米 1/16　印张：5　字数：150千字
2020年10月第1版　2023年3月第8次印刷
ISBN　978-7-110-09878-3/Q・238
印数：68001—78000 册　定价：58.00元

For the curious
www.dk.com

目录

前言

鸟儿是征服了陆地、海洋和天空的勇者，从被冰雪覆盖、荒芜的南极洲，到**最高的山、最干燥的沙漠**，鸟类的足迹遍布全世界的**各个**角落。如果向窗外张望一分钟，或者是闭上你的眼睛，你可能最先看到的就是**鸟儿**的身影，最先听到的就是**鸟儿**的叫声。鸟类**成功**的秘密就是它们的飞行能力。世界上最早的鸟类是长满羽毛的爬行类动物，它们在1.5亿年前学会了飞翔，*飞上了天空*。鸟类到底是如何获得飞行能力的呢？我们或许永远也得不到最准确的答案。

让我们猜猜看，也许鸟儿最早是*居住*在树上的，然后慢慢开始尝试从一根树杈滑翔到另一根树杈。也有可能鸟儿最早只是沿着地面蹦蹦跳跳，偶尔从地面**跳跃**到空中，或者是偶然从悬崖**俯冲**下来。飞行的能力是鸟类从天敌口中逃脱的最有力的武器，也是它们到达新的**栖息地**的最好的工具。至今为止，世界上已发现**11524**种不同的鸟类，最小的鸟类就像蜜蜂一样大，比如蜂鸟；也有的鸟类不会飞，而且**体型庞大**，还有的鸟类会潜水，体型像鱼雷一样。

欢迎你来到五彩斑斓的鸟类世界！

征服全世界

鸟类已经在全世界各大洲筑巢安家了，它们的栖息地遍布于不同的自然环境，有的鸟类生活在冰雪覆盖的极地，也有的鸟类生活在干旱的沙漠和远洋海域。

森林

世界上绝大多数鸟类都生活在森林中。森林里面的坚果、浆果、种子、昆虫还有其他小型动物都是鸟儿可以轻松获得的食物。鸟儿会寻找空心的树干做最坚固的房子，用嫩枝和树叶来筑最棒的巢。

草地

开阔的牧场、草地、大草原等，都为吃种子、吃昆虫的鸟类提供了丰富的食物，图中的小型雀形目就是生活在草地的受益者。在冬季，牧场会被水鸟占领，比如大雁和天鹅。

极地

要想在极地环境下生存，厚实温暖的羽毛是必不可少的。大多数鸟类不能一整年都生存在极地环境里。它们在冬季会迁徙到更温暖、更干燥的地方，但是也有一些鸟会在极地生活一整年，比如南极的帝企鹅。

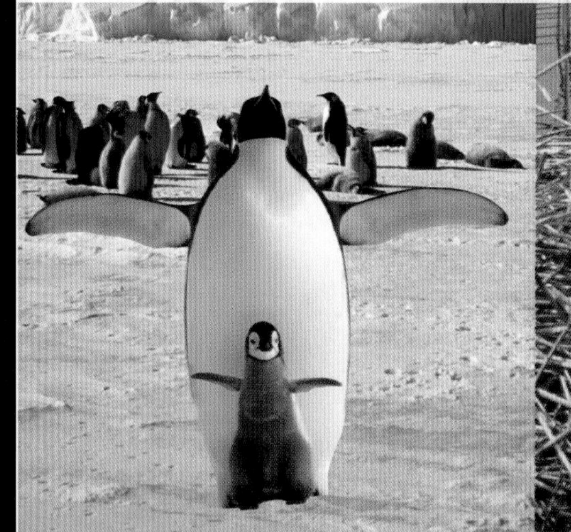

湿地、沼泽

淡水水域，比如湖泊、河流，吸引了各种鸟类，包括鸭子、鹈鹕，还有其他鸣禽等。水里有鱼、水藻以及其他多种可供鸟类选择的食物。芦苇则是最棒的筑巢材料。

灌木丛

野外开阔的灌木丛比沙漠湿润，又比森林干燥。这种地理环境吸引了多种类型的鸟，包括以花蜜为食的鸟，也包括食肉的鸟。虽然这里有充足的食物，但是这种地理环境树木很少，所以一些鸟选择直接在地面上筑巢。

沙漠

沙漠地区的年降雨量小于25厘米。大多数鸟都不会选择生活在这里，但有一些鸟能够应付这种干旱气候。比如沙鸡能用它胸部的羽毛吸收水分，这样它们的幼鸟就可以吸吮沾湿的羽毛来喝水了。

高山

对于鸟类而言，地势越高生存越艰难。大型鸟类需要在大片荒野区域搜寻食物，小型鸟类能在一小片植物中找到可以让它们啄食的种子和昆虫。红嘴山鸦可能是最吃苦耐劳的鸟类了，人们曾经在珠穆朗玛峰的峰顶看到过它。

海洋

没有一种鸟类可以完全在海上度过一生，乌燕鸥是坚持时间最长的了。在乌燕鸥返回陆地交配繁殖之前，它们要在热带海洋上空持续飞行两到三个月的时间。扁嘴海雀是海雀科的一员，它们在海面上抚养雏鸟。

海岸

鸟类的栖息地几乎遍布了全球海岸。一些鸟到内陆寻找食物；其他的鸟类飞到更远的海域寻找新鲜的鱼类。长嘴的水鸟在海岸的泥沙里面寻找食物，但是它们可能根本看不到自己在吃的是什么！

城市

据说，在城市里生存的鸟类要比人类多。鸽子和椋鸟是在城市中繁衍生息最多的两种鸟。这种鸟由人类引入城市，生活在屋顶和阳台上，因为这些地方很像它们在野外时栖息的悬崖。

鸟类家族族谱中包含了超过11524种

各种不同的鸟类都属于鸟纲。

鸟纲可以分为36个目，以及再细分为244个科。生物学家认为这棵系谱树上左侧树干的分类是比较“原始的”——意思是，这些鸟类一开始完成了进化，然而在后来的一段时期，左侧的鸟类相比右侧鸟类变化小。有人认为所有的鸟类都有一个共同的祖先：恐龙。鸟类中有一些种类比较少的类群，你不会在树上找到它们，比如：火烈鸟、鹲（méng）、鹭鹤（hè）、日鳽（jiān）、拟鹑、潜鸟、鹃三宝鸟、叫鹤。

不同的鸟类。

有一种鸟类分支数量最庞大，比其他鸟类分支的总和还要多。
跟我来！

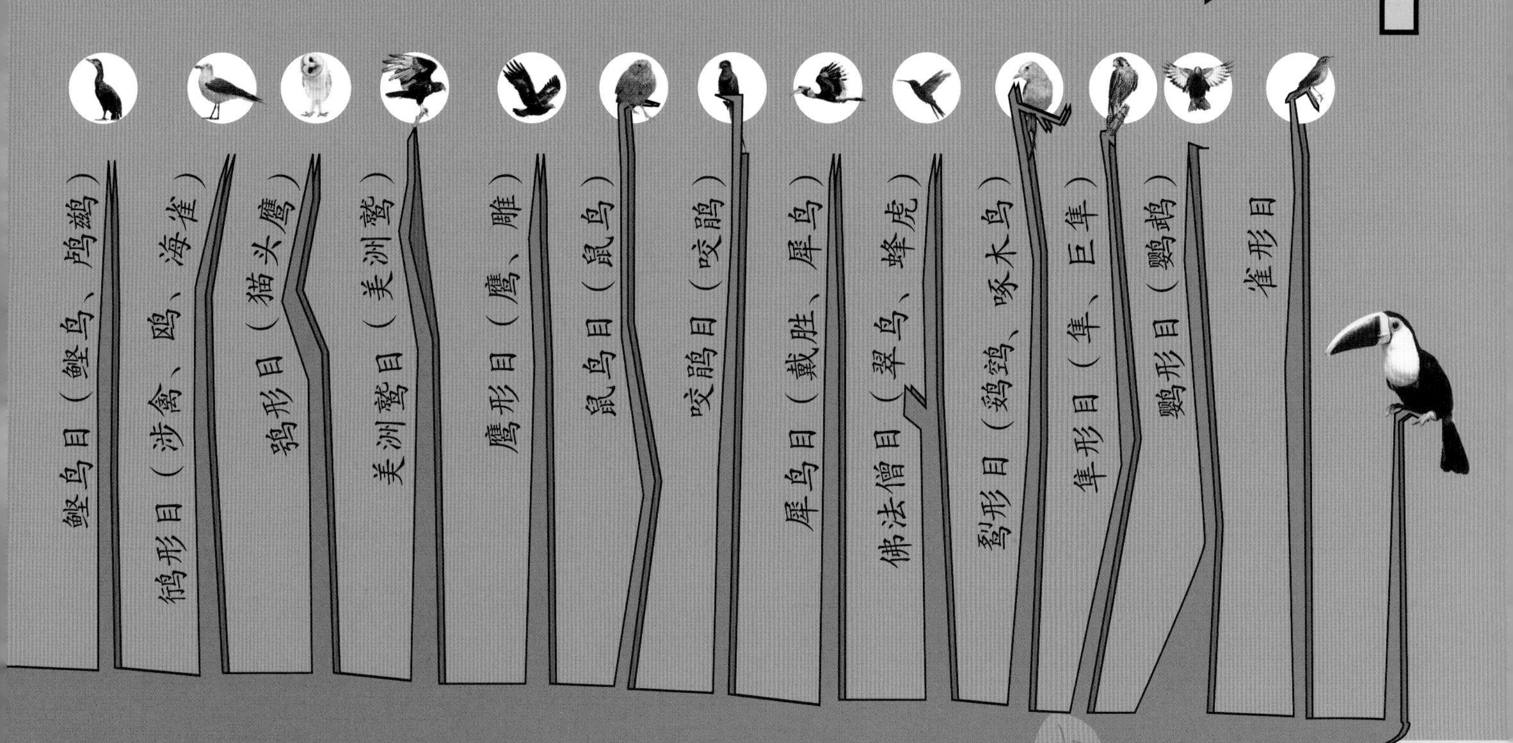

虽然我们鸟类有244个科，但是我们都有同一个曾、曾、曾……曾祖母！

鸟类全家福

50%以上我们已知的鸟类属于雀形目（中小型鸣禽）。

全世界目前约有6600种不同的雀形目鸟类，它们有一个共同的特点，我们按照这个特点把它们归为一类……

等等！我们也可以在树上栖息，但我们是鹦鹉，可不属于雀形目。

它们的特点是有**四个长长的、灵活的脚趾**——三个脚趾向前，一个脚趾向后。所有的脚趾生长在一个水平面，与腿相连。

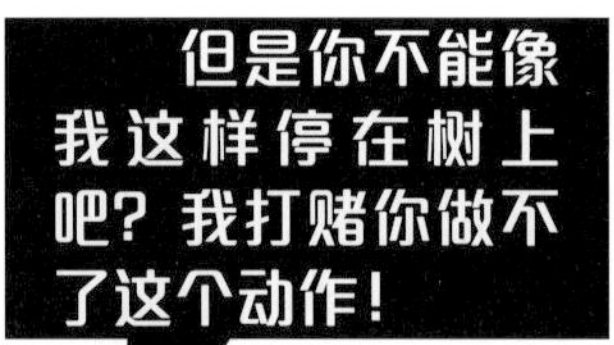

但是你不能像我这样停在树上吧？我打赌你做不了这个动作！

雀形目的脚趾，让它们可以稳稳地栖息在细小的树枝、柔韧的嫩茎或细长的电线上，哪怕刮大风也没关系。它们即使在睡觉的时候也是安全的，因为它们在降落时，就用**脚趾紧紧地抓住枝干，把自己牢牢地固定住**，就像是上了锁一样。

“passerine”
雀形目
这个词来源于
拉丁文
“passer”，
是麻雀的意
思——但不是
所有的雀形目
鸟类都长得像
麻雀。

体型最小的雀形目鸟类是短尾侏霸鹟，它们的体长只有6.5厘米，体重不到5克。

体型最大的雀形目鸟类是**渡鸦**。一些生活在寒冷地区的渡鸦体重可以达到2千克，这是短尾侏霸鹟体重的400倍。

许多雀形目鸟类都是季节性迁徙的飞行能手。过去人们曾误认为体型小巧的戴菊是“挂”在猫头鹰的后背上，搭“顺风车”漂洋过海的。

鸟类的天堂

秘鲁的马努自然保护区是1000多种鸟类的家园，在这里生活着7种金刚鹦鹉和32种其他种类的鹦鹉。

绿化使者

鸟类在保护雨林的工作中发挥着重要的作用。吃水果的鸟类，比如鹦鹉和犀鸟，在它们摘果子的时候也无意间将种子撒落传播到各处。蜂鸟在吸食花蜜的同时也帮助花朵授粉。

全世界现存鸟类中的17%

露生层

雨林中体型最为巨大的一些鸟类在树木的顶部安家，比如雕、鹰、犀鸟和鹦鹉。

角雕

金刚鹦鹉

树冠层

树冠层是小型鸟类理想的栖息地，在这里它们可以筑巢安家，躲避天敌。

黄翅斑鹦哥

紫头美洲咬鹃

燕尾刀翅蜂鸟

林下层

在森林的枯枝落叶层捕食的鸟类通常在林下层筑巢安家。还有一些生活在这里的鸟类以花朵和花蜜为食。

斑尾娇鹟

歌蚁鸟

树干

雨林中高大的树干是啄木鸟和䴕雀理想的家，它们用长长的嘴巴在树皮下寻找昆虫。

朱冠啄木鸟

长嘴䴕雀

枯枝落叶层

这里是雨林中最黑暗的区域。这里生活的鸟类羽色都很暗淡、单一，羽色近似于掉落在地面上的枯叶。它们吃昆虫、爬虫、蛙类、落叶和掉落的果子。

灰翅喇叭声鹤

日鳽（jiān）

亚马孙雨林的占地面积辽阔。在这里生活着大约2000种鸟类。

亚马孙雨林

南美洲

澳大利亚

生活在亚马孙雨林。

鸟类的进化

认识化石，可以了解鸟类的起源，并且了解它们是如何进化的。但是科学家对于鸟类是如何学会飞翔，从而征服天空的这个问题还不能达成一致的意见。大多数科学家认为鸟类是恐龙的后代；而其他科学家则认为它们是分别进化的。随着越来越多的化石证据被发掘，我们可以比较清晰地了解到它们是怎么来到这个世界的。

45亿年前至4亿1800万年前

陆地和海洋形成。最初的生命体生活在水中，海平面以上非常炎热，而且空气中也没有足够的氧气。

4亿1800万年前至3亿5400万年前

一些鱼类开始用鳍行走，这些鳍慢慢进化成四肢。它们进入浅水区，尝试呼吸氧气。它们的肺也随之发育，成了第一批两栖动物。

提塔利克鱼

3亿5400万年前至2亿9000万年前

四足动物离开水域到陆地生活。在石炭纪晚期，它们开始到陆地上产卵，即“羊膜卵”，没出生的小动物免于被风干。

林蜥

2亿9000万年前至2亿5200万年前

爬行动物兴旺发展。“祖龙”在陆地上进化。它们长有鳞片状的皮肤和喙状的嘴，有些还长有尖牙。还有一些小型爬行动物学会了爬树。

祖龙

2亿4000万年前

有一群被称为鸟颈类主龙的爬行恐龙出现了，它是恐龙、翼龙和鸟类的祖先。

始盗龙

2亿3000万年前

兽脚亚目恐龙出现，被认为是鸟类的祖先，能够用双腿行走，前肢和后肢是爪子形状。

艾雷拉龙

化石证明了恐龙在这个时期进化出了羽毛状的结构。

早期时代	泥盆纪	石炭纪	二叠纪	三叠纪
约4亿1800万年前	4亿1800万年前至3亿5400万年前	3亿5400万年前至2亿9000万年前	2亿9000万年前至2亿5200万年前	2亿5200万年前至1亿9950万年前

早期的两栖动物

四足动物

古蜥、祖龙

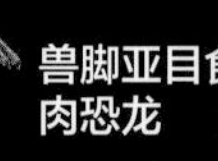

兽脚亚目食肉恐龙

40亿年前　20亿年前　4亿年前

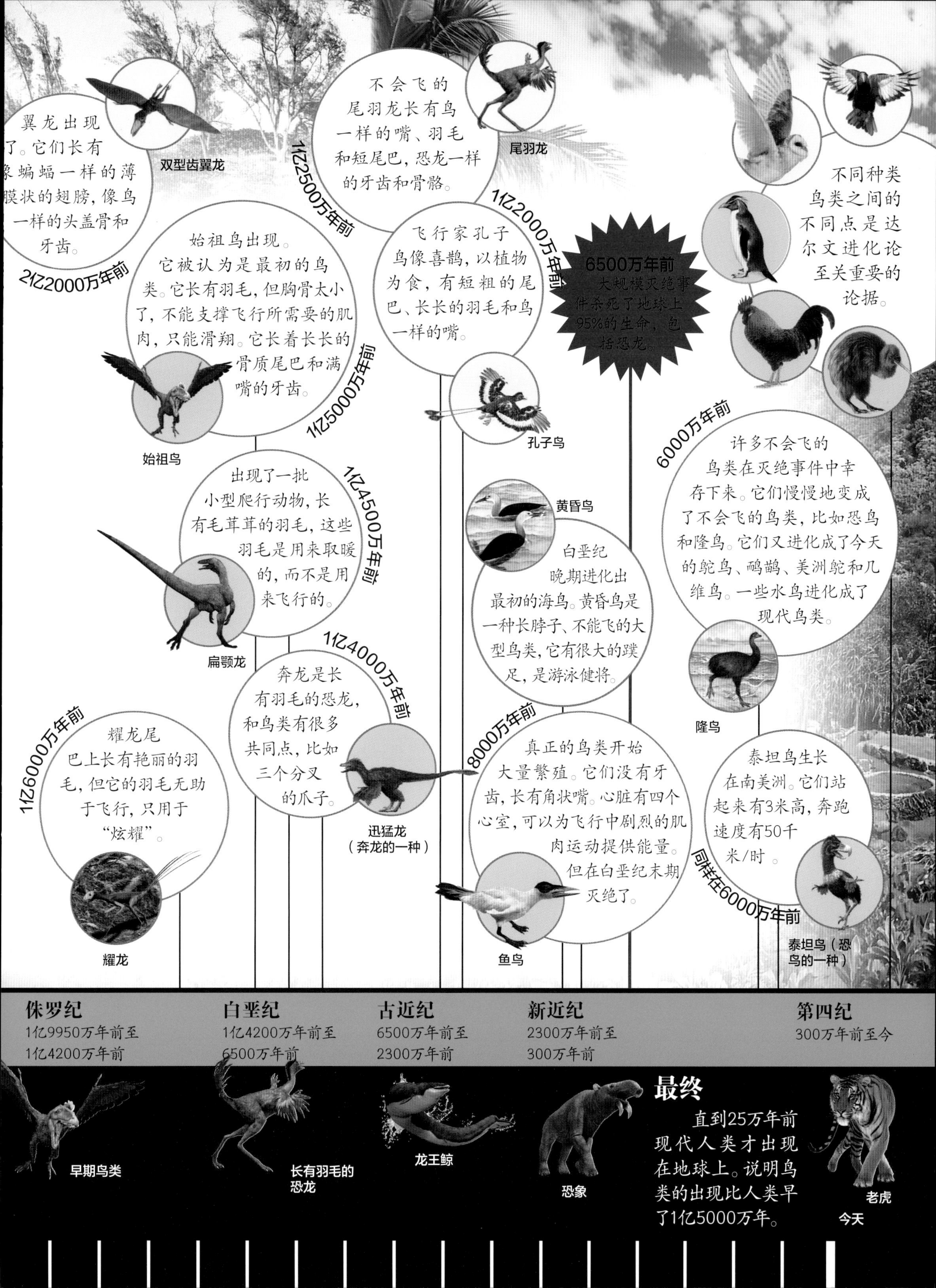

翼龙出现了。它们长有像蝙蝠一样的薄膜状的翅膀，像鸟一样的头盖骨和牙齿。
双型齿翼龙
2亿2000万年前
始祖鸟出现。它被认为是最初的鸟类。它长有羽毛，但胸骨太小了，不能支撑飞行所需要的肌肉，只能滑翔。它长着长长的骨质尾巴和满嘴的牙齿。
始祖鸟
1亿5000万年前
1亿2500万年前
不会飞的尾羽龙长有鸟一样的嘴、羽毛和短尾巴，恐龙一样的牙齿和骨骼。
尾羽龙
1亿2000万年前
飞行家孔子鸟像喜鹊，以植物为食，有短粗的尾巴、长长的羽毛和鸟一样的嘴。
孔子鸟
6500万年前
大规模灭绝事件杀死了地球上95%的生命，包括恐龙。
不同种类鸟类之间的不同点是达尔文进化论至关重要的论据。
6000万年前
许多不会飞的鸟类在灭绝事件中幸存下来。它们慢慢地变成了不会飞的鸟类，比如恐鸟和隆鸟。它们又进化成了今天的鸵鸟、鸸鹋、美洲鸵和几维鸟。一些水鸟进化成了现代鸟类。
隆鸟
1亿4500万年前
出现了一批小型爬行动物，长有毛茸茸的羽毛，这些羽毛是用来取暖的，而不是用来飞行的。
扁颚龙
黄昏鸟
白垩纪晚期进化出最初的海鸟。黄昏鸟是一种长脖子、不能飞的大型鸟类，它有很大的蹼足，是游泳健将。
1亿6000万年前
耀龙尾巴上长有艳丽的羽毛，但它的羽毛无助于飞行，只用于“炫耀”。
耀龙
1亿4000万年前
奔龙是长有羽毛的恐龙，和鸟类有很多共同点，比如三个分叉的爪子。
迅猛龙（奔龙的一种）
8000万年前
真正的鸟类开始大量繁殖。它们没有牙齿，长有角状嘴。心脏有四个心室，可以为飞行中剧烈的肌肉运动提供能量。但在白垩纪末期灭绝了。
鱼鸟
泰坦鸟生长在南美洲。它们站起来有3米高，奔跑速度有50千米/时。
同样在6000万年前
泰坦鸟（恐鸟的一种）
侏罗纪
1亿9950万年前至
1亿4200万年前
白垩纪
1亿4200万年前至
6500万年前
古近纪
6500万年前至
2300万年前
新近纪
2300万年前至
300万年前
第四纪
300万年前至今
早期鸟类
长有羽毛的恐龙
龙王鲸
恐象
最终
直到25万年前现代人类才出现在地球上。说明鸟类的出现比人类早了1亿5000万年。
老虎
今天

许多科学家认为恐龙并没有灭绝，

在1969年，一位名叫约翰·奥斯特罗姆（John Ostrom）的科学家将始祖鸟（最初的鸟类）和某种兽脚亚目食肉恐龙进行了比对。这位科学家发现了这两种动物的22个共同点。后来，科学家发现了它们之间更多的相似之处，达到了100个左右。那么这些相似之处能不能证明鸟类就是由恐龙进化而来的呢？

找

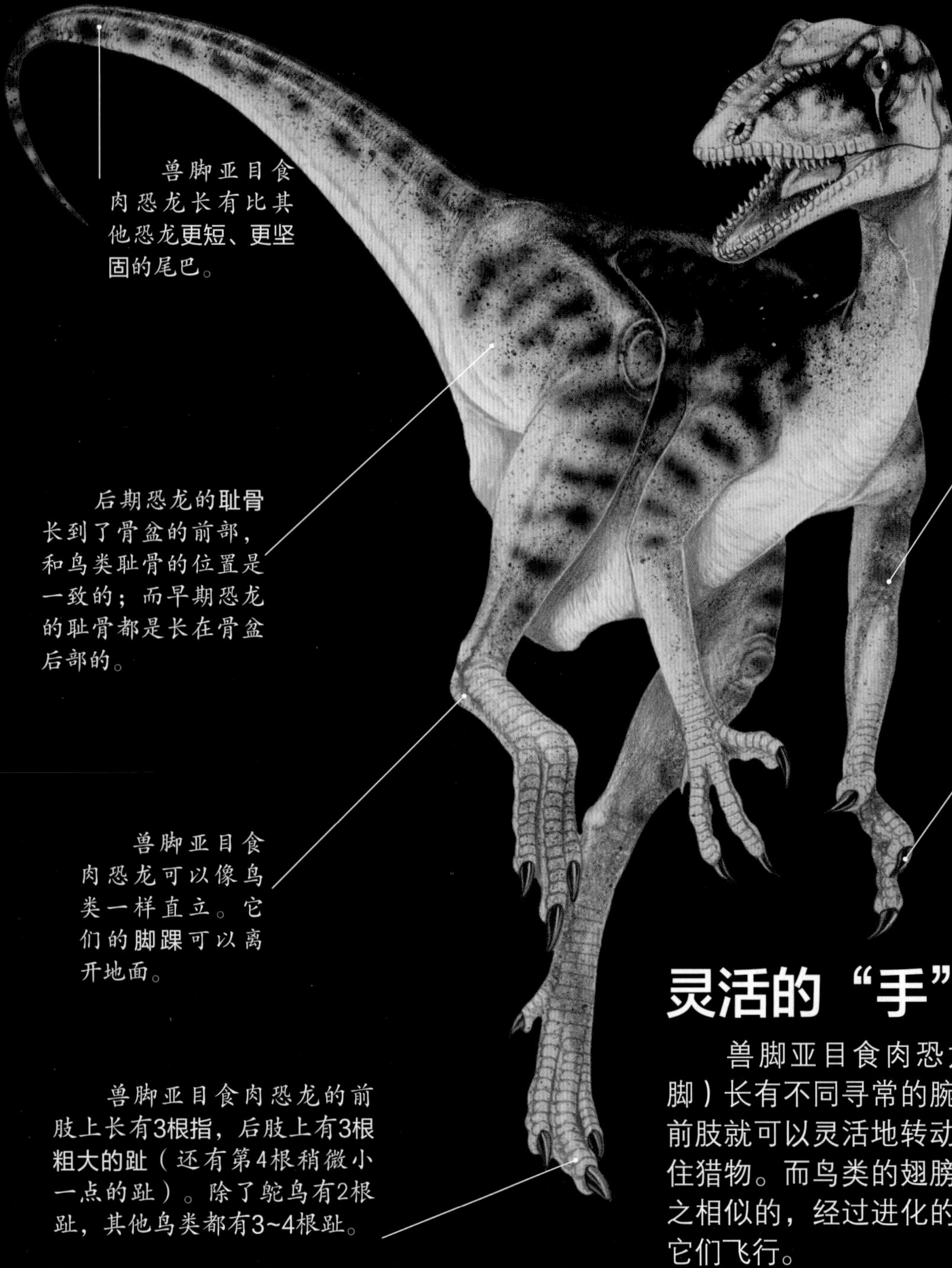

兽脚亚目食肉恐龙长有比其他恐龙更短、更坚固的尾巴。

始盗龙属于兽脚亚目食肉恐龙的一种，人们认为兽脚亚目食肉恐龙就是鸟类的祖先。

长长的前肢进化成了鸟类的翅膀。恐龙的前肢也可以像鸟类的翅膀一样作“8”字形挥舞。

后期恐龙的**耻骨**长到了骨盆的前部，和鸟类耻骨的位置是一致的；而早期恐龙的耻骨都是长在骨盆后部的。

它们的四肢末端长有**爪子**，和鸟类中猛禽的利爪相似。

兽脚亚目食肉恐龙的**骨头是中空的**，和鸟类一样。

兽脚亚目食肉恐龙可以像鸟类一样直立。它们的**脚踝**可以离开地面。

兽脚亚目食肉恐龙的前肢上长有**3根指**，后肢上有**3根粗大的趾**（还有第4根稍微小一点的趾）。除了鸵鸟有2根趾，其他鸟类都有**3~4根趾**。

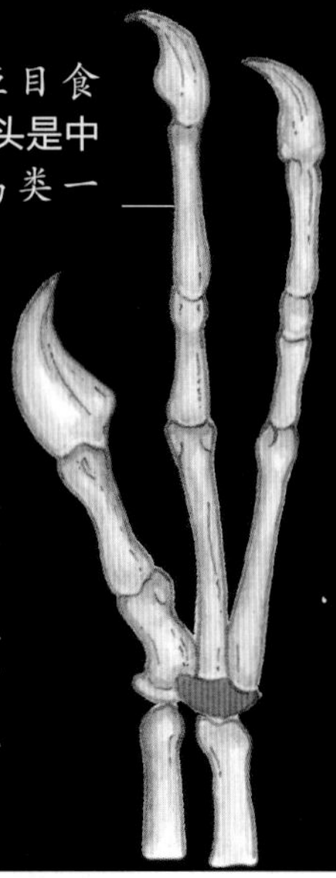

灵活的“手”

兽脚亚目食肉恐龙（兽脚类的脚）长有不同寻常的腕骨。这样它的前肢就可以灵活地转动，帮助它们抓住猎物。而鸟类的翅膀上长有一个与之相似的，经过进化的骨头，有助于它们飞行。

始盗龙和鸵鸟之间有这么多的相似之处，

不同

鸟类和兽脚亚目食肉恐龙的头骨里面都有比较大的孔洞结构。

和兽脚亚目食肉恐龙一样，鸟类长有大大的眼睛。

很多动物的锁骨都是由分离的骨头组成的，但是鸟类的叉骨（胸骨）是连在一起的。兽脚亚目食肉恐龙的锁骨也和鸟类相似。鸟类和兽脚亚目食肉恐龙的肩胛骨形状也是一样的。

人们常把鸵鸟长长的、S型的脖子和始盗龙进行对比。鸟类长有很多节颈椎骨，这一点和其他动物不太相同。

所有的鸟类都长有羽毛。近期发现的化石证明一些恐龙也长有羽毛。

鸟类肩胛骨和兽脚亚目食肉恐龙的形状一样。

鸟类的脚趾骨是长形的，和兽脚亚目食肉恐龙的脚相同。

鸟类的脚和兽脚亚目食肉恐龙的后肢一样都位于身体的正下方。

踝关节就像铰链一样，可以前后活动。

恐龙的基因?

一些人声称鸵鸟和恐龙非常相似，我们可以利用鸵鸟的蛋把恐龙复活。实际上这是不可能的——要想孵化一只恐龙，你需要它完整的基因序列（决定身体生长发育成什么样子的化学编码），然而现在我们并没有保存完整的恐龙基因。

为飞翔而生

鸟类身体的大部分结构都是为了飞行而进化的

鸟类的骨架很轻，身体呈流线型结构，长有翅膀和羽毛，所以它们才能成为天空中的王者。

中空的骨头

如果你想飞行，中空的骨头可以使体重尽可能的轻。人类的骨头很重，而鸟类的骨头结构就蜂巢一样。这就保证了它们的骨头既轻又结实，非常适于飞行。对于能够飞行的鸟类，它的骨头总重量不会超过它自身重量的10%。

骨骼

鸟类的骨头数量要比哺乳动物的少。很多鸟类的骨头是连接在一起的，这也使它们的骨骼更加坚固。但是鸟类相比哺乳动物来说长有数目更多的颈椎骨，这样它们就可以自由扭转头部，头可以够到身体的所有部位。大部分鸟类的头骨都像纸一样薄，但是非常坚固。

苍头燕雀的骨骼

龙骨突

鸟类身体中最大的，且独立成一块的骨头是胸骨，胸骨上有一块突出的、呈90度角的脊棱，称为龙骨突。用来飞行的充满力量的肌肉就附着在龙骨突上生长。叉骨长在龙骨突的上方，在鸟类拍打翅膀的时候它发挥着弹簧的作用。

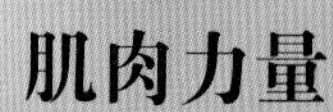

肌肉力量

飞行需要用到的肌肉包裹在鸟类的胸部，这些肌肉占据了鸟类体重的40%，依靠这些肌肉鸟类才可以上下挥动翅膀。鸟类腿部的肌肉也非常强壮，可以使鸟类在起飞的时候纵身一跃，飞上天空。肌肉在飞行中会产生热量，也帮助鸟类取暖。

而且它的骨骼结构和人类很相似。

找不同！

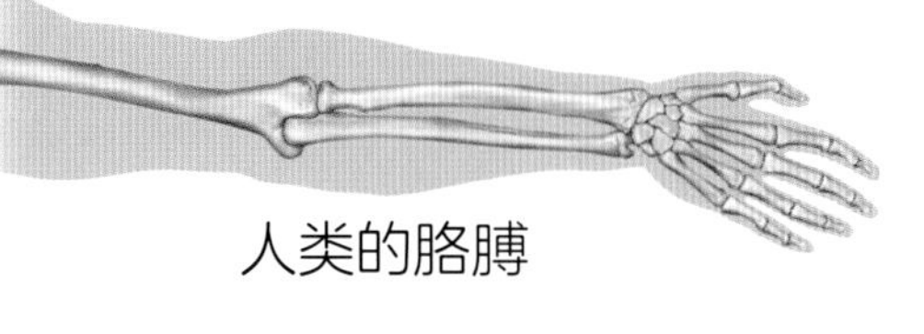

人类的胳膊

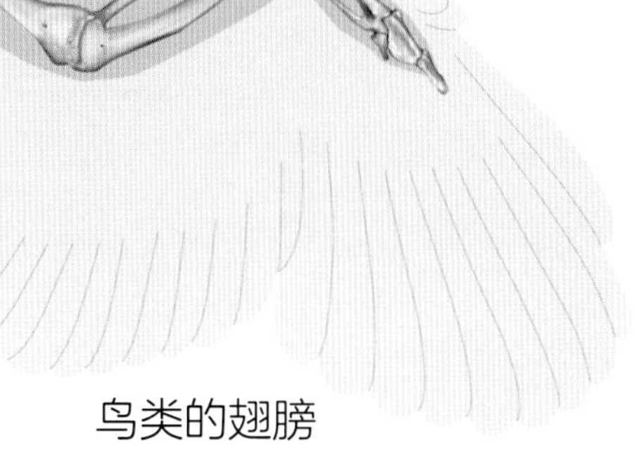

鸟类的翅膀

翅膀的不同

鸟类的翅膀和人类的胳膊相似——在鸟类的一侧肩膀上有一根独立的上臂骨、一个肘部、两条前臂骨、一个腕关节和手指骨。鸟类的手指骨和人类的手指不同，完全愈合成一个整体，用来支撑翅膀的末端。

看看这张图，你可以清楚地看到这只牛背鹭在空中滑翔姿态下，翅膀中“手臂”的位置。

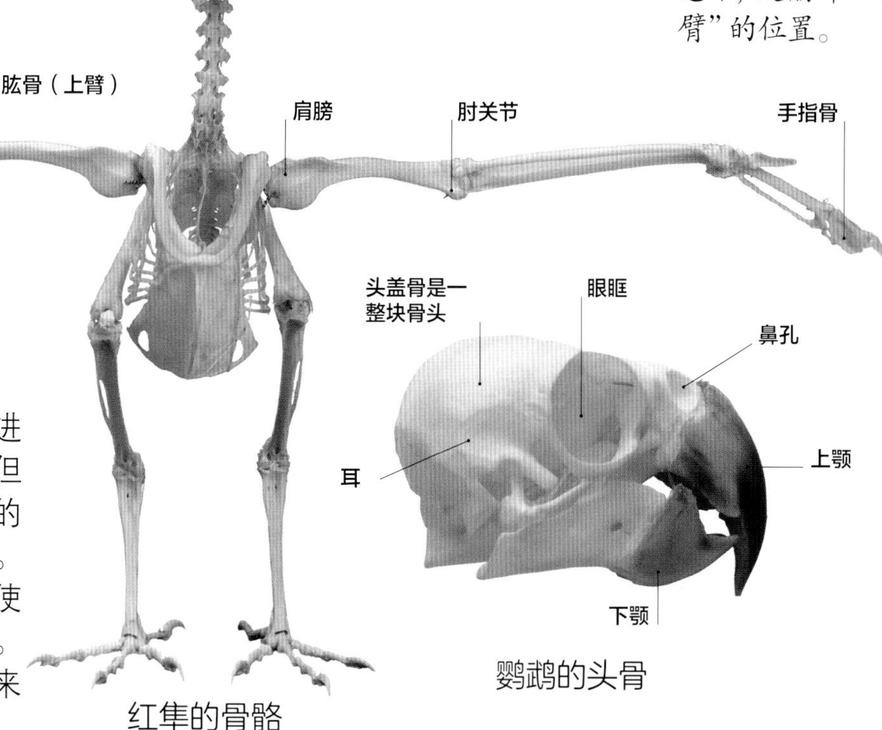

红隼的骨骼

鹦鹉的头骨

没有胳膊也没有牙齿

鸟类没有胳膊——它们的前肢已经进化成了翅膀，这对于飞行是有好处的，但是翅膀可不能用来拿东西。鸟类用它们的嘴叼起猎物，也用嘴来衔取筑巢的材料。重量轻巧的角质嘴取代了颌骨和牙齿，使鸟类在飞行的时候更轻便，更容易抬头。有一些鸟类，比如鹦鹉，也用它们的脚来抓取物体。

鸟类的脚是用来……

捕猎

猫头鹰靠出其不意来捕捉猎物。它浓密的羽毛一直延伸到翅膀的末端，有助于减弱活动时发出的声音，所以它们可以悄无声息地扑向毫无防备的动物。然后，再用利爪抓住猎物带回巢穴。

栖息

雀形目的脚非常灵活，当它们停落在某处时，脚趾可以紧紧固定在停落的位置，即使是睡着了，也同样可以保持紧握的状态。小型鸣禽甚至可以用一只脚倒挂着，维持头朝下的姿势。

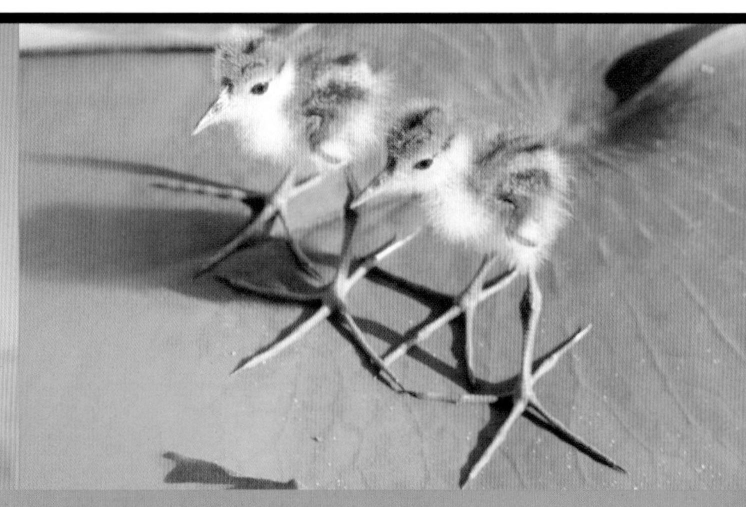

猎杀

猛禽类，比如红尾鵟（kuáng），是少数用脚而不是用喙来杀死猎物的鸟类。它们会在发现猎物后高速俯冲接近猎物，以强而有力的利爪抓捕猎物，并用最粗壮的后趾使猎物一击毙命。

水上行走

在寻找食物时，水雉会踏着漂浮在水面上的睡莲叶子穿行。长长的脚趾可以分散它们的体重（虽然也不重），这样就不会沉入水底。从远处看，就好像水雉行走在水面上一样。

所有的鸟类都有两只脚——但是不同种类的鸟类脚的形状、大小、颜色，甚至是脚趾头的数量是不同的。不同的鸟类的脚有着不同的作用。

奔跑

大多数鸟类都有四个脚趾，但是鸵鸟很特殊，只有两个脚趾。脚越小，脚掌和地面接触的表面积越小。这样一来就减少了奔跑时产生的摩擦力，所以鸵鸟的奔跑速度可以达到约72千米/时。

涉水

如果用宽大的脚蹼来划水的话，游泳就简单多了。许多水鸟，比如鸭子，它们朝前的三个脚趾之间有皮瓣相连，形成了天然的脚蹼。鸭子在逃离危险的时候游得非常快，几乎像是在水面上奔跑一样。

交配

为什么蓝脚鲣鸟会长着蓝色的脚呢？因为这样它们看上去就跟红脚鲣鸟不一样啦！雌鸟需要分辨出不同的种类，才知道哪一种雄鸟可以作为自己的伴侣。此外，雄鸟会表演一段求爱的舞蹈来展示它们与众不同的脚。

你知道这就是感觉

鸟类具有和人类完全一样的感官，但是大部分鸟类依靠视觉和听觉帮助它们寻找食物、吸引伴侣、发现捕食者并且保持飞行高度的准确性。

在所有鸟类中，只有一部分种类具备很好的嗅觉。其他鸟类长有触觉灵敏的嘴或者触须，可以帮助它们发现土地里的蠕虫和泥沙里的甲壳类动物。鸟类的味觉没有得到多少进化，但是也足够使它们避开有毒的食物了。

视觉

我用一只眼睛盯着你，另一只眼睛看着那只猫。

椋鸟 和大多数鸟类一样，具有一流的视觉。椋鸟的眼睛和身体的其他部位相比显得特别大，而且它们的眼睛可以分别看向身体两侧，以便知道两边分别发生了什么。

猛禽类 如鹰，可比其他鸟类看得更远。它们可以看到距离天空1600米处的地上的老鼠。而秃鹫更厉害，可看到位于鹰眼视距两倍以外的地面上的动物尸体。

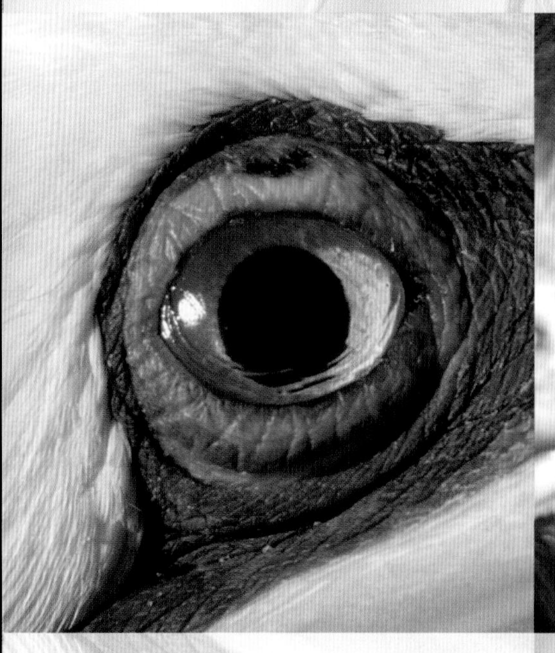

鲣鸟 鲣（jiān）鸟和其他潜水鸟类的眼睛都是朝前的。它们在海面上空很高的地方就可以看到鱼，在发现目标后还能够计算出鱼的游速，然后一头扎进水中捕获猎物。

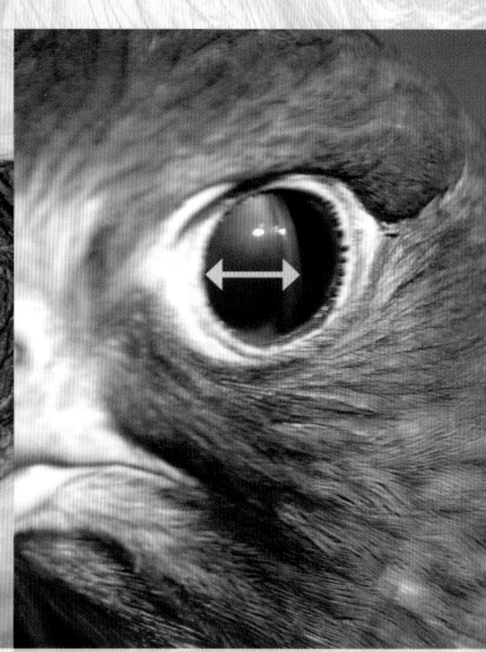

鸟类 有一个透明的第三眼睑，即“瞬膜”，可以横向扫过眼球来进行清洁。第三眼睑的作用就像窗帘一样，可以在飞行过程中或者潜水时保护它们的眼睛。

听觉

羽簇（可不是耳朵哟）
真正的耳朵位于猫头鹰的头部两侧。

猫头鹰 的听力非常厉害。它们碗形的脸庞就像雷达天线一样，能够接收微弱的声波。有些猫头鹰只靠聆听地面上的细微动静就可以捕食猎物。

这里是不是只有我在呀？有没有其他回声？在哪里呢？

油鸱 和蝙蝠很像——它们都居住在山洞里，并通过回声定位的方法在黑暗的山洞里寻找进出的路。它们可以通过自己发出的叫声和回声来分辨哪里是洞顶，哪里是洞壁。

嗅觉

嗯……闻起来不错呀。我觉得今天晚上有鱼吃了。

海燕和鹱 有超凡脱俗的嗅觉。在鲨鱼或者海豚捕食鱼群后，会有鱼油漂浮在海面上。海燕可以闻到距离很远的海面上漂浮的鱼油的味道，很多海鸟也具备这种能力。它们会飞落在此处捡食残羹剩饭。

快出来，小虫子——我知道你就在底下！

几维鸟 的鼻孔长在嘴巴的末端，这样它们就可以闻到地底下的昆虫和蚯蚓的气味。这可帮了它们大忙了！因为几维鸟是夜行动物，而且视力也不好。

消化系统

胃

鸟类的胃由两个部分组成。第一部分是前胃（腺胃），这个部分会分泌消化液。猛禽类的腺胃很大——胡兀鹫胃部的消化液可以消化人手腕粗细的骨头。

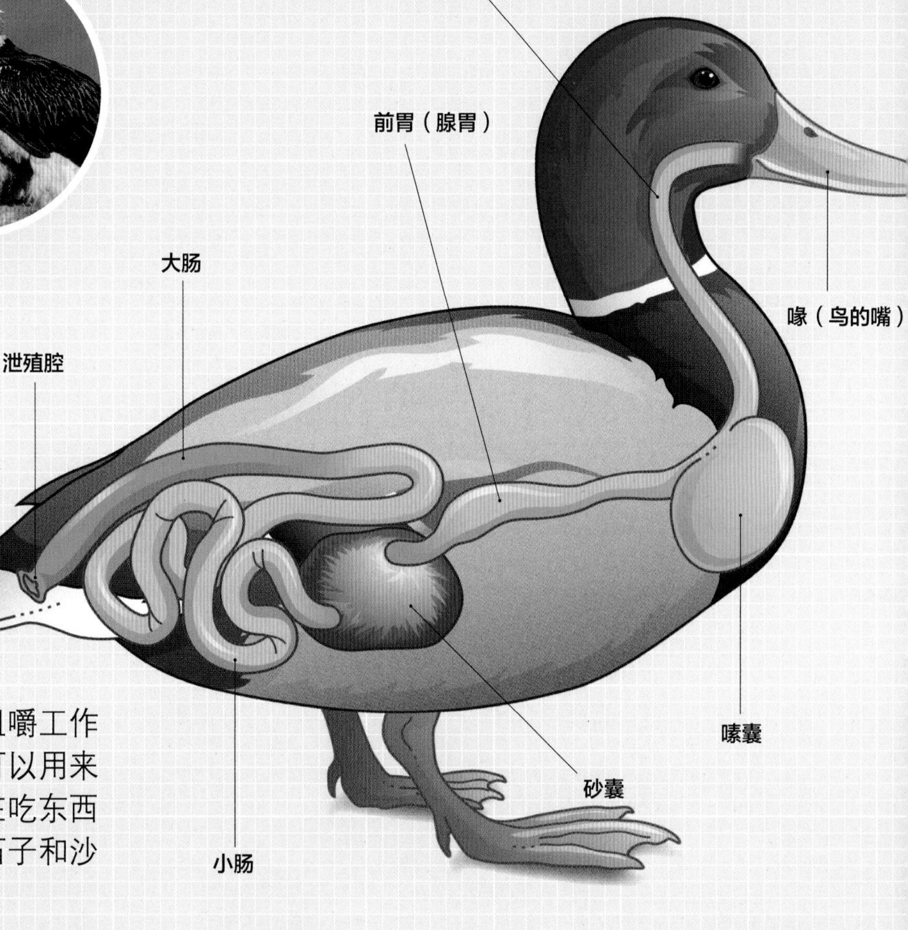

砂囊

鸟类没有牙齿（这样的生理结构是为了减轻重量），所以它们在吞咽之前无法咀嚼食物。代替牙齿完成咀嚼工作的是第二胃室，通常叫作砂囊或者胗，可以用来磨碎食物。以种子为食物的鸟类经常会在吃东西的同时也吞下一些小石子和沙粒。这些石子和沙粒储存在砂囊里，帮助它们磨碎食物。

大嘴巴

一只鸟可以把嘴张得超级大以便吞下食物——很多海鸟可以一口气吞下整条鱼。鸟类的大嘴巴排行榜上排名第一的是澳大利亚鹈鹕。它的嘴有43厘米长，而且它的嘴下方有一个有弹性的囊袋，这个袋子里可以装下13升的水。

嗉囊

许多鸟类都有一个用于储存食物的部位，长在它们胸部的位置，称为嗉囊。这个袋状的部分长在喉咙后面，可以让它们吃得更快。并且暂时将吃下去的食物储存起来，等它们找到一个安全的地方在停下来慢慢消化。当然鸟类也可以将食物从嗉囊中反刍，来哺喂幼鸟；或者是在急于逃离险境的情况下吐出食物快速减轻体重。

大多数鸟类的消化系统需要快速运转才能消化掉它们吃进去的大量食物。空气鸟类的消化系统具备节省重量的特点，而呼吸系统可以吸收大量的氧气。鸟类的内脏进化只有一个目的——飞行。

呼吸系统

像鸟一样呼吸

当我们呼吸的时候，空气在我们的肺部进出，肺部的气体永远不会完全排空——总会有一些不新鲜的空气留在肺部。在鸟类体内，空气进入气囊，而气囊与肺连接。这些气囊里带有被吸入的新鲜空气，当肺部中不新鲜的空气被排出后，新鲜的空气就进入肺部。这个过程可以为鸟类源源不断地提供新鲜空气。

心跳

人类的平均心率是70~75次/分，而鸟的心率是400~600次/分——这还是它们静止不动时的心率。在飞行的时候，它们的心率会上升到1000次/分。小型雀形目的心跳更快，最快能达到1300次/分——相当于每秒钟心跳大于21次。

气囊

大多数鸟类体内除了肺以外还长有9个气囊。对于潜鸟来说，它们的气囊并没有发育得很好——气囊收集到的空气会使鸟儿浮在水面上，而不是沉下去。许多在陆地生活的鸟类的气囊长在从喉咙到脚趾之间的位置。

肺

气管

前气囊

后气囊

空气冷却

不断地挥舞翅膀会产生热量，但是鸟类却没有用来散热的汗腺。鸟类呼吸的70%的空气都是用来降温的。一些候鸟在高空中进行长途飞行，因为高空的气温较低，可以避免它们在长途飞行过程中体温过高。

令人头晕目眩的高度

鸟类的肺可以很好地吸收氧气，即使在高海拔、空气稀薄的地方，鸟类也能正常呼吸，而这些高地对于人类来说却是致命的。鸟类在海平面以上1万米的高度也可以从容地飞翔，但是在同样的高度人类可能就要失去意识了。

会流入鸟类中空的骨头里。这是一个非常复杂的系统，但是工作效率很高。

奇妙的羽毛

鸟类区别于其他动物的特点不是它们的喙（嘴巴）、翅膀或者是它们产的蛋——这些都是其他动物也具备的特征。鸟类能够成为独一无二的生物，最大的特征就是它们的羽毛。

廓羽（羽被表层的羽毛）和**绒羽**覆盖了鸟类的全身，可以保暖、防水。

红尾鵟

灵活的飞行

鸟类的翅膀轻巧、有力而灵活，是实现飞行的最完美的进化产物。同时，轻盈、有力而柔韧的羽毛是这项造物中最最重要的部分。

优雅的滑翔者

红尾鵟有着宽阔、边缘圆滑的翅膀，可以用缓慢、从容不迫的节奏提升飞行高度。到达一定高度后，它们更喜欢通过滑翔来保持体力。

自如转向

伸展开的飞羽前端可以帮助鸟在飞行中转向。羽毛间的间隙可以起到减震的作用，使飞行更加平顺。

鸟类是唯一长有

一个重要的问题

翅膀上的羽毛比身体上的羽毛更少。虽然一根羽毛的重量非常轻，但是一只鸟全身羽毛的总重量要比它的骨架更重。

小翼羽（拇翼）覆盖在鸟的“大拇指”上。向上伸出的小翼羽可以起到减震的作用，就像飞机翅膀边缘一样。

覆羽

覆盖在飞羽基部之上，光滑并且呈流线型排列。

次级飞羽在翅膀上呈曲面形状，形成上升力。

初级飞羽覆盖在鸟类的“手”上。这些羽毛为鸟类的飞行提供了动力，使飞行更加灵活、敏捷。在缺失一些初级飞羽的情况下鸟类也一样可以飞行，就算少了一半也没问题。

大多数鸟类有**12根尾羽**，鸟类用尾羽来刹车、转向和保持平衡。尾羽的背、腹面也有覆羽。

纷飞的羽毛

羽毛主要有三类：飞羽、绒羽和廓羽。每种羽毛都有它独特的形状和功能。飞羽覆盖了鸟类的翅膀，是鸟类在空中飞行的重要保障。绒羽紧贴着鸟类的皮肤，并生长在正羽之下用来保暖。廓羽可以保护鸟类的身体，同时具有很多功能，比如防水和伪装。当然也包括尾羽，主要用来在飞行中保持平衡，有时也仅仅是为了展示和炫耀。

羽毛的现存动物。

仔细观察

羽毛是由角蛋白构成的——和犀牛角、鱼鳞以及人类指甲的构成成分是一样的。

羽毛不仅仅是人类能用肉眼看到的部分，虽然它看上去就是一个单一的、扁平的叶片状结构，但实际上羽毛是由上百个羽枝和上千个羽小枝连接而成的。

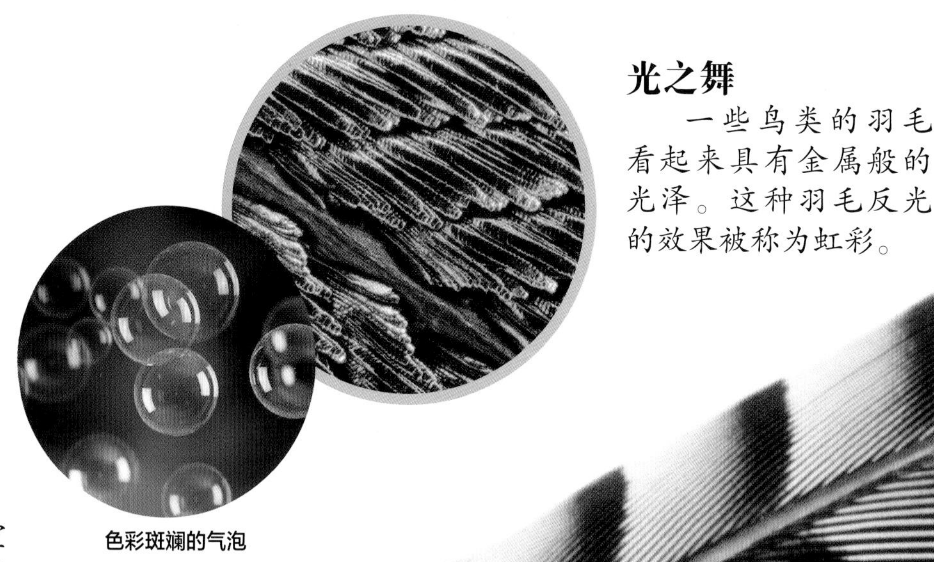

色彩斑斓的气泡

光之舞

一些鸟类的羽毛看起来具有金属般的光泽。这种羽毛反光的效果被称为虹彩。

羽毛的支柱

羽毛的杆部是一根中空的管，里面充满了气囊，所以羽毛非常轻盈。

尼龙搭扣（魔术贴）

紧紧相依

极小的羽小枝发挥着类似尼龙搭扣（魔术贴）的作用，将羽枝紧紧地钩在一起，形成一个平滑的表面，有助于鸟儿提高飞行效率。

看着我成长

羽毛就像人类的头发一样，是从皮肤的毛囊中生长出来的。随着羽毛长度逐渐增长，会生长出羽枝和羽小枝。但是羽毛又和人类的头发不同，当羽毛生长到一定的尺寸，它就不再继续生长了。

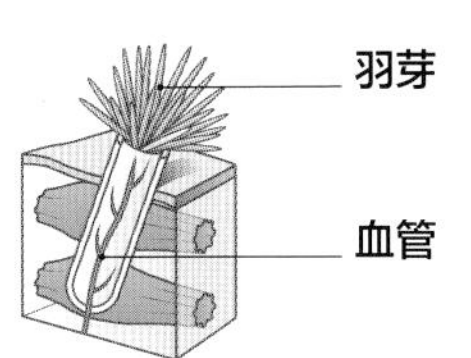

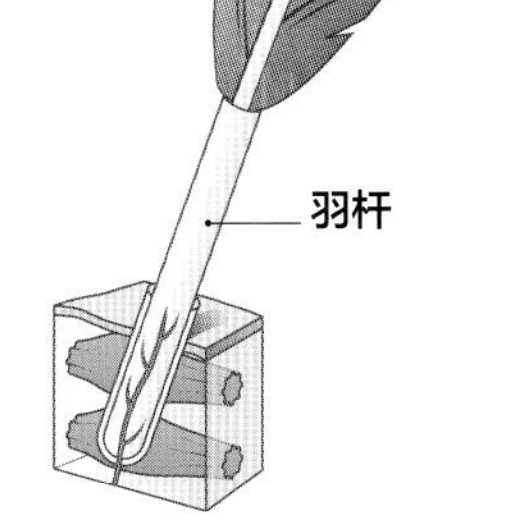

内层羽片

特殊的羽毛

刚毛

刚毛很短小，是像刷子毛一样短而硬的羽毛。蟆口鸱（chī）嘴巴的四周生长着刚毛，在捕捉昆虫时可以将这顿大餐张嘴扫入口中。

眼睫毛

在鸵鸟的眼睛上方生有长长的羽毛，就像我们的睫毛一样，可以防止灰尘进入眼睛。

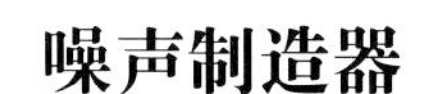

噪声制造器

沙锥（嘴细长、栖于湿地的一种鸟）尾巴上的羽毛非常坚硬，在求偶期，当沙锥做俯冲动作时会发出响鼓般的声音。

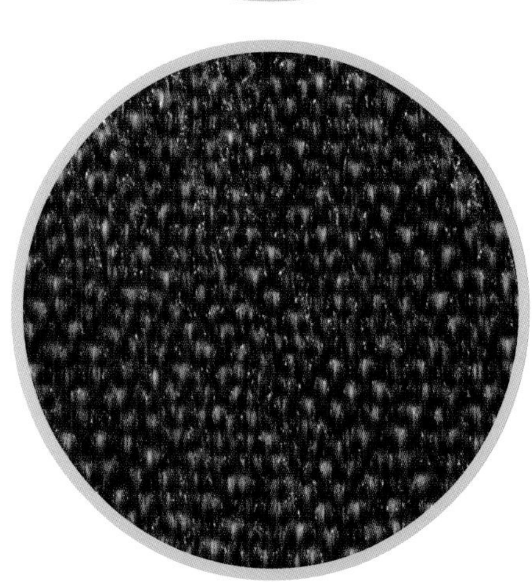

鳞片

企鹅的羽毛又短又硬，紧贴在一起，就像鱼鳞一样。

飞行

如果你观察过某只飞过你头顶的鸟，你肯定会好奇它是怎么飞上天空的。其实并不只是你有这个疑问。几个世纪以来，人们一直在羡慕鸟类的飞行能力并且不断地尝试着模仿鸟类制造神奇的飞行机器。对于鸟类来说，飞行就是它们的第二本能。

鸟儿是怎么飞行的呢?

飞起来是需要花大力气的。为了飞行，鸟儿要获得两种力量——升力和推力——来提升飞行高度并且保持向前飞行。每一种力，都有与之对应的反作用力，分别是“重力”和“阻力”。重力是作用于所有物体的指向地平面的引力。阻力是空气气流反向推动鸟类翅膀和身体的作用力。在过于强大的阻力作用下，鸟儿不得不放慢速度，这样一来就达不到足够的飞行速度了。

升力

拂过翅膀的空气气流形成升力。

阻力

减慢鸟类的飞行速度。

推力

拍打翅膀产生推力，并推动鸟儿向前。

引力

吸引所有的物体，使之朝地面降落。

羽毛+翅膀+轻巧的充气式骨架=飞行

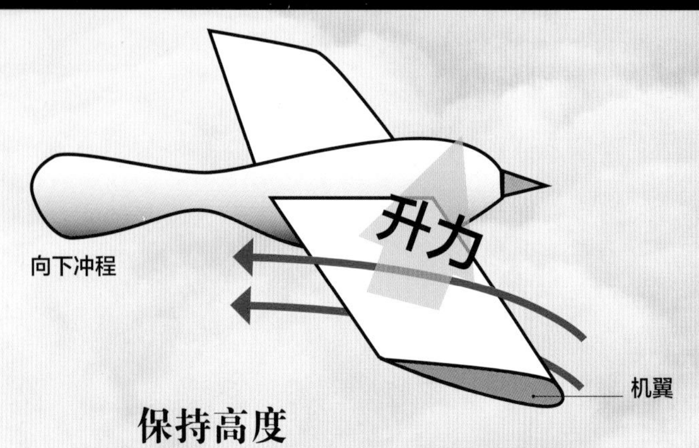

保持高度

鸟类翅膀的横截面是曲面，像飞机一样。这种曲面叫空气动力面。空气流过翅膀上表面时，空气扩散开来，压力就会低于翅膀下方的压力，这使翅膀形成升力，鸟儿就飞起来了。

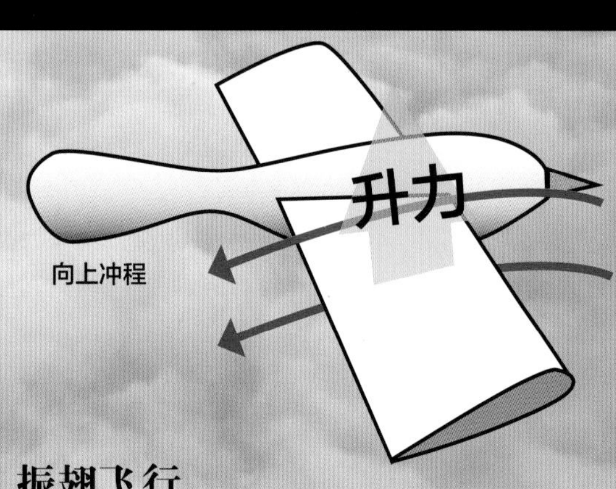

振翅飞行

鸟儿在向下冲时会将翅膀前端向地面方向下沉，这样可以在保持升力的同时获得向前的冲力，在向上冲时抬高翅膀前端，翅膀内部产生升力，气压向下，身体被抬起。

向上， 向上， 向上……起飞啦！

起飞和降落是鸟类飞行中最具技巧性的环节，而这一切的关键就在于速度。

起飞

小型鸟类起飞很容易——只需要抬起翅膀，向上跃起，同时拍打几次翅膀就飞起来了。而对于大型鸟类来说，起飞就困难多了——必须要达到足够的速度，才能让身体离开地面。首先，鸟儿要以身体倾斜的姿态开始奔跑；其次，迈出每一步都要同时拍打翅膀，不断加速，直到达到临界速度；最后，充分伸展开翅膀，飞上无边的蔚蓝天际。

翱翔和滑翔

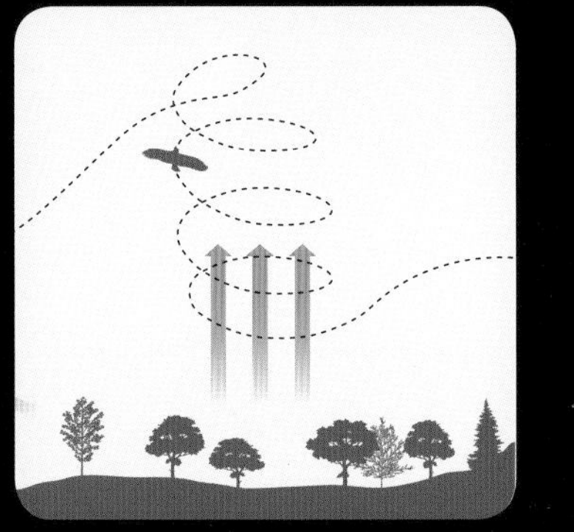

振翅飞行需要大量的能量，所以许多大型鸟类都会充分利用翱翔和滑翔的机会。滑翔包括保持翅膀伸展的姿态，同时使身体前倾来加速。翱翔则是充分利用了上升暖气流（由地面向上空移动的温暖的空气气流）。一发现这些上升暖气流，鸟儿就会围绕它们进行螺旋式飞行，来不断地提升高度。

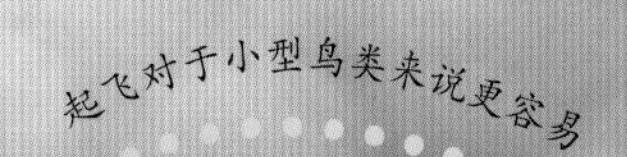

大山雀

一跃而起

小型鸟类靠跳跃获得升力，然后在俯冲的过程中改变翅膀姿势起飞。

急刹车

在降落的过程中鸟儿的翅膀会伸开，尾巴会放低，不断减速直到完全停下来。

大天鹅

降落

降落可比起飞要难。在降落的时候鸟儿会慢慢地放慢翅膀挥动的速度，倾斜它们的翅膀，让翅膀变成它们的降落伞。接近地面的时候，尾巴会伸开并向下倾斜。

脚先着陆

水鸟会利用它们长有蹼的脚来降落在水中。它们把脚伸出，起到划水橇的作用，借此把速度降下来。

列奥纳多·达·芬奇 艺术家、

达·芬奇深深地着迷于鸟类的飞行方式。人能不能像鸟一样飞行呢？他下定决心寻找问题的答案。他深入研究了鸟类的翅膀结构，仔细观察鸟儿的翅膀在飞行过程中是如何运动的。这些研究给了他启发，随后他设计了大量的飞行器，比如右图中的人力“扑翼飞机”。

达·芬奇设计的扑翼飞行器模型

列奥纳多·达·芬奇（1452—1519）

列奥纳多·达·芬奇是在他所生活的年代里非常伟大的人物之一。他不仅仅是一个伟大的艺术家，同时也进行科学、数学、解剖学和工程学的研究。他一生发明了上百种机器，包括加农炮、蒸汽坦克、泵和很多乐器。

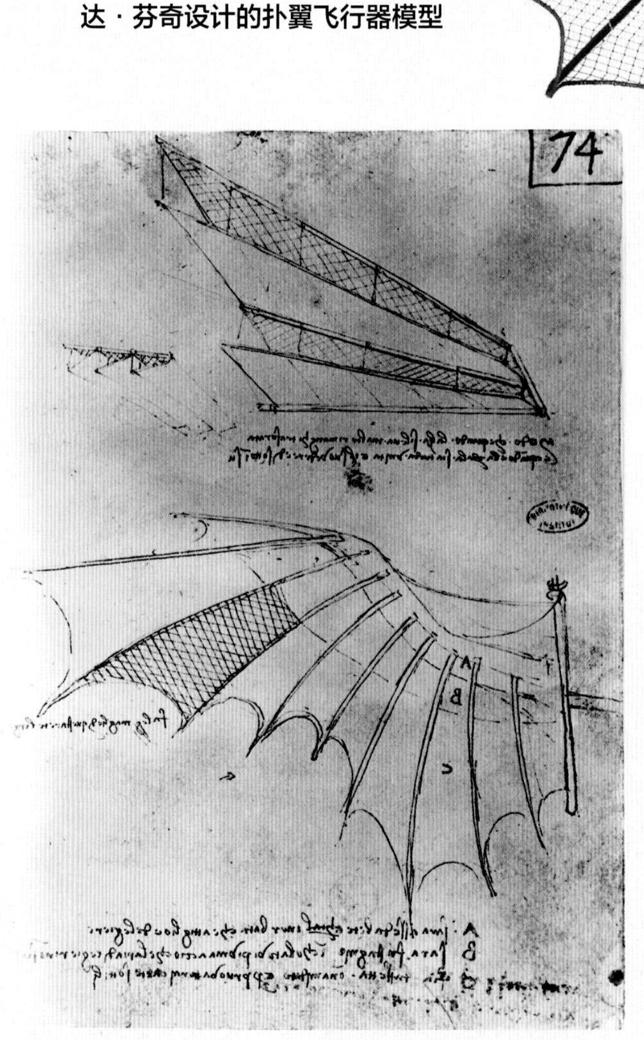

达·芬奇的设计基于他对鸟类和蝙蝠的观察研究。他所有的笔记都是左右颠倒的镜像书写。

达·芬奇设计了许多飞机、滑翔机和直升机，那可是

发明家……还是飞行员？

到底有没有成功飞起来呢？

据传说，达·芬奇的一位学生曾经在意大利齐齐里山上用他设计的飞行器试验飞行，但是最后飞行器坠毁了，而且他的学生还摔断了一条腿。一个人不可能有足够的力气来让一架如此沉重的飞行器飞起来。达·芬奇也犯了和其他人一样的错误，他曾经也认为鸟儿能够飞行是靠不断向下、向后拍打翅膀。但事实上是鸟类翅膀上的羽毛为向下冲程提供了推力，同时在翅膀下表面产生了升力。

用绳子拉动机翼来让机翼拍动

飞行员踩动踏板使飞行器的机翼拍动，同时用手操纵飞行器

达·芬奇设计的滑翔机

在达·芬奇设计的所有飞行器当中，滑翔机是最后设计出来的——在去世前不到10年的时候他完成了绘图，而这个设计在那个年代具有巨大的指导意义。根据达·芬奇的描述记载，如果操作员弯曲右胳膊，同时伸出左胳膊，那这个（载人）飞行器就会向右移动；操作员可以通过变化胳膊的姿势实现从右向左移动。

滑翔机是达·芬奇的设计之一，这个滑翔机有一个可以在起飞后收起的梯子和起落架。

在安装有动力装置的飞机实现首飞的400年以前！

为期一年的环球旅行家的生活

北极燕鸥会进行环球旅行，它们的大迁徙往返于南极浮冰的边缘地带和北极圈两地之间。一些北极燕鸥在一年中经历两个极地的夏天，它们看到过的日光比地球上的其他动物都要多。

全球卫星导航系统

鸟类在环绕地球长途迁徙时如何辨认方向呢？大多数鸟类依靠视觉导航，它们在飞行时搜索熟悉的地标，观察太阳和星星的运动轨迹。有些鸟类也通过听觉和嗅觉导航。不过，也许最重要的是鸟类体内天然的“指南针”，它可以辨别地球磁场，为鸟类精确导航。

北极燕鸥一生中**迁徙的距离**要比其他鸟类更远。

北极燕鸥在遥远的北方进行繁殖，在每年繁殖期要**飞行81000千米**，这其中包括了往返哺育幼鸟的航程。

一只20多岁的北极燕鸥的总飞行距离约为76.5万千米——**相当于从地球到月球往返一次的距离**。

从生到死，一只北极燕鸥一生中飞行了……

北极燕鸥的生活范围很广，北至北极高地，南至英国或加拿大哈德逊湾。那些居住在更遥远北部地区的北极燕鸥飞行的距离最远，但是那些住在南部边缘地带的北极燕鸥会最先抵达家园！寒假过后，最先到家的鸟儿就可以在5月初做好繁殖的准备。而更多住在偏北地区的鸟会在6月前回到家乡。

第一批鸟儿回到它们筑巢的地方，然后开始寻找伴侣。

在繁殖期，鸟群的攻击性会达到最高峰。

为什么要飞这么远?

一切都是值得的！在夏天，遥远的北方有北极燕鸥所需要的足够的食物，但是到了冬天则不然。然而在靠近南极的地区，南部的夏天有充足的食物，而冬天却没什么吃的。通过长途迁徙，北极燕鸥每年都可以度过食物充足的两个夏天！而且在北极的盛夏时节，太阳几乎不落山，它们也就有了充足的时间来进行繁殖和养育幼鸟。

北极燕鸥是唯一会定期出现在全部七个大洲上的鸟类。

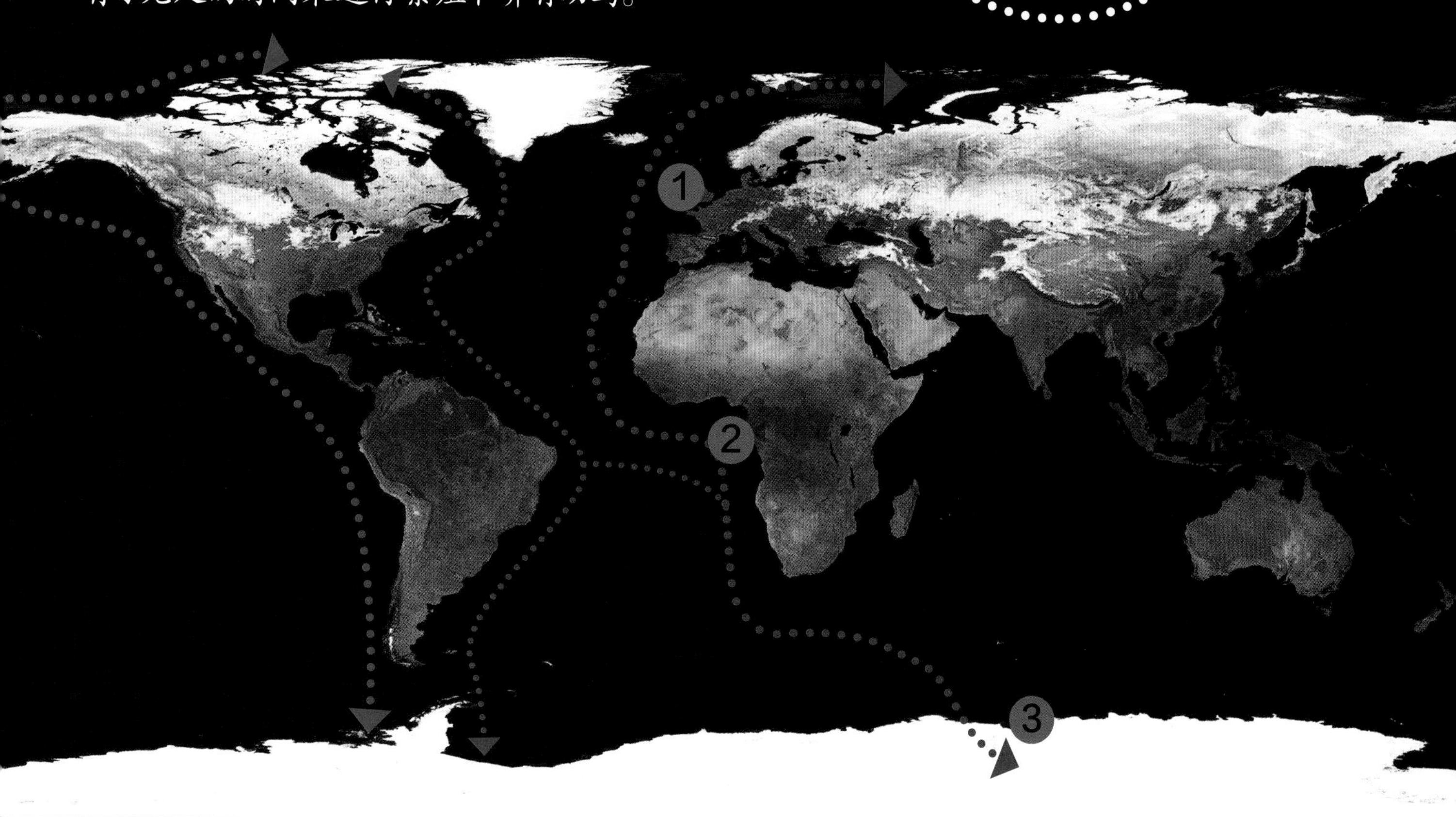

超过 **2400万千米。**

在60多天内，北极燕鸥会完成组建家庭、建立领地和哺育幼鸟的过程。

幼鸟和成鸟都向南方迁徙。它们喜欢沿海飞行，虽然这并不是最快的路线。

北极燕鸥到达浮冰地区，它们捕食磷虾作为食物。

北极燕鸥开始又一次长途迁徙，返回它们筑巢、孵化的地方。

“作为一名飞行员，我们对那些教会人类飞行的生灵满怀爱意。”

引领之路

在北美洲生存的美洲鹤是极度濒危的物种。一个名为“迁徙行动”的组织自2001年至2018年，已经帮助了许多类似的濒危鸟类，使

五月至六月

美洲鹤的宝宝是被圈养的，所以志愿者们必须教导它们如何成长为一只鹤。当小鹤一孵化出来，就会由打扮得像鹤一样的饲养员来照顾。曾经有一位志愿者说过：“我们就像它们的父母一样，要教导小鸟们很多事情。比如，给它们演示怎么打破螃蟹的外壳。”

训练一只美洲鹤和训练一只狗很像，就是用食物来刺激它。让一只鹤跟随一架高噪声的黄色飞机去飞，只需要给它准备好面包虫或者葡萄就行了。

六月至八月

饲养员要用一周左右的时间训练小美洲鹤在陆地上跟随滑翔机。到八月的时候，当这些小鹤宝宝会飞了，同时也熟悉了滑翔机，它们就可以跟随滑翔机在空中飞行了。

它们能够振翅腾飞。这个机构通过人工抚养美洲鹤幼鸟，陪伴它们度过生命中的初期阶段，直到它们能够自力更生。他们的成员是怎么做的呢？

极度濒危

迁徙时节！

在88天的迁徙中，它们要经历23次休息和进食，连续飞行最长时间为23天。

成群的美洲鹤自由飞翔的场景是非常震撼的。没有训练员呼唤没有滑翔机领航，它们可以完全自由地随风飞翔，去任何想去的地方。

十月至十二月

威斯康星州

佛罗里达州

随着冬日的临近，这些美洲鹤需要学习从威斯康星州保护区到佛罗里达州越冬地的路线。这段长达2068千米的路途跨越了7个州，需要飞行几个月的时间。

三月

美洲鹤会在佛罗里达州志愿者的照顾下度过三个月。春天来临，它们开始吃更多的食物，增加飞行时间，为返回北方的飞行做好准备。

我渴望飞翔的能力……

可是我不会飞

所有的鸟类都会飞吗？事实上并不是。世界上有超过50种鸟类只能待在地面上（或者在湖面上，又或者在海上），却从来不曾飞上天空。最有名的就是平胸鸟类——比如鸵鸟、鸸鹋、鹤鸵、美洲鸵和几维鸟。它们的祖先也许能飞，但是随着时间的推移，它们慢慢丧失了飞行的能力。这种变化通常是因为在它们的居住地没有天敌。如果不需要飞行，当然也不需要浪费能量来振动翅膀。

为什么不能飞?

• 一些没有飞行能力的鸟，比如平胸鸟类，在它们胸骨的位置没有龙骨突。在能够飞行的鸟类中，飞行的肌肉是附着在龙骨突上生长的。

你追不上我

鸵鸟是世界上现存鸟类中体型最大的。它们可以躲过大部分天敌的追捕，逃跑的最快速度可以达到72千米/时。大部分不能飞的鸟类的翅膀都很小，可能只比一个退化的残肢略大一点点。但是鸵鸟的翼展在2米左右。它们的翅膀不是用来飞行的，而是用来在奔跑时保持平衡的，另外，它们也会在求偶期展示它们的翅膀。

鸵鸟出没
请小心！

• 和能够飞行的鸟类不同，它们有坚硬的骨骼。而能够飞行的鸟类的骨骼是海绵式的，松软多孔。

• 大多数不能飞的鸟类的尾巴很短或者没有尾巴。

• 它们翅膀上的羽毛小巧又蓬松，对飞行没有什么帮助。但是它们的羽毛数量比飞行鸟类的羽毛还要多。

是鸟还是刺猬?

几维鸟很像哺乳动物。它的翅膀小到肉眼几乎看不到；细长的羽毛看上去很像毛发；它用嘴角的须寻找下层灌木丛中的昆虫；它的鼻孔长在嘴的末端，这样它就能闻到蠕虫的味道，这一点和刺猬相同。而喜欢以蛋为食的刺猬由人类引入新西兰，这对几维鸟的生存构成了威胁。

跳跃的鹦鹉

并不是所有不能飞的鸟类都是平胸鸟类——鸮鹦鹉就是不能飞的鹦鹉。它们是世界上现存的鹦鹉中体重最重的，也是为数不多的在夜间活动的鹦鹉。它们是爬树的高手；可以张开翅膀从树顶一跃而下，也可以从一根树枝跳到另一根树枝。鸮鹦鹉是新西兰本土物种，但现存只有149只了，外来天敌的引入使它们的生存面临威胁。

全速前进

可不要被会飞的船鸭迷惑了，它们能够飞，却不喜欢飞；而不能飞的船鸭运用另一种行进方式——它们会模仿船！虽然它们的外形与鸭子很相似，但是翅膀很小，它们用翅膀在水中划圈移动来推动身体向前，就像一艘划桨的船一样。船鸭生活在马尔维纳斯群岛（又称福克兰群岛）和南美洲沿海地区。

像渡渡鸟一样死去

不能飞行的鸟类，对于外来天敌和人类来说没有有效的防御机制。比如恐鸟和龙鸟，就因此处于灭绝或灭绝边缘的情况。但渡渡鸟的灭绝最令人震惊。这种1米高的鸟类是鸽子的近亲，曾经居住在毛里求斯。它们之前从没有见过人类，不知道怕人的它们却成了猎人唾手可得的猎物。从1581年人类发现渡渡鸟以来，只用了100年的时间就让它灭绝了。

忠实的蓝色爱好者

亲爱的，我爱你

雌性缎蓝园丁鸟

澳大利亚东部的雨林是缎蓝园丁鸟的“建筑工地”。雄性缎蓝园丁鸟会建造凉亭（用树叶和小嫩枝做成的背阴的结构）来吸引雌鸟，雄鸟会在凉亭前对着雌鸟跳一支求偶的舞蹈，来吸引雌鸟进入凉亭里面。

1

我是缎蓝园丁鸟——诚心为您服务的建筑师，我用植物枝条作为墙面，再用树叶把墙体组合在一起。

2

最后的点睛之笔——浆果、羽毛、花朵……还有一些被人们丢弃的垃圾：塑料叉子、吸管、瓶盖、玩具……

3

好吧，我承认——我喜欢蓝色的物品，还有塑料制品。我也乐意用黄色的纸片或者玻璃装饰我的凉亭。

这种形状的凉亭，高度可以超过1.5米。

4

太棒了！有美丽的姑娘过来了！好了亲爱的，请你留下，让我为你跳支舞。

如果你准备好了我们就一起走进去……晚点儿你可以离开，亲自筑一个自己的巢，然后把鸟蛋生在里面。

爱上我，爱上我建造的“家”。献你花朵一簇，邀你共舞一曲，与我共赴爱巢。

雄性缎蓝园丁鸟

蛋壳里面有什么？

鸟蛋非常神奇。它们蛋形的结构很结实，同时鸟蛋中包含了幼鸟成长需要的所有物质。如果你小心地剥开一个鸡蛋，你会看到如右图所示的结构。

蛋黄

蛋黄是还在发育中的幼鸟的主要营养来源。蛋黄中含有蛋白质、脂肪、矿物质和维生素。不同种类的鸟类的蛋黄的颜色深浅也不同，这取决于它们的饮食来源。蛋黄的外部有一层透明的保护膜。

蛋白

如果你敲开一个鸡蛋，透明的胶状物质就会流出来，这种胶状物质就是蛋白，英文名称源自拉丁语中“白色”一词，因为蛋白遇热就会变成白色的。

内膜和外膜

在蛋壳的内层和蛋白的外层有两层厚厚的保护膜，可以防止细菌进入鸡蛋内部。在这两层保护膜中间有一个空气层，在蛋壳和蛋液之间起缓冲作用。

卵黄系带

有时候在蛋黄两端你会看到一条扭曲的链，这叫作卵黄系带。它将蛋黄和内膜相连，同时将蛋黄牢牢固定在鸡蛋中间。

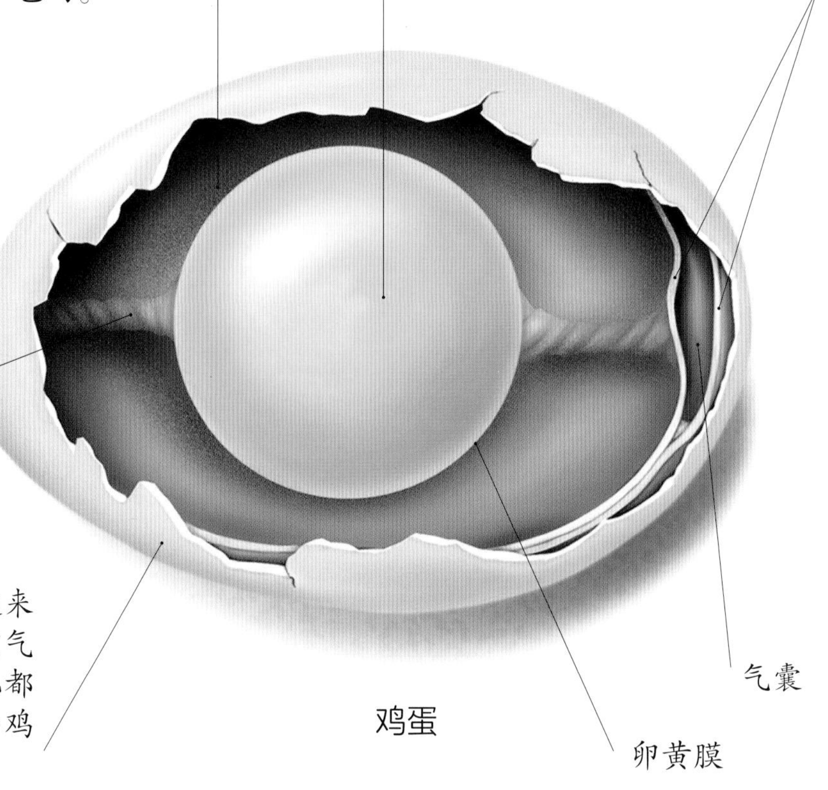

鸡蛋

蛋壳

蛋壳是由碳酸钙构成的。虽然蛋壳看起来很坚硬，但蛋壳表面有上千个微小的孔，空气和水分可以通过这些小孔进出。大部分的孔都集中在鸡蛋的钝圆末端。随着孵化进程，小鸡会从蛋壳中吸收钙质来促进骨骼生长。

那么小鸟从哪里来呢？在鸟类交配后，雌鸟产的每一枚卵中都会有一个胚胎，胚胎再发育成小鸟。下面就是卵孵化的过程。

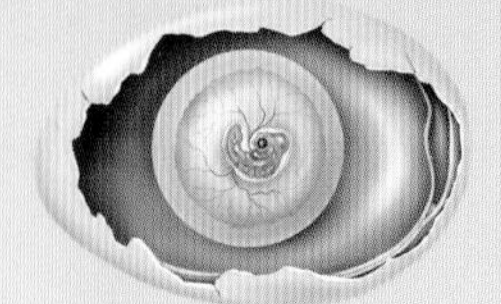

第4天

胚胎已经长出了一个小脑袋、尾巴和脚趾。

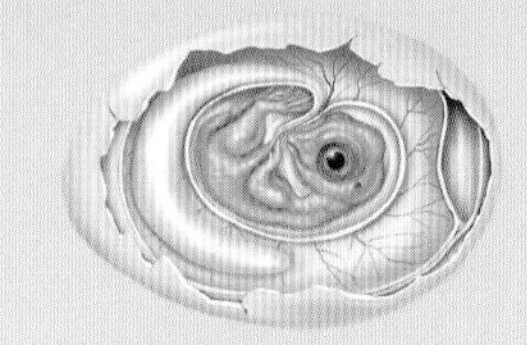

第10天

四肢正在发育。内部器官成熟。可以看到喙。

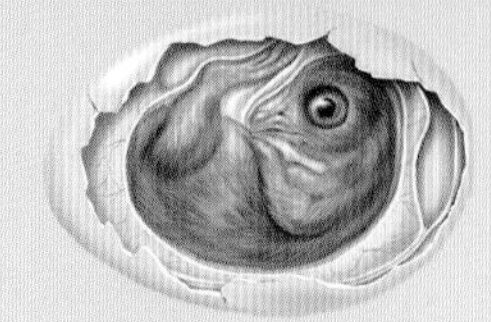

第16天

身体上长出羽毛。腿进一步发育。骨骼和喙硬化。

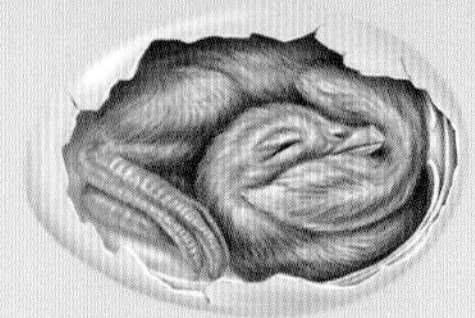

第20天

小鸟可以通过肺呼吸，会把头朝向气囊的方向。

第21天

用喙上的破卵齿破壳而出。生日快乐！

产蛋冠军 谁产的蛋最多？

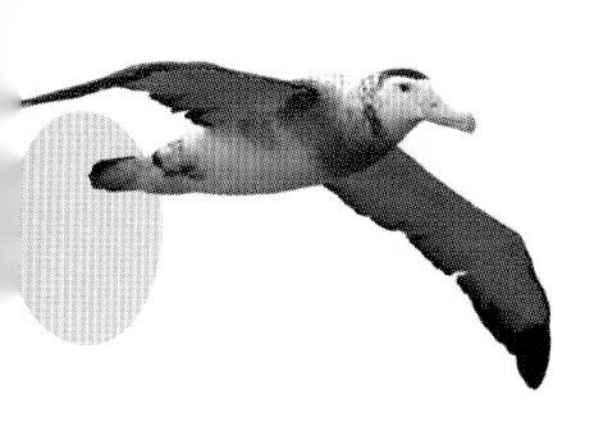

漂泊信天翁

漂泊信天翁大约要到10岁才开始交配，而且每2年只产1枚蛋。它们至少能活到50岁，所以一生中会产20枚蛋。

金雕

雕类通常每年产2枚蛋，但是如果气候不佳或者食物供给不足，就无法顺利交配。

青山雀

虽然体型很小，它们一次也可以产下10~14枚卵。

山齿鹑

雌性山齿鹑每年能产6~28枚蛋，有时候它也会把蛋产在其他同类的巢里。

家鸡

没有鸟类能与雉类的产蛋量相提并论，不同种类的雉类产蛋量略有不同，自然状态下，鸡会生一批蛋然后开始孵化。但现在大多数家鸡都是人工饲养的，家鸡在农场每天生一枚蛋，因为生下的蛋会被拿走，所以第二天它又会生一枚蛋。鸡只有在足够的日照条件下才会下蛋，通常情况下每28小时下一枚蛋。

鸡蛋二三事

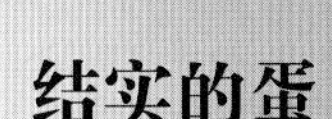

结实的蛋

为什么有鸟坐在鸡蛋上面的时候蛋壳不会破裂呢？这都是因为它们的形状。半球形是非常结实的，外表越弯曲，就越能抵挡外来的压力。所以，当你把鸡蛋放在两个手掌之间用力挤压时蛋壳也不会破碎。如果你从蛋中间挤压蛋壳，蛋液可是会打到你的脸上。

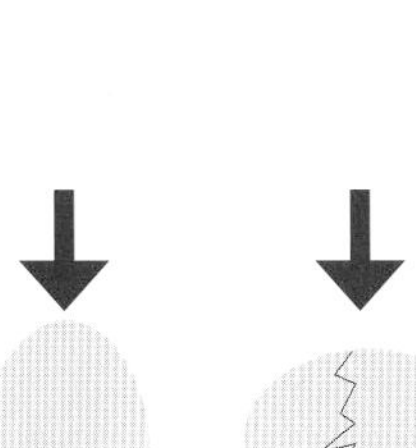

人类发明了专门的打蛋机器，每小时可以打破并分离（蛋壳和蛋液）108000个鸡蛋，相当于30秒打一个鸡蛋的速度。

鸡蛋煮熟后，蛋黄和蛋白中的蛋白质分子就会改变性质，蛋白质会变硬，蛋白也变得不透明了。

有些鸟类几秒钟就可以下一枚蛋。但是加拿大雁要花一个小时才能下一枚蛋。

鸟类通常在清晨下蛋。因为蛋壳更容易在鸟类睡着的时候形成。

鸟巢并不是家……

鸟儿筑巢并不是为了建造一个用来睡觉、吃饭的地方。它们筑巢是为了建立一个育儿所来保存鸟蛋，同时保护幼鸟，防止被天敌发现。巢穴有不同的类型，鸟儿会利用身边能搜寻到的材料来筑巢。

常见的杯状鸟巢

杯形和碗形是最常见的鸟巢形状。大多数雀形目鸟类（中小型鸣禽）都会建造这种基本的结构。棍棒和树枝常常被用来建造鸟巢主体结构，但是有些鸟，比如燕子，会用泥巴，甚至唾液来筑巢。苔藓、动物的皮毛和羽毛都可以铺在鸟巢里，用来给鸟蛋保暖。

但却是产卵和哺育小鸟的安全之处。

孔形巢穴是简单舒适的洞穴之家。

在寸草不生的区域，**泥土**是用来筑巢的唯一选择。

球形巢穴是用草编织而成，有一个小开口，以便鸟妈妈和鸟爸爸进进出出。

有些鸟类会在地面上产蛋，而不是把蛋产在巢里。

平台形的巢是扁平的，而且很大！

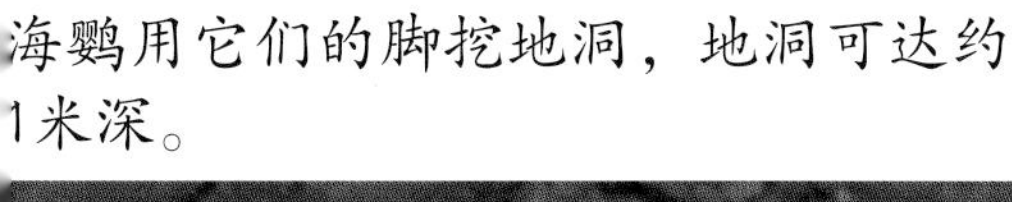

海鹦用它们的脚挖地洞，地洞可达约1米深。

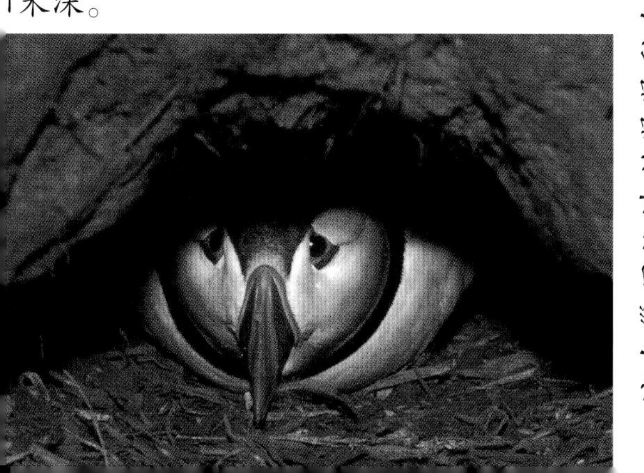

这个巢用蜘蛛丝紧紧黏合在一起，并与一片树叶连在一起。

要是爸爸的脚背上安全又暖和，谁还需要巢呢？

住在塔里的女人

许多鸟巢都建在空心的树洞里，但是没有鸟类能像犀鸟那样保护它的后代。犀鸟在高高的树上找到一个大树洞后，雌性犀鸟会把自己关在洞里，下一枚蛋，然后待在洞里照顾它，直到幼鸟会飞为止。

谁也不许进来

犀鸟会找一个别的动物（如啄木鸟）挖好的树洞钻进去。从一个大小刚好够身体通过的洞口钻进去之后，雌性犀鸟会打扫树洞，然后用新材料铺垫鸟巢。当它做好准备要下蛋时，它和雄鸟会用雌鸟的粪便把洞口封起来，整个过程它们都是用嘴来完成的。雌鸟几乎完全被封闭起来，只留下一个小窄缝能让它的嘴尖端穿过。

家务活儿

当雌鸟在孵蛋的时候，它的翼羽会掉落，甚至有时候尾羽也会脱落。为了保持巢的清洁，她会扭动身体，然后把粪便通过洞口裂缝排出巢外。幼鸟孵化后也会学习这样做。

休戚相依

幼鸟孵化需要1～2个月的时间。在这期间雌鸟的雄性伴侣负责给雌鸟喂食，有时给它带回一些水果，偶尔还有一些小动物。小鸟孵化出来后，雌鸟会和它在一起生活约1个月的时间，然后雌鸟破洞而出，去帮助雄鸟一起寻找食物。有时候，幼鸟会再一次把洞口封住，然后在里面待几个星期。当幼鸟完全发育成熟，能够飞行之后，它们就会离开巢洞。

成功

犀鸟的成活率很高。把巢洞建在高高的树上封闭起来可以有效保护鸟蛋。虽然大多数犀鸟一次只哺育一只幼鸟，但其中75%的幼鸟都可以顺利长大。

我的妈妈在哪里？

所有在左页图片中的都是幼鸟或雏鸟，右页图片中的是成鸟。看看你能把同一品种的幼鸟和成鸟匹配起来吗？把属于同一组的数字和字母写在一起，然后看一看自己答对了没有吧！答案见右页。

试着把同一种类的鸟爸爸、鸟妈妈和小鸟连线

答案

1e 家鸭
2c 大白鹭
3g 鹗（è）
4a 大军舰鸟
5d 小红鹳
6h 雪鸮
7b 白玄鸥
8f 黑背信天翁

25000只
帝企鹅的托儿所

成千上万只企鹅日日夜夜紧紧地贴在一起来取暖。棕色的、羽毛蓬松的小企鹅挤在一起，无论什么样的天气，都可以保证它们既安全又温暖。

为什么要挤在一起？

这些帝企鹅生活在南极洲，这里的气温会降到**零下10摄氏度**。如果一只小企鹅独自站着的话就会**冻僵**，就算浑身裹着柔软蓬松的羽毛也没用。但是成**百上千的企鹅**挤在一起，就可以抵御严寒。

你是我的爸爸吗？
我还以为我是独生子女！
我饿啦！
我的鱼在哪儿？

鸟类的捕食工具

海绵

一只蜂鸟每天大约要喝掉自己一半体重重量的花蜜。蜂鸟把它长长的像毛笔尖一样的舌头伸入花朵中存有花蜜的地方，舌头会像海绵吸水一样膨胀，蜂鸟就是用这种方法吸食花蜜的。

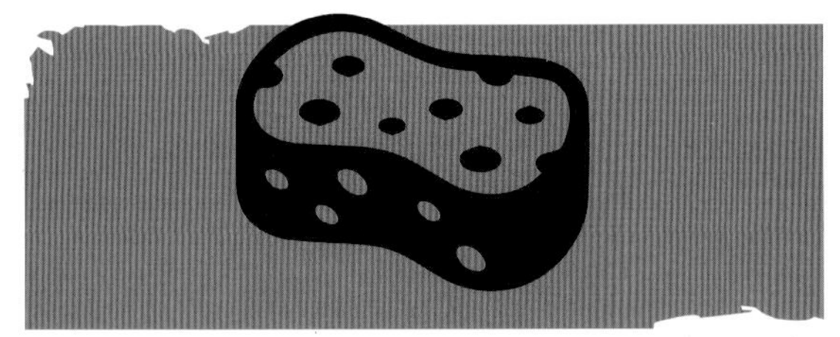

筷子

很多海鸟都有细长的嘴，筷子一样的嘴，可以帮助海鸟找到埋藏在泥沙里的食物。杓（sháo）鹬（yù）能用又细又长、弯曲的嘴找到1米深处的沙蚕。

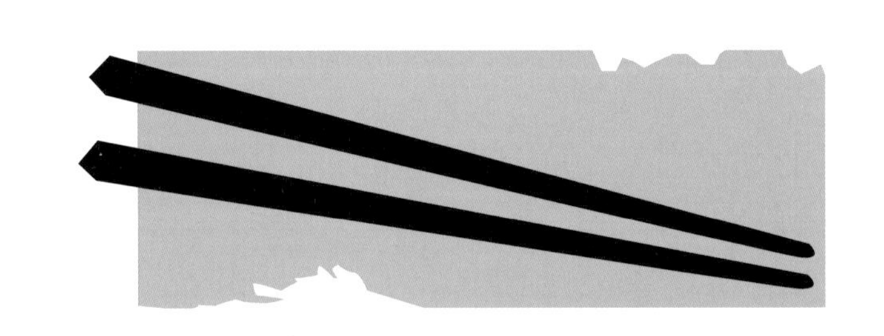

剪刀

猛禽类是食肉的鸟类。它们的嘴是用来食肉的工具。食肉鸟类用爪子猎杀，然后用结实钩状的嘴来撕碎、吃掉猎物。它们的嘴像剪刀一般锋利，很容易就可以把食物撕碎。

匕首

苍鹭捉鱼不用钓竿也不用渔网。虽然苍鹭通常用张开的嘴抓鱼，但有时，它也会用匕首一样的嘴刺穿猎物，然后把鱼抛到空中，再张开嘴吞进喉咙中。

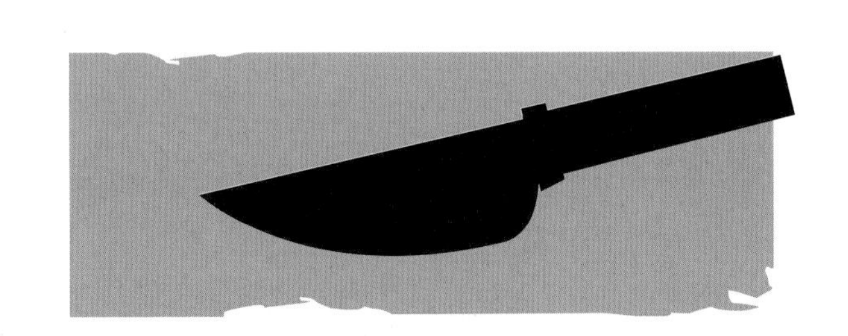

通过观察鸟类**不同形状的嘴**，我们就可以知道不同种类的鸟儿吃的是什么样的食物，因为这是它们进食的**特殊工具**。长时间的进化使各种鸟嘴取食各类食物。

胡桃钳

鹦鹉的嘴短短的，很锐利，也非常结实，最适合用来给坚果和种子剥壳。它锋利的嘴尖可以轻松地嗑开坚果外壳，吃到里面美味的果仁。

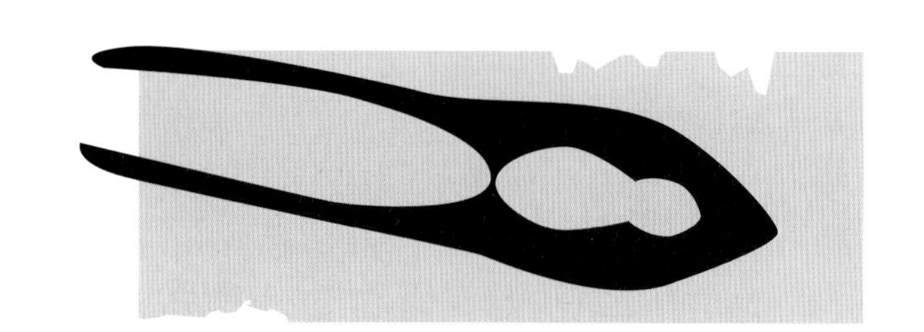

镊子

大多数鸣禽是捕食昆虫的鸟类。在捉虫的时候，它们用像镊子一样精准的嘴，捕捉藏在树皮下或者树叶上的小虫子。细细长长的嘴可以在狭窄的缝隙里探索，再微小的美味也跑不掉啦。

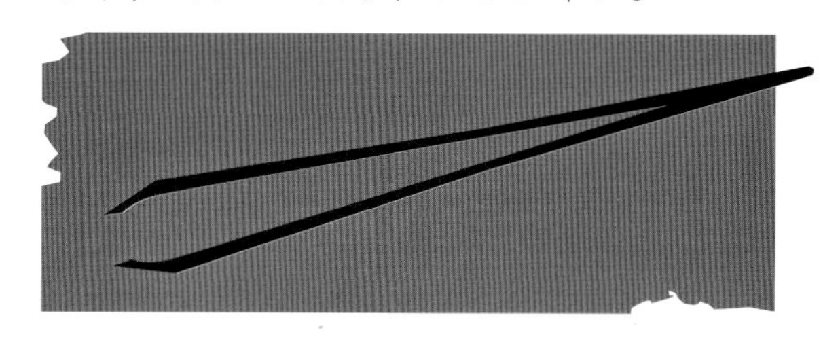

钳子

犀鸟总是希望它们的嘴可以更长。红嘴犀鸟是一种杂食性鸟类，它们什么都吃，甚至吃其他鸟类的鸟蛋。它们的嘴是中空的，重量很轻，这样它们才不会头重脚轻。

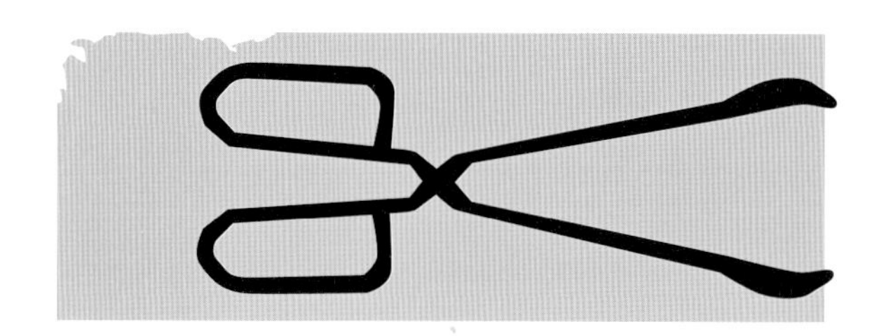

筛子

火烈鸟最喜欢的食物是藻类。聪明的火烈鸟会把头倒着伸进水中，为的就是寻找水中的藻类。它们的嘴巴像筛子一样，美味的藻类就这样被过滤进嘴里了。

这个男人是如何发现了进化的秘密？

查尔斯·达尔文是一名生物学家，出生于1831年，曾经乘坐小猎犬号轮船出发进行了为期5年的**环球旅行**。每到一处，达尔文就采集动物、植物标本。他曾经到访过南美洲沿海地区群岛——**加拉帕戈斯群岛**（位于厄瓜多尔西部）。在那里采集的标本中，一些鸟类标本在地球上的其他地方**从来没有被发现过**。

查尔斯·达尔文

达尔文返回家乡后，把很多标本寄给了一位专家进行分类识别。专家告诉他这些标本全部都是雀科鸣禽。虽然这些鸟的嘴巴和身长略有不同，但是在这些南美洲发现的物种身上都有相似之处。这就让达尔文开始思考：也许这些鸟类都有来自大陆的同一个祖先。

南美洲

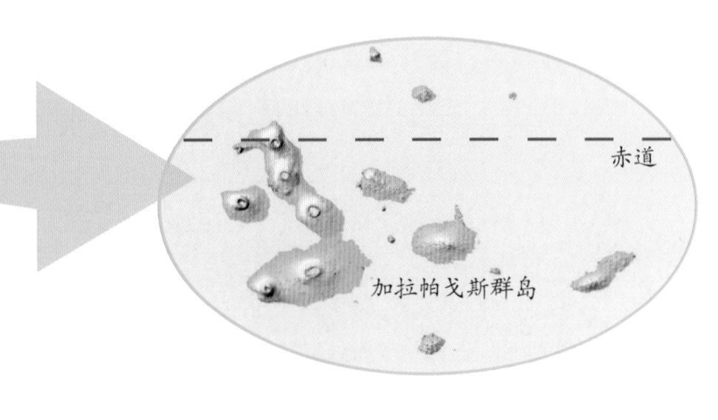

加拉帕戈斯群岛是由海底火山喷发而形成的。因为这些岛屿从未与南美洲连接在一起，所以生活在岛屿上的动植物一定起源于其他地方。达尔文经过研究认为加拉帕戈斯群岛的雀科鸣禽的祖先也许是某种以种子为食、来自大陆的鸟类，它们因为被风吹偏离了方向，才来到岛上，随后进化成如今的雀科鸣禽。

树雀

面对新的栖息地和不同的食物选择，这些来到岛上的雀科鸣禽慢慢地进化，适应每个岛屿不同的生存环境。有一些改变了身体的尺寸，因为它们从陆地搬到了树上生活。而剩下的鸟改变了嘴的形状和大小，因为它们要开始学习适应以果实、昆虫、花蜜或者蜘蛛为食。

生活在树上的雀科鸣禽

小树雀

中树雀

大树雀

拟䴕树雀

这些食虫雀鸟用略微弯曲的尖喙挖掘树干中的昆虫。

红树林树雀

这种雀鸟用嘴捕捉树叶和枯木上的小虫子。

植食树雀

这种雀鸟长着鹦鹉一样的嘴，以水果和花蕾为食。

灰喉莺雀

这种雀鸟用探针一样的嘴巴捕食昆虫。

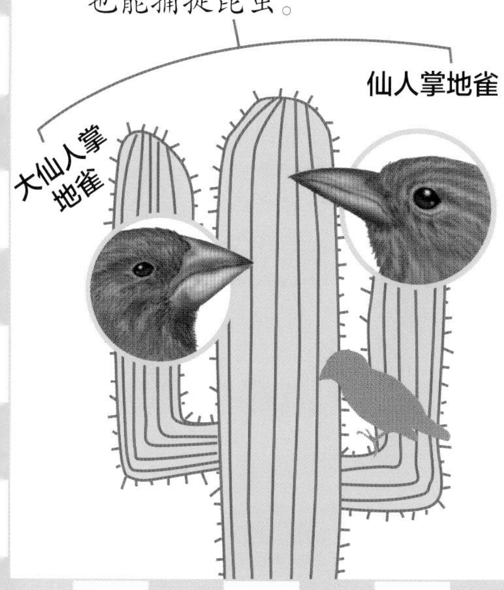
这些吃仙人掌的地雀长有尖喙，既能采食仙人掌的花蜜，也能捕捉昆虫。
大仙人掌地雀
仙人掌地雀

最早来到海岛上的雀科鸣禽是以种子为食的地雀。

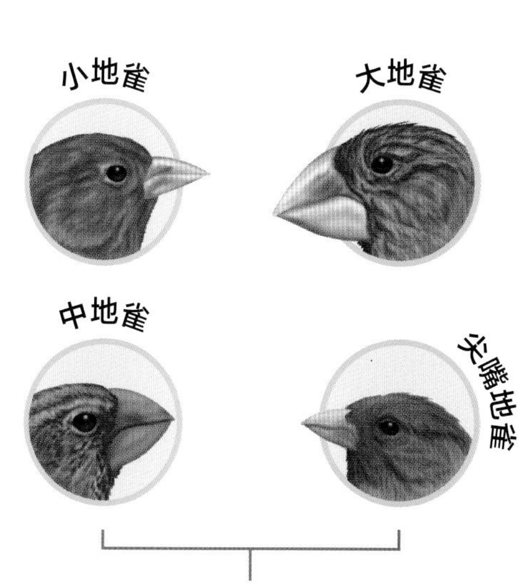
小地雀
大地雀
中地雀
尖嘴地雀
这些地雀的喙都可以咬碎种子。

地雀

需要吃多少食物？

要吃很多东西

鸟类都采用高耗能的方式生活，所以它们需要吃很多的食物。家燕是食虫鸟类，它们捕食昆虫，并从饮食中获取大量的蛋白质。它们会捕捉许多苍蝇和其他小虫子喂养幼鸟，促进它们健康成长。

家燕父母不知疲倦地往返给幼鸟喂食，每天要喂食 400 次之多。

为什么鸟类不会发胖呢？

鸟类吃的食物要为飞行提供足够能量，但又不能吃得太多以致让它们飞不起来。

一只松鸦要为过冬储存 5000 枚橡子作为食物。

藻类中富含色素，可以让我的羽毛保持粉色。
先生，这颜色很适合您！
60吨

一顿大餐

上百万只小红鹳聚集在一片湖面上，每天都可以从水中捕捞60吨藻类还有其他微生物作为食物。

能量饮料

蜂鸟每24小时至少要吃掉相当于自己体重一半的花蜜。

从小小的橡子开始……

冬天很难找到食物，松鸦储存橡子过冬。整个英国和爱尔兰生活着34万只松鸦，它们会在10周左右的时间里埋藏大约17亿颗橡子。而那些没被它们再次挖出来的橡子就长成了橡树，所以松鸦在橡木的再生过程中发挥着重要作用。

一对仓鸮每年要吃掉 2000 只啮齿目动物。

农夫的好朋友

在中东地区的农场里栖息的仓鸮非常受欢迎。它们保护庄稼不被啮齿目动物所侵害，是农田的守护者。

喂养野生鸟类

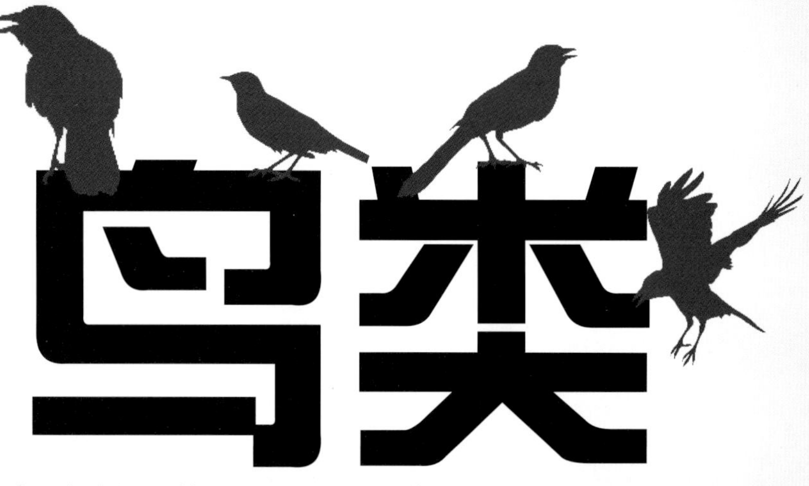

根据史料记载，最早是一位生活在19世纪80年代的德国男爵第一次把喂养野生鸟类作为爱好。后人继承了这项有趣的传统，饶有趣味地欣赏鸟儿在他们的花园里聚集！

和大多数鸟类一样，我喜欢自己找吃的。但是从你开始给我喂食物，我也慢慢地开始依赖你。**所以你一旦开始给我喂食就不要停下来啦！**

什么时候该喂什么食物

春天和夏天

鸟类到了繁殖期，需要进食大量的蛋白质——雌鸟要消耗掉自己储存营养的一半用来下蛋。而雄鸟则要忙着保护它们的领地。

 葵花籽

 混合的种子

 多汁的葡萄干

 软质的苹果或者梨

 乳酪碎屑

 蚯蚓

 黄粉虫

 毛毛虫

 蜡虫

 狗粮或者猫粮（仅限罐装湿粮）

 混合的虫子干

 浆果

秋天和冬天

天然的食物，比如浆果、种子和昆虫，很难在冬天找到。多脂的食物可以帮助鸟类度过漫长、寒冷的冬夜。

 鸟蛋糕或者谷物棒

 混合的种子（不含整颗的花生米）

 脂肪球

 软质的苹果或者梨，削成两半

 牛油或者猪油

 培根皮

 不新鲜的蛋糕或者饼干

 煮过的米饭、意大利面、土豆或者油酥点心

 蘸水的全麦面包

 乳酪碎屑

 混合的虫子干

你可以在宠物商店、花卉市场或者网上买到这些鸟食。

早餐吃什么?

种子和早餐麦片是鸟儿的理想食物。早晨把食物拿出去喂给鸟儿可以让它们在度过寒冷的夜晚后快速恢复体力。

喂食坚果的注意事项

鸟类很喜欢吃花生，但要是一下子吞进一整颗花生它们就会窒息。要放生的、不含盐分的坚果，把坚果放在一个喂食器里，这样鸟儿们就可以啄食坚果了。

不要放干的、腌渍的或者辣味的食物

这些食物会使鸟儿们脱水。吃太多干面包或者白面包也会导致脱水的不良反应。

鸟儿需要足够的水

一部分饮用，一部分用来洗澡。但是要确保冬天的水里不会有冰。

学做种子蛋糕

你需要：

混合的鸟食种子（可以从宠物商店、花卉市场或网上买到），饱满的葡萄干，乳酪碎屑，牛油或者猪油（要在室温下储存，不要融化），酸奶杯，细绳，细棍子，搅拌用的碗。

1.把牛油或者猪油切成小块。放入搅拌碗中。加入其他材料混合。也可以加入花生屑、蛋糕碎屑或者全麦面包。

2.装馅儿。把混合好的材料装到酸奶杯里。然后放入冰箱冷藏一个小时。待冷却后从酸奶杯中取出。

3.用一根细棍从蛋糕中间穿孔。用细绳从孔中穿过。绳子的一端系在木棍中间固定，见本页右上角图，让鸟儿可以停落在木棍上；另一端系在树上或者栅栏上把蛋糕挂起来。

松鼠密探!

不仅仅是鸟类喜欢被喂养。松鼠会抓住一切机会来获得一顿免费的美餐，而让鸟儿买单。

为坚果狂热

选择新鲜的椰子壳，而不是干燥的（这种椰子壳如果不小心被鸟儿啄食，会在鸟儿胃中膨胀，甚至引起死亡）。用过的椰子壳进行再利用可以重新填装牛油或种子蛋糕。

鸟儿不需要在桌子上吃东西

你可以把食物撒在地上，把喂食器挂在树上或者栅栏上，把花生酱涂在树干上，把牛油和坚果塞在树洞里等，都可以。

警铃

如果鸟类总是聚集在桌子上则会引来天敌。如果你养了一只猫，那就在它脖子上系个铃铛，这样鸟儿知道猫来了，就会飞走。

关于鸡的真相

先有鸡还是先有蛋？

从生物学角度讲，先有蛋。鸟类是从爬行动物进化而来的，而爬行动物又是从那些在陆地上产卵的两栖动物进化而来的。

有的时候鸡也会下没有壳的蛋。这些蛋是不完全卵，也就是没有完全发育的蛋，在一些地区是不吉利的象征。

鸡是红原鸡驯化的后代，这些原鸡生活在东南亚和我国西南到华南地区。

美国人每年要吃掉8

家养鸡是世界上最常见的鸟类。现存约240亿只家养鸡。

观察鸡耳垂的颜色就可以判断一只鸡下的鸡蛋的颜色。白耳垂的鸡下白色的蛋。长有红色或者黑色耳垂的母鸡通常会下棕皮的鸡蛋。只有智利圆耳绿壳鸡等少数几种鸡是例外。

只有公鸡会打鸣。

?

世界上现存50亿只能够下蛋的母鸡，每只鸡每年平均下大约300枚鸡蛋。

秃顶梳法

鸡可以有八种不同的“发型”——毛茛型、垫子型、豌豆型、玫瑰型、乌鸡型、草莓型、“V”型和一片型。当气温极低的时候，鸡冠可能会被冻伤。

一只鸡一生所产生的粪便可以为一支100瓦的灯泡提供5个小时的电量。

鸡虽然有翅膀，但是很少能飞到离它最近的树枝以外的地方。鸡的最长飞行时间纪录是13秒。

重返野外

目前，在美国的许多地区已经出现了野化鸡的种群，有时，人们甚至要专门捕捉这些野化鸡，以此来降低它们的数量。但是总有一些漏网之“鸡”。

只鸡。

智利圆耳绿壳鸡和美洲胡须绿壳鸡会产下蓝色或者绿色的鸡蛋。人们也叫它们“复活节彩蛋鸡”。

欢迎来到鸡的世界

在阿拉斯加有一个城镇就叫“鸡镇”，人们之前本想以“雷鸟”为城镇命名，但是对于怎么拼写这个鸟名不能达成一致（而雷鸟长得有点像鸡）。

也就等于每年15万亿枚鸡蛋，真是个惊人的数字！

工作的鸟类

训练金雕来捕猎是哈萨克族的传统，已经有6000年的历史了。哈萨克斯坦的国旗上就有一只金雕的形象，同时有一句传统谚语说道：“好马和凶猛的金雕是哈萨克族的翅膀。”对于人来说，用鸟类来狩猎不仅仅是一项运动，还是一种传统的生活方式。儿子从父亲那里学习怎么捕捉和训练这种凶猛的鸟类，在未来的10年让它帮助自己在每年冬天捕捉狐狸等猎物，这门技艺在哈萨克族的历史上代代相传。

掌上的珍宝

每一位猎人都会悉心喂养他的金雕。当金雕还很幼小的时候，猎人亲手喂养它们，以便于金雕能够适应人类。之后金雕就会知道谁是它的主人，一被召唤它很快就会飞来。

雌性金雕是理想的猎鸟

雌性金雕比雄性金雕体型更大、更健壮。雌金雕从头到脚可以长到90厘米，翼展达到2.3米，可以用利爪一下杀死一只狐狸。

选哪一只好呢？

一个猎人也许会 甫10~15只雏金雕，在其中选择一只最 子的进行训练。那 些不满7岁的金雕是 最好的猎手。

训练

至少需用一个月驯服一只金雕，训练则要经过一整个夏天。金雕要接受的训练中也包括学会判断，不能袭击主人的羊群。

重要装备

牛皮手套可以保护猎人的双手不被金雕锋利的爪子抓伤。猎人会抓紧金雕的拴绳不让金雕飞走。

狩猎

金雕被强制戴上一个面罩，避免它无法集中精神，使它能安然地停留在草原上。一旦摘下面罩，金雕就会飞走。

成功

猎人会用食物引诱金雕离开它的猎物（如一只狐狸）。这时候的猎物是完好无损的。狐狸的皮毛可以制成帽子和衣服，草原上的人们穿着这种服饰过冬。

人工饲养的猎金雕最多会陪伴主人度过10个狩猎季。

然后它们会被放回野外。哈萨克族很注重保护金雕的种群数量。然而有些商人十分贪婪，他们会捕捉大量的猛禽进行贩卖。

下潜的鸟

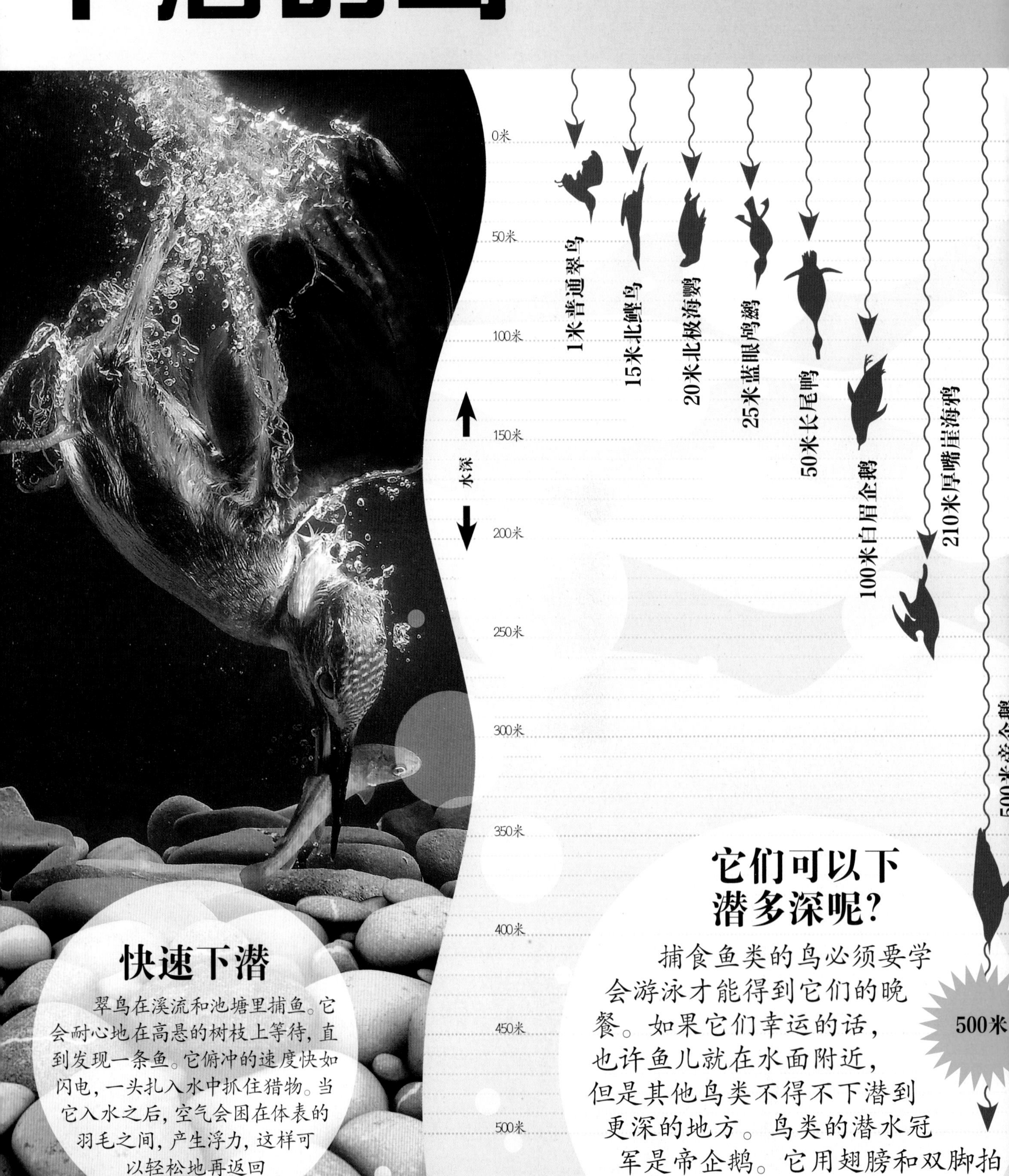

快速下潜

翠鸟在溪流和池塘里捕鱼。它会耐心地在高悬的树枝上等待，直到发现一条鱼。它俯冲的速度快如闪电，一头扎入水中抓住猎物。当它入水之后，空气会困在体表的羽毛之间，产生浮力，这样可以轻松地再返回水面。

它们可以下潜多深呢？

捕食鱼类的鸟必须要学会游泳才能得到它们的晚餐。如果它们幸运的话，也许鱼儿就在水面附近，但是其他鸟类不得不下潜到更深的地方。鸟类的潜水冠军是帝企鹅。它用翅膀和双脚拍水以便下潜，一次可以下潜10分钟左右。

下潜，下潜！

鸟类中的跳水运动员，比如鲣鸟和褐鹈鹕，可以从高空俯冲潜入水中，抓住快速游走的鱼儿。鸟儿入水的速度可以抵消它们自身的浮力，帮助它们潜入水下较深的区域。当鸟儿入水后，它们会向后折叠翅膀，使身体呈流线型，避免水流的冲击伤到自己。

追逐

还有一些鸟类一边游泳，一边追逐水中的猎物。它们用翅膀推动身体（比如企鹅、海雀、海燕和鸌），或用双脚助推（比如鸊鷉、潜鸟和鸬鹚）。它们能比只是把头伸入水里的海鸟捕更多的鱼。

你在说什么？

鸟类的语言是所有动物中最复杂的。鸟鸣的方式有许多种——但是它们到底在说什么呢？

是鸣叫还是鸣唱？

鸟类发出的声音主要有两种——鸣叫和鸣唱。鸣叫一般短促而简单，鸣唱则比较长而复杂。通过鸣唱可以表达领地的所有权，也可以吸引异性。通常情况下，雄鸟会在交配季节热情地鸣唱。但是，有些鸟类的雌鸟也能鸣唱，雌鸟和雄鸟会一起表演二重唱。

鸣管长在哪儿呢？

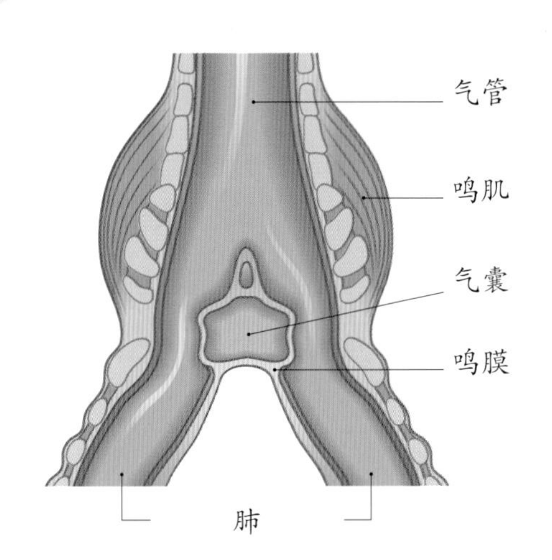

鸣管

鸟类具有一个独特的发声器官，称作鸣管，其他动物身体里都没有这个器官。鸣管位于鸟类的胸腔。当空气从肺部呼出时，气流经过鸣管引起整个鼓膜系统的震动，从而发出声音。通过收缩和舒张肌肉或者压缩鼓膜可以精准地控制音调和音量。

危险！

鸟类从小就知道“预警鸣叫”。这种鸣叫用来表达“现在有危险”。鸟类有不同的警告方式，而它们的种群也会用不同的应对行为来响应。当一只母鸭发出警告，它的小鸭会马上跳入水中，游到安全区域。

走开！

鸟类会使用攻击性的鸣叫来保护领地、伴侣或食物来源。如果一只鸟太过于靠近另一只鸟，那么这两只鸟会进行一场高声“争吵”。它们的鸣叫还会伴随着推搡或追逐。

你在哪？

在一片密集的栖息地，鸟类不能时刻看到彼此，这时它们会通过鸣叫来保持联系。当一群成员分散开觅食的时候，它们会不断地呼叫对方。在一个拥挤的聚居地，鸟类通过鸣叫来寻找它们的孩子或父母。一只成年的帝企鹅可以通过声音从聚居地上百只同类中辨别出它的伴侣和宝宝。

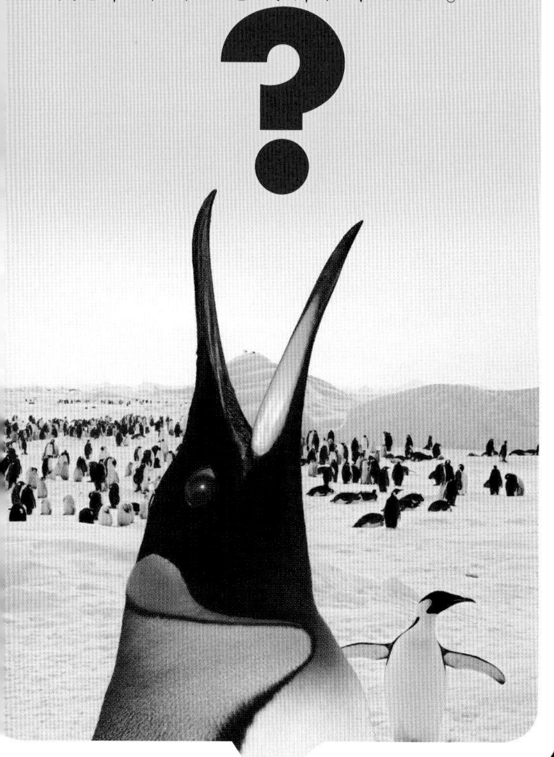

叽叽喳喳

鸟类在很小的时候就开始发出鸣叫。如果鸟巢里都是刚孵出来的小鸟，一定会非常吵，那是它们在乞求食物。有些鸟类在孵化前就会发出声音了。欧石鸻（héng）宝宝在鸟蛋里就会呼喊，这些正在发育的小欧石鸻在没有破壳而出的时候，就可以通过声音认出它们的父母。

我们“结婚”吧

鸟类鸣唱的主要目的是在交配期吸引异性。但也有其他吸引注意力的发声方式。斑尾林鸽会互相拍打翅膀尖，发出一种响亮的鞭子抽打的“啪啪”声；雄性公主长尾风鸟用翅膀和尾巴发出“沙沙”声；白鹳用嘴互相撞击来表示问候。

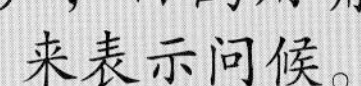

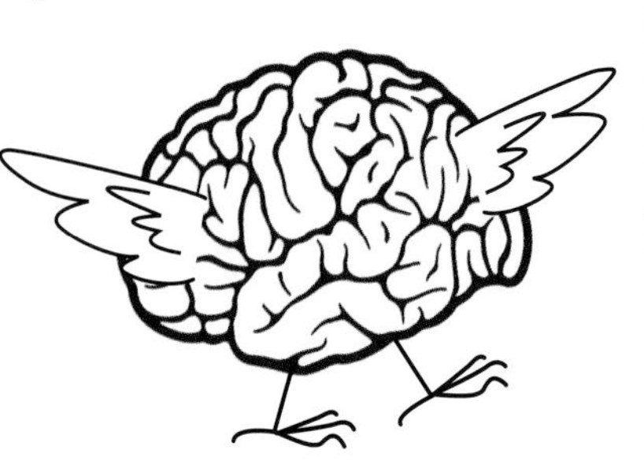

鸟类的最强大脑

过去如果对一个人说："你的脑子像鸟的一样"，那就是一种侮辱。但是现在我们发现有些鸟类实际上是非常聪明的。那么谁是鸟类中的最强大脑呢?

与体型大小相比，乌鸦的大脑和黑猩猩的大脑一样大。真可以说是"巨大"了!
对，我们的眼睛一般都比脑子大。你刚刚是不是看见了一辆汽车……

为什么乌鸦要过马路?

在日本的一些闹市区，乌鸦喜欢在交通灯附近徘徊——它们并不是要过马路，而是要把坚果砸碎！当交通灯的红灯亮起时，乌鸦把坚果放在路中间。当绿灯亮起时，来往的车辆会从坚果上驶过，压碎果壳。当红灯再次亮起时，乌鸦会飞落地面，然后捡食里面美味的果仁。

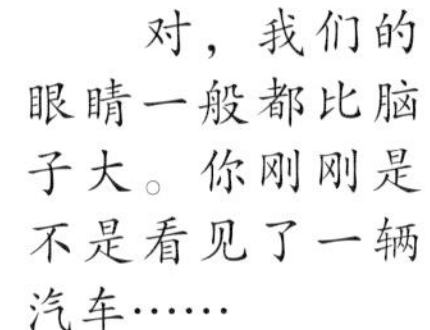

许多乌鸦都通过了智力测验，但是它们并不是鸟类世界中唯一的“最强大脑”……

工具狂

拟䴕形树雀用仙人掌的刺来寻找藏在树干中的幼虫，而新喀鸦（根据它们生存的太平洋岛屿名而命名）可以制作属于它们自己的工具。它们用喙作为剪刀，把树枝修剪成钩子，把树叶撕碎当成毛刷，用这些工具来帮助它们捕捉昆虫。我们已知有些人类饲养的乌鸦可以把电线弯成吊钩。

找到了第18468颗。现在该想想我把第18469颗藏在哪儿了？

记忆大师

一只北美星鸦（一种小型鸦类）在秋天储存食物的时候会贮藏3万多粒松子。更令人吃惊的是，它们记得所有松子藏在哪，即使这些松子已经被落叶或者雪覆盖了，它们也能在8个月后把它们都找出来。松鸦（也是鸦科的成员）在掩埋橡树果实一年后同样可以把种子找出来。

捕鱼之王

有些鹭类会用诱饵来捕鱼，比如把面包、昆虫、蠕虫、小嫩枝或者羽毛投入水中，然后静静等待。黑鹭会用翅膀罩在水面上，如同打了一把雨伞一样，在水面上形成一片阴影来抵抗阳光反射，这样它们就可以看清水下的鱼了。

我得走了！

谁是那个聪明的男孩？哦，是我！

可爱又聪明的鹦鹉

鹦鹉是具有高智商的鸟类，它们可以模仿人类的对话。一只名叫亚历克斯的非洲灰鹦鹉更为聪明绝顶——它不仅可以模仿声音，甚至可以真正地说话。它学会了数数，说“是”和“不是”，可以说出拿给它看的东西的名字，还可以说出它看到的100多种物品的颜色。

王鹫的翼展有2米，体型最大的美洲秃鹫。

我们“结婚”吧

王鹫

王鹫的脸在鸟类世界里是最令人印象深刻的。不仅头部、脖子和耳垂部分的皮肤色彩亮丽，它的喙上还长有一层橙色肉质皮肤，称作肉冠。肉冠的大小决定了王鹫的进食顺序，肉冠最大的王鹫可以第一个啄食腐肉。虽然王鹫一般都是在其他种类的秃鹫发现腐肉之后才姗姗来迟，但一旦着陆，其他食腐动物都会给它让道。这也是它被称为“秃鹫界的王者”的原因。

清洁小分队

白兀鹫

白兀鹫

白兀鹫常在空中盘旋或驼着背地坐着，盯着一只受伤动物，等待它慢慢死去。白兀鹫在生态系统中具有重要的地位。这些食腐鸟类可以分解尸体残骸，让微生物获得食物。

红头美洲鹫

红头美洲鹫

非洲的秃鹫依赖超强视力来寻找尸体残骸，而美洲的秃鹰是依靠气味。大多数秃鹫的面部和脖子上没有羽毛，这大大方便了进食。钩子状的喙可以撕碎坚硬的兽皮。

非洲白背秃鹫

非洲白背秃鹫

虽然秃鹫被归为猛禽类，但它们很少攻击健康动物。它们吃饱后会找个地方坐下慢慢消化。秃鹫的胃酸非常厉害，可以杀光对于其他动物来说的致病细菌。

非洲白背秃鹫在进食

退后！

在领地、配偶和食物的问题上，鸟类会变得非常具有攻击性，如果进攻者的体格更大、速度也更快的话，一般被攻击的一方是很难轻易逃脱的。但是一些鸟类也用其他的方法来防御。

吓你一跳

蟆口鸱的第一道防御措施是伪装，它安静地停在那里伪装成一根树枝。如果这一招不管用，那么它会使用出其不意的一招：它会一下子睁开明亮的黄色眼睛，张开亮黄色的大嘴巴，直到天敌被吓跑为止。

吐出来

某些鹱(hù)的幼鸟是猛禽和大型海鸥的猎物，但是它们会用臭气熏天的呕吐物还击，它们的呕吐物里充满了胃酸和鱼油。这些幼鸟可以把呕吐物喷射到1.5米远的距离。因为这些呕吐物会破坏羽毛表面的防水层，所以进攻者会尽量躲避。

没有死，就是休息一下

鸻（héng）假装受伤来引诱天敌离开，来保护它们的鸟蛋。天敌会追着假装受伤的鸻，因为一只受伤的鸟是很容易被捉到的。当天敌追着它跑出一段距离后，鸻就会停止伪装，然后迅速逃离到安全地带。

最后的警告

许多鸟类都会摆出威胁的姿态进行警告，比如张大嘴巴、竖起羽冠或者张开翅膀。受到惊吓的日鳽（jiān）会将双翼大幅展开，它翅膀上的斑点看起来就像一双大眼睛。大多数入侵者看到这两个巨大的“眼珠子”都会逃跑。

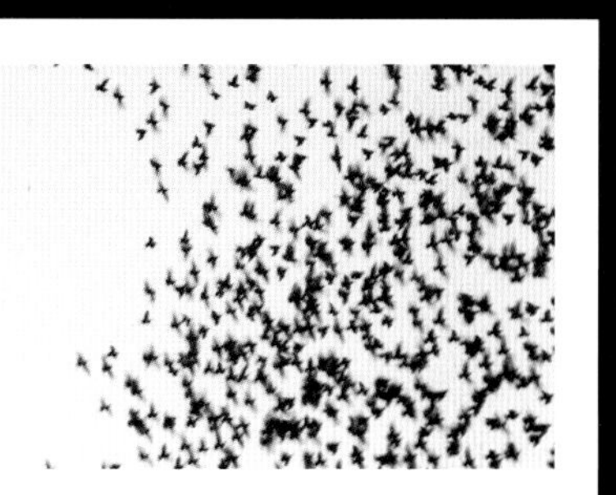

群体的力量

对于一个入侵者来说，很难在很多只鸟中锁定一个猎物，特别是被那么多双警惕的眼睛盯着的时候。即使群体中有少数个体被俘获，至少群体剩下的幸存者可以保证种群的生存。

便便的力量

某些鹱的呕吐物是有毒性的，而田鸫（dōng）选择用身体的另一端喷射出防身的液体。一群田鸫可以喷射出大量的排泄物，目标非常精准，进攻者身上会被田鸫的排泄物弄得湿淋淋、臭烘烘的。

鹤鸵

鹤鸵是一种体型较大的不会飞的鸟类，它们看起来体格巨大有点吓人，而且它们还随身携带防身武器——长在中趾上的一个巨大的利爪。现有记录记载鹤鸵杀死过一个人的案例：一只鹤鸵跳起来然后用爪子划开了那个人的胃。

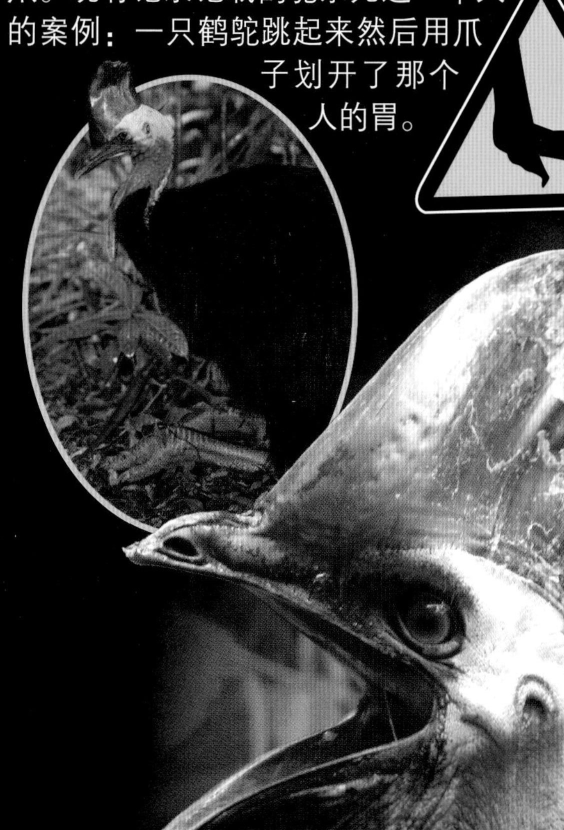

打破世界纪录的鸟

幸存者： 在1945年，一只被斧头斩首的鸡幸存了下来。这只没有头的鸡（但是它脑干和颈静脉被完好无损地保存了下来）绰号叫作麦克，它在没有头的状态下又存活了18个月。人们用一个眼药水滴管给它喂食，从它脖子的开口处滴下一些谷物糊和水。

最小的 最宽的 最快的 最长的 最大的

飞行最快的鸟

游隼在俯冲捕猎的时候可以加速到200千米/时。它是下落飞行的纪录保持者。鸟类水平飞行的最快的纪录是169千米/时，这项纪录是由白喉针尾雨燕创造的。在水中的最快纪录是由白眉企鹅保持的，速度达到了30千米/时。

羽毛最多的鸟

小天鹅相比其他种类的天鹅可以向北飞到更远的地方，因为在冬季小天鹅的羽毛是所有鸟类中羽毛最多最厚的，它的羽毛数量可以达到25000根，即使在北极圈也足可以使它保暖。

翼展最宽的鸟

漂泊信天翁超乎寻常的翼展可以达到3米，是鸟类中翼展最宽的，特别适合在开阔的海面上自由翱翔。

最大的嘴巴

雄性澳洲鹈鹕（Australian Pelicans）是鸟类中嘴巴最大的，可以达到43厘米长。如果按照嘴与身体比例来说，剑嘴蜂鸟的嘴是最长的，大约有10厘米，比它的身体还要长。

身材最小的鸟

一只雄性吸蜜蜂鸟就和你的大拇指一样大，大概有5厘米长。它们的嘴和尾巴就占了身体的一半。吸蜜蜂鸟的鸟巢也是世界上非常小的鸟巢，和一个鸡蛋壳差不多大。

一个鸵鸟蛋的重量约等于20个鸡蛋的重量。如果用它煎一个巨大的蛋卷，需要2个小时才能熟。

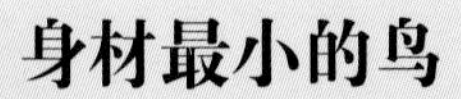

最饥饿的鸟 雄性帝企鹅是最尽职的父亲。在繁殖季，它负责孵化鸟蛋和照看雏鸟，这期间它们通常要忍耐南极暴风雪的侵袭。同时，它有将近4个月的时间一口东西也不吃，要消耗掉将近身体一半的体重。

实际尺寸

2000个小西米蜂鸟蛋才能把一个鸵鸟蛋填满。

最小的 最宽的 最快的

举重冠军

据报道，北美的一只白头海雕可以抓起一只幼年的北美黑尾鹿，也就相当于它能用爪子抓起大约6.8千克的重物。有人声称一只**白尾海鹰**曾经带着一个4岁的女孩飞行了1.6千米，最后把女孩毫发无损地放了。

最大的鸟巢

斑眼塚雉会制作一个高约4.5米，宽约10.5米的土堆。它的巢由300吨腐烂的植物筑成，臭气熏天，就像粪堆一样，但是这种鸟巢可以保持鸟蛋的安全和温暖。

负重最多的飞鸟

雄性**灰颈鹭鸨**重量可以达到19千克。这么重的身体都能飞离地面，可真是一项壮举。

数量最多的野生鸟类

红嘴奎利亚雀是地球上数量最多的野生鸟类。这些非洲鸟类聚集成大型的鸟群，包括成百上千个鸟类成员，鸟群飞过同一个地点要花上好几个小时。

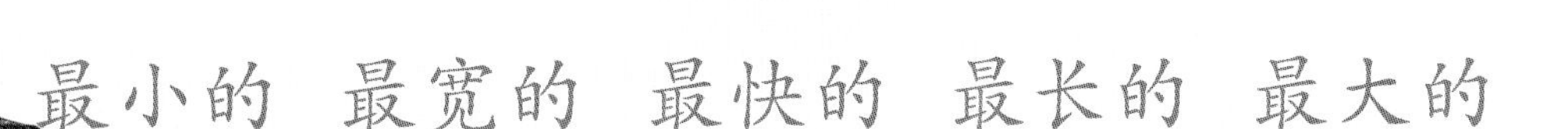

鸵鸟的眼睛是陆地动物中最大的，直径大约有5厘米。

最大的鸟

世界上最高的鸟类是**鸵鸟**，高约2.74米。毫无悬念，鸵鸟下的蛋也是最大的，平均直径在15~20厘米，重量约有1.5千克（而按照鸟蛋和身体比例来说，几维鸟的鸟蛋是最大的，它产下的超级鸟蛋有它自身体重的1/4重。我的天呐！）。鸵鸟也保持着陆地奔跑速度最快的鸟类这项纪录；它的奔跑速度可以达到72千米/时。

最小的鸟蛋

小吸蜜蜂鸟产的蛋是最小的，同时它的鸟巢也被认为是最小的，大约只有半个核桃那么大。它们的鸟蛋也只有1厘米长。

飞行最快的小型鸟类

蜂鸟是飞行最快的小型鸟类，它们也是鸟类中唯一可以上下、前后飞行的。最快的是**红喉北蜂鸟**和**棕煌蜂鸟**，它们都能以每秒200次的速度拍打翅膀。需要消耗大量能量，这也就解释了为什么蜂鸟是鸟类中最能吃的大胃王，每天要吃掉相当于自身体重一半的花蜜和昆虫。

飞得最高的鸟

黑白兀鹫借助上升暖气流盘旋，比其他所有鸟类都飞得更高。最高的飞行纪录是海拔11277米。

一架在非洲上空飞行的飞机无意中与一只秃鹫相撞，秃鹫的飞行高度纪录才为人所知。

北极燕鸥的迁徙路线是所有鸟类中最长的，从北极到南极再回到北极的距离总长可达81000千米。一只北极燕鸥平均30年的寿命可以累积240万千米的迁徙路线。

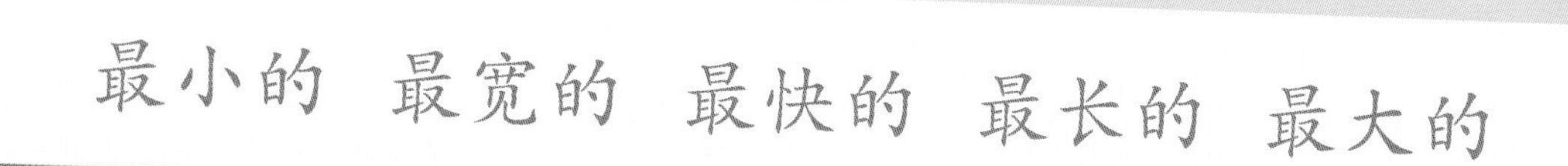

和鸟一起工作

有些鸟可以用来驱赶其他鸟类。

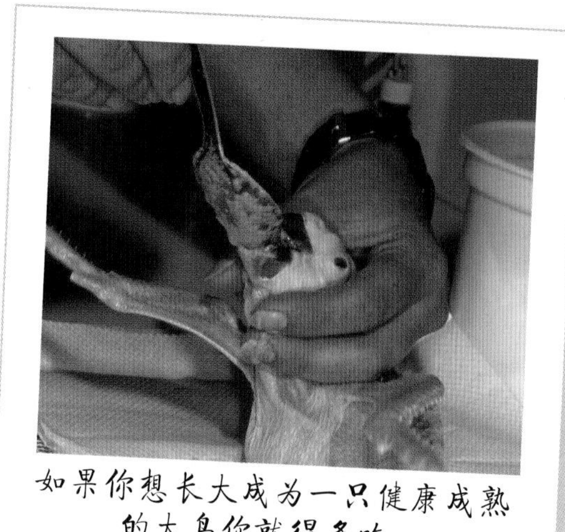

如果你想长大成为一只健康成熟的大鸟你就得多吃。

驱鸟

如果飞机撞上一群鸟的话，飞机就会遭遇危险，所以人们有时候会利用猛禽，比如游隼，在机场中来吓跑鸟群。

驱鸟器在机场具有非常重要的作用，它们可以阻止鸟群降落在跑道上。猛禽的作用就是在飞机起飞和降落前把其他鸟类吓跑。如果一只鸟被吸入发动机，这将可能导致飞机坠毁。

鸟类饲养家

人工圈养繁殖濒危鸟类是保护野生濒危种群，避免它们绝迹的一种方法。

鸟类饲养家繁殖和饲养野生鸟类。通常情况下他们是为了保护珍稀或濒临灭绝的鸟类。有时他们也会将繁育的鸟放回野外。鸟类饲养家通常将这些工作当作爱好，但也有专注于某些特殊鸟类研究的，比如某个鸟类调研小组的成员。

8月对于野禽来说可不是段好日子。

更多地了解鸟类，有助于更好地保护鸟类。

私人猎场看守人

猎杀松鸡和其他野禽是有些地区的一项关键产业。这里饲养的鸟类都是用于打猎的猎物。

私人猎场的看守人会在田野间饲养专门用于打猎的鸟类。他们还会保护鸟类生存环境，烧毁或修剪一些下层灌木。他们还有很重要的一项工作就是防止鸟类天敌的入侵。

鸟类学家

鸟类学家一项重要的工作是深入了解鸟类是如何生存的。对于最稀有的种类我们了解得还太少。鸟类学家是专注于研究鸟类的科学家。鸟类学家研究鸟类的行为、生活方式、骨骼、饲养、繁殖、分布、迁徙和栖息地等各个方面。他们通常专门研究某种特别的鸟类或者某几种鸟类的行为。

怎么有这么多
“丑小鸭”

它们要想从网中逃脱还是
很费事的。

家禽饲养员

鸡肉是世界上最受欢迎的肉类，所以农场主会饲养大群的鸡来满足市场对鸡肉的需求。

大部分农场主养鸡是为了获得鸡蛋或者鸡肉。以蛋类为产品的农场主主要养殖蛋用鸡，有时候也专门饲养鸭子和鹌鹑来产蛋。还有些农场甚至会饲养鸵鸟。

志愿者

要对鸟类进行调查研究就不得不用网捕捉鸟类，测评后再把它们放回野外。

志愿者的活动包括开展鸟类数量调查、保护珍稀鸟类的鸟巢、救助受伤鸟类、在救助中心照顾鸟类以及给在漏油事故中被石油浸泡的鸟类进行清洗。

我们已经知道了
它的编号。

相信我，你不会受伤的，
我是一名兽医。

鸟类环志

每一只被环志的鸟都会有一个唯一的编号，调查员可以通过环志追踪它。

这些研究员主要通过环志分析鸟类的迁徙和追踪鸟类。他们会安全地捕捉鸟类，检查它们的身体状况和性别，然后将编码牌（鸟环）挂在鸟的腿上。所有环志的鸟类都可以被追踪。

禽类兽医

在饲养禽类的农场照看鸟类需要一名专业的兽医，来保证禽类种群的健康。

禽类兽医是鸟类专家。大多数普通兽医可以处理家养鸟类的常见病，比如虎皮鹦鹉；但是对于一些不常见的鸟类，比如野鸟，就需要一些在专业领域更有经验的禽类专家了。

词汇表

海拔
超出海平面的垂直高度。

小翼羽
2～6根羽毛组成的一小簇覆盖在鸟类羽簇的“拇指”上。竖起的小翼羽可以缓解飞行中的颠簸。

羽支
一根羽毛中轴伸出的小的分支。每根羽毛都有上千根羽支，构成一个光滑的羽毛表面。

小羽支
每一根羽支上都有许多细小的侧枝，叫作小羽支。它们与其他小羽支勾连在一起，就像尼龙搭扣（魔术贴）一样。

喙
鸟的嘴。

凉亭
雄性园丁鸟建造的用来吸引雌鸟的展示场地。

聚居地
大批动物紧密生活在一起的地方。鸟类常常在繁殖期聚居在一起。

嗉囊
鸟类体内消化系统的一部分，用来储存已经吞咽的食物。

绒羽
柔软、蓬松的羽毛，可以很好地隔热。

濒危物种
有灭绝风险的稀有物种。

灭绝
一个物种已经完全消失，没有一个活着的个体。

砂囊
鸟的胃的一部分，具有厚厚的肌肉层，坚硬的食物在里面被磨碎。以种子为食的鸟类长有较大的砂囊。

笑翠鸟成长记

孵化、破壳而出

孵化后3个小时

孵化后7天

孵化后18天

孵化

鸟类双亲伏在它们的蛋上，使鸟蛋保持温暖，让胚胎得以发育。

龙骨突

长在鸟类的胸骨部位的长而宽的脊棱，在上面附着飞行肌。

迁徙

动物为寻找新的生存地而进行的长途旅行。很多鸟类都会每年定期迁徙。

雀形目

中小型鸣禽，喙形多样适于多种类型的生活习性。

羽衣

一只鸟身上的所有的羽毛。

捕食者

捕杀并以其他某些动物为食的动物，这种动物又被叫作其他某些动物的天敌。

猎物

被捕食者猎杀并吃掉的动物。

食腐动物

以死亡的动物的尸体为食的动物。

鸣管

在鸟类气管里面起到发声作用的器官，鸟类通过这个器官发出鸟鸣。

利爪

食肉鸟类，比如鹰、隼或者猫头鹰等的锋利的爪子。

上升热气流

柱状的上升热空气，一些鸟类，比如秃鹫、鹰等，会搭乘上升热气流的顺风车在天空中振翅高飞。

翼展

鸟类伸展开的一双翅膀两端之间的距离。

孵化后22天　　孵化后31天　　孵化后60天

致谢

Dorling Kindersley would like to thank the following people for their help with this book: Leon Gray, Elinor Greenwood, and Ben Morgan for additional editing; Claire Patane for additional design; Simon Mumford for cartography; Emma Shepherd, Lucy Claxton, Myriam Megharbi, Karen VanRoss, and Romaine Werblow in the DK Picture Library.

Dorling Kindersley would also like to thank the following for their kind permission to reproduce their photographs:
(Key: a-above; b-below/bottom; c-centre; f-far; l-left; r-right; t-top)

123RF.com: Eric Isselee 56c, paulrommer 56tc, 56c (blow fly). **Alamy Images:** Juniors Bildarchiv / F314 2tc; Krys Bailey 13crb; Arco Images GmbH / Reinhard, H. 23cra; Pat Bennett 46tr; Blickwinkel / Peltomaeki 22cra; Blickwinkel / Ziese 35fbr; Rick & Nora Bowers 19tr; Detail Nottingham 59l; Pavel Filatov 22crb; Tim Gainey 59tc; Paul Glendell 34fbr; Chris Gomersall 6cb, 35bc; David Gowans 8ca (diver); Dennis Hallinan 33br; Joe Austin Photography 75ca; Juniors Bildarchiv 69fcr; William Leaman 58b; Chris McLennan 23crb, 39cl; Renee Morris 6c; Jürgen Müller / Imagebroker 71; Nature Picture Library 67clb; Gerry Pearce 29fbl; Photoshot Holdings Ltd 18–19t; Maresa Pryor / Danita Delimont 61bl; Octavio Campos Salles 13fcr (antwren), 13fcrb (woodcreeper); Kevin Schafer 73cr; Schmidbauer / Blickwinkel 12–13; Steve Bloom Images 45br; Jack Sullivan 77cr; David Tipling 59fcl, 74cr; Universal Images Group Limited 19bl; Genevieve Vallee 13fcra (hummingbird); Visual & Written SL 24fcra; David Wall 73fcr; Petra Wegner 66c; Terry Whittaker 6fcr (chough); WildLife GmbH 31cr, 70tc. **Ardea:** Hans & Judy Beste 40clb; John Cancalosi 24fcla, 44cl; John Daniels 20cr; Jean Paul Ferrero 69fcl, 69fcla; Kenneth W. Fink 11cra (pitta); Roy Glen 73ca; Francois Gohier 45ftl; Chris Knights 3ftr, 52cla; Thomas Marent 31ftl, 31ftr, 31tc, 31tl, 31tr; Pat Morris 46bl; M. Watson 11tl (andean cock of the rock), 21cl, 21cr; Jim Zipp 20fcl. **Auscape:** Glen Threlfo 21c. **Bryan and Cherry Alexander Photography:** David Rootes 35br. **Corbis:** Theo Allofs 45tl; Gary Bell 72bl; Niall Benvie 49fcrb; Bettmann 32bl, 32tl, 33br, 54bl, 54cr; Jonathan Blair 77cl; Frank Burek 62tl (eagle); Carsten Rehder / DPA 67br; Comstock 9cr; W. Perry Conway 63br; Creativ Studio Heinemann / Westend61 57bc, 57cb; Tim Davis 7fbl, 67fclb; Antar Dayal / Illustration Works 54bc; Michael & Patricia Fogden 9cra (quetzal), 9fclb, 73cl; Michael & Patricia Fogden / Encyclopedia 13cr (manakin); Louis Laurent Grandadam 77fcl; Darrell Gulin 72br; Ilona Habben 25fcrb; Eric and David Hosking 44; Eric and David Hosking / Encyclopedia 60tc; Eberhard Hummel 7fcl; Image Source 7cl; Peter Johnson 6br, 6cr, 35bl; Matthias Kulka 7fcr; Frans Lanting 49fclb, 69cr; George D. Lepp 6cl; Joe McDonald / Encyclopedia 57cb (Hummingbird); Arthur Morris 10clb, 34br, 49cb, 49fcra (chinstrap penguin); Vivek Prakash / Reuters 22ca; Louie Psihoyos / Science Faction 15fcl; Radius Images 67fclb (background); Reuters 76cr; Reuters / Vasily Fedosenko 76fcr; Peter Reynolds / Frank Lane Picture Agency 22cb; Lynda Richardson 48fcra; Dietrich Rose 6fcr; Andy Rouse 50–51; Andy Rouse / Terra 39cr; Hamid Sardar 62bl, 63cla, 63cra, 63tc, 63tl, 63tr; Kevin Schafer 45r; Kevin Schafer / Encyclopedia 13tr (eagle); Science Faction / Norbert Wu 6fcl; Scott T. Smith 45c; Paul Souders 34cl, 75br; Herbert Spichtinger / Cusp 38cl; Keren Su 7c; Visuals Unlimited 11crb (flycatcher), 77fcr; Kennan Ward 48fclb; Michael S. Yamashita 11cl (bird of paradise); Shamil Zhumatov/ Reuters 63b. **Dreamstime.com:** Le-thuy Do 20bl, Lindavostrovska 56c (Fly). **Dorling Kindersley:** 15bc. Robert L. Braun modelmaker 15ftl; Jon Hughes / Bedrock Studios 15br, 15fcr; NASA / Digitaleye/Jamie Marshall 35t; The National Birds of Prey Centre, Gloucestershire 8fcra (kestrel), 24fbr, 70tr; Natural History Museum, London 19br, 41ftl (brown & blue feather), 41ftr (brown & blue feather); The Natural History Museum, London 58br (centipede), 58cr (centipede), 58cr (seedcake), 58cra (mealworms); Oxford University Museum of Natural History 9fcla (gull); Phil Townend 68bl; Twycross Zoo, Atherstone, Leicestershire 8fcla (cassawary); Jerry Young 8fcra (stork), 9fcla (crane), 28cl. **FLPA:** Neil Bowman 40tl; Tui De Roy / Minden Pictures 70bl; Michael Durham 73bc; Paul Hobson 31fcr; ImageBroker 29bl; Mitsuaki Iwago 17r; Frank W Lane 8fcla (tinamou); Frans Lanting 1; Minden Pictures / Cyril Ruoso 40cb; Minden Pictures / Konrad Wothe 31b, 41c; Minden Pictures / Markus Varesvuo 29br; Minden Pictures / Michael Quinton 69cl; Minden Pictures / Thomas Marent 40cr; Minden / Fn / Jan Van Arkel 5br; Roger Tidman 67ca; Tui De Roy / Minden Pictures 20fcr; John Watkins 67cr; Martin B. Withers 40cl, 41br. **Getty Images:** Tze-hsin Woo 1; Wolfgang Kaehler 7bl; AFP / Nigel Treblin 48cr; Steve Allen 7cr; Theo Allofs 74c; James Balog 47tr; Fernando Bueno 80bl; Robert Caputo / Aurora 38–39; Shem Compion 9fcla (sandgrouse); John Cornell 48ca; De Agostini Picture Library / DEA Picture Library 14br, 14crb, 14tr, 16cl; David Edwards / National Geographic 62 (main); felipedupouy.com 68bc; Flickr / Alexander Safonov 65b; Romeo Gacad / AFP 56cl; Barbara Gerlach 48fbr; Tim Graham / The Image Bank 61br; Darrell Gulin 49ca; Rod Haestier / Gallo Images 65t; Pal Hermansen 80tl; Ralph Lee Hopkins 48cl; Iconica / Frans Lemmens 35crb; The Image Bank / Riccardo Savi 35fbl; JoSon / The Image Bank 134c; John Kelly / StockFood Creative 61fbl; Catherine Ledner 8fcl, 8fcla (ostrich); John Lund 30; Paul McCormick 48cb, 49fcla; Photographer's Choice / Tom Pfeiffer / VolcanoDiscovery 14fcl, 14tl; Pier / Stone 60bl; Riko Pictures 57cl (Weight); Keith Ringland / Photolibrary 60br; Andy Rouse 50ca; Joel Sartore 9cra (mousebird); Kevin Schafer 8crb; Zave Smith / UpperCut Images 60tr; Yamada Taro / Digital Vision 43cr; Judy Wantulok 8cra (grebe); James Warwick 45fbl Ronald Wittek / Photographer's Choice 61tc. **iStockphoto.com:** Antagain 69bc; bluestocking 56 (knife, fork, plate); Charles Brutlag 43bc; DivaNir4a 66fbl, 67fbr; Julie Felton 68tl; Filo 68cr; Floortje / Color and CopySpace 43fcr; Cathleen Abers-Kimball 47ftl; Linda & Colin McKie/Travellinglight 60bc; William D. Schultz 58ca, 58fbl, 58ftl, 58tc, 58tr, 59fbr; David Smart 32–33; Viorika Prikhodko Photography 28fbl; Westphalia 36cl; www.enjoy.co.nz 47br. **The Natural History Museum, London:** 15cra, 15crb; Anness Publishing / NHMPL 14fbr, 14fcr; De Agostini / NHMPL 14bc, 14cb; Kokoro / NHMPL 15clb. **naturepl.com:** Luiz Claudio Marigo 13cra; Peter Blackwell 75cb; Hanne Jens Eriksen 43ftl; Tim Laman 46, 47c, 47fbl; Simon Wagen / J Downer Product 72c. **Operation Migration Inc.:** 36cb, 36–37, 37clb, 37crb. **Photolibrary:** MicroScan 18cr; Oxford Scientific (OSF) / Colin Milkins 10crb; Oxford Scientific (OSF) / Robert Tyrrell 74cl; Kevin Schafer 44tr; André Skonieczny / imagebroker.net 43cl (blue tit). **Photoshot:** Martin Harvey 76cl; NHPA / A.N.T 45bl; NHPA / Brian Hawkes 23clb; NHPA / Gerald Cubitt 39c; NHPA / Joe McDonald 23cla; NHPA / Lee Dalton 11clb (pygmy tyrant); NHPA / Bill Coster 29fbr; NHPA / M I Walker 28bl. **Picture Press:** Gisela Delpho 64l. **Press Association Images:** AP Images / Sandor H. Szabo 76fcl. **Science & Society Picture Library:** Science Museum 32cl. **Science Photo Library:** Juergen Berger 26br; SCIMAT 26c; Andrew Syred 26fbr. **Nobumichi Tamura:** 15fclb. **Markus Varesvuo:** 20cl. **Warren Photographic:** 26b, 26–27, 78–79.

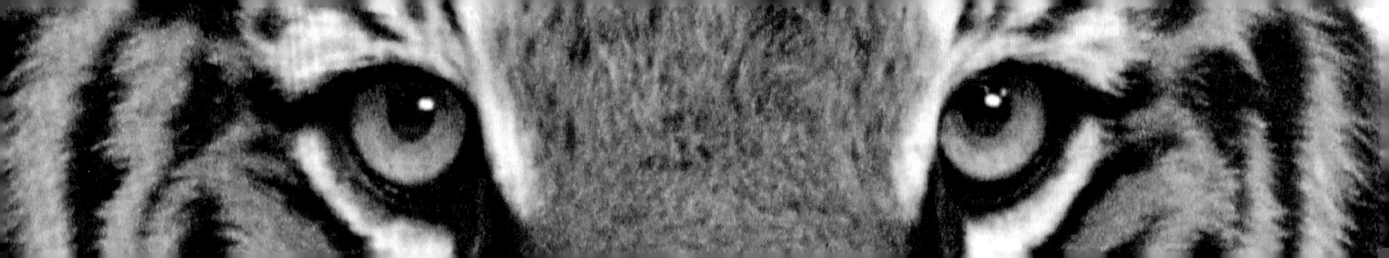

图书在版编目（CIP）数据

哺乳动物 /（英）詹·格林，（英）戴维·伯尼著；周倩如译. -- 北京：科学普及出版社，2022.1（2022.9 重印）
（DK 探索百科）
书名原文：E.EXPLORE DK ONLINE : MAMMAL
ISBN 978-7-110-10350-0

Ⅰ. ①哺… Ⅱ. ①詹… ②戴… ③周… Ⅲ. ①哺乳动物纲—青少年读物 Ⅳ. ① Q959.8-49

中国版本图书馆 CIP 数据核字（2021）第 202108 号

总 策 划：秦德继
策划编辑：王 菡 许 英
责任编辑：高立波
责任校对：张晓莉
责任印制：李晓霖
正文排版：中文天地
封面设计：书心瞬意

著作权合同登记号：01-2021-5817

For the curious
www.dk.com

科学普及出版社出版
北京市海淀区中关村南大街 16 号
邮政编码：100081
电话：010-62173865 传真：010-62173081
http://www.cspbooks.com.cn
中国科学技术出版社有限公司发行部发行
北京华联印刷有限公司承印
开本：889 毫米 ×1194 毫米 1/16
印张：6 字数：200 千字
2022 年 1 月第 1 版 2022 年 9 月第 3 次印刷
定价：49.80 元
ISBN 978-7-110-10350-0/Q・267

DK 探索百科

哺乳动物

[英] 詹·格林　戴维·伯尼 / 著
周倩如 / 译
林静怡 / 审校

科学普及出版社
·北　京·

目录

哺乳动物世界

哺乳动物可能是所有动物中我们最熟悉的一类，人类就属于其中。从类人猿到土豚，从鹿到海豚，哺乳动物在大小、形态和生活方式方面存在显著差异。自人类出现开始，我们就将其他哺乳动物作为食物、运输工具、其他工具和衣物的原材料。哺乳动物对自然界也是非常重要的。肉食哺乳类可以控制植食类动物的数量，否则植食类动物可能会吃掉所有新生的植物，使栖息地变成荒原。植食类哺乳动物能够帮助传播植物种子，同时，哺乳动物粪便也可以肥沃土壤。

耳朵具有巨大的表面积，可以散发热量，有助于保持体温

陆地上最大的哺乳动物▶

陆地上最大的动物——非洲象就是哺乳动物。一头成年雄象重量大约有 10 吨，肩高可达 4 米。在大象之后，犀牛是世界上第二大的陆地哺乳动物。相比之下，泰国猪鼻蝙蝠是最小的哺乳动物，翼幅长 15 厘米，重量仅 2 克。几种鼩鼠体型也极小，身长（包括尾巴）4.5 厘米。

发现新物种

从干旱的陆地到天空和海洋，哺乳动物广泛分布于全球各地。一些哺乳动物生存在极端环境中（如雪山和沙漠）；一些生活于河流、黑暗的洞穴或地下。哺乳动物有 5000 多种，总数随着新物种的不断发现（经常在非常偏僻的地方发现）而不断增加。一般新发现的物种体型都较小，但 1993 年在越南茂密森林中发现的剑角牛却非如此，这种有蹄类哺乳动物身长 1.5 米，体重 90 千克。有些哺乳动物喜欢群居生活，而另一些则喜欢在繁育后代以外的时间内独居。一般认为，剑角牛是独居或以小群体生活的，属于濒危动物，正遭受着捕猎和森林家园丧失的威胁。

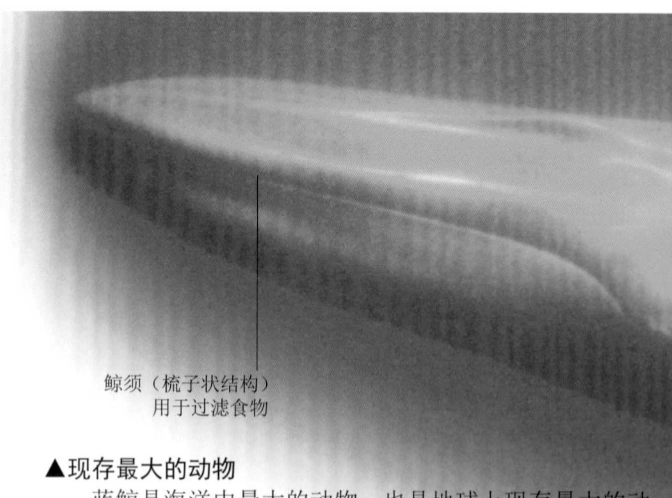
鲸须（梳子状结构）用于过滤食物

▲现存最大的动物

蓝鲸是海洋中最大的动物，也是地球上现存最大的动物。雌鲸大于雄鲸，身长可达 33 米，体重 150 吨。甚至一只刚出生的蓝鲸仔身长可达 7 米，体重可达 2.5 吨。但是蓝鲸并不是潜水最深的哺乳动物，这个纪录的保持者是抹香鲸。捕食时抹香鲸可潜入深达 2500 米处。塞鲸游速最快，可达 35 千米 / 时。

成功的哺乳动物

驯养的哺乳动物

早在1万多年前，人类为了获得肉、皮、毛等开始驯养哺乳动物。山羊、绵羊、牛、猪是第一批被驯养（被驯服与人类生活在一起）的动物。狗可能是第一批宠物，后来，牛被用于拉犁，马和骆驼用来载人和行李。

数量巨大的哺乳动物

人类从古至今一直在猎捕哺乳动物，这造成很多物种变得稀少或已经灭绝。但有些哺乳动物，如老鼠则在人类身边繁衍壮大，如今它们已成为世界上种群数目最多的哺乳动物。它们在新环境中的生存能力和快速繁殖率使它们的数量仍在继续增长。

具适应能力的哺乳动物

大多数哺乳动物对特殊生存环境有其身体适应性。鲸的体形适宜生存于水中，蝙蝠的前肢演变成能够飞行的翅膀，通过飞行，蝙蝠可以到达其他哺乳动物无法到达的地方，所以它们不需要与其他动物争抢食物。

柱状的腿支撑沉重的身体

热带草原养育了庞大的象群和其他哺乳动物

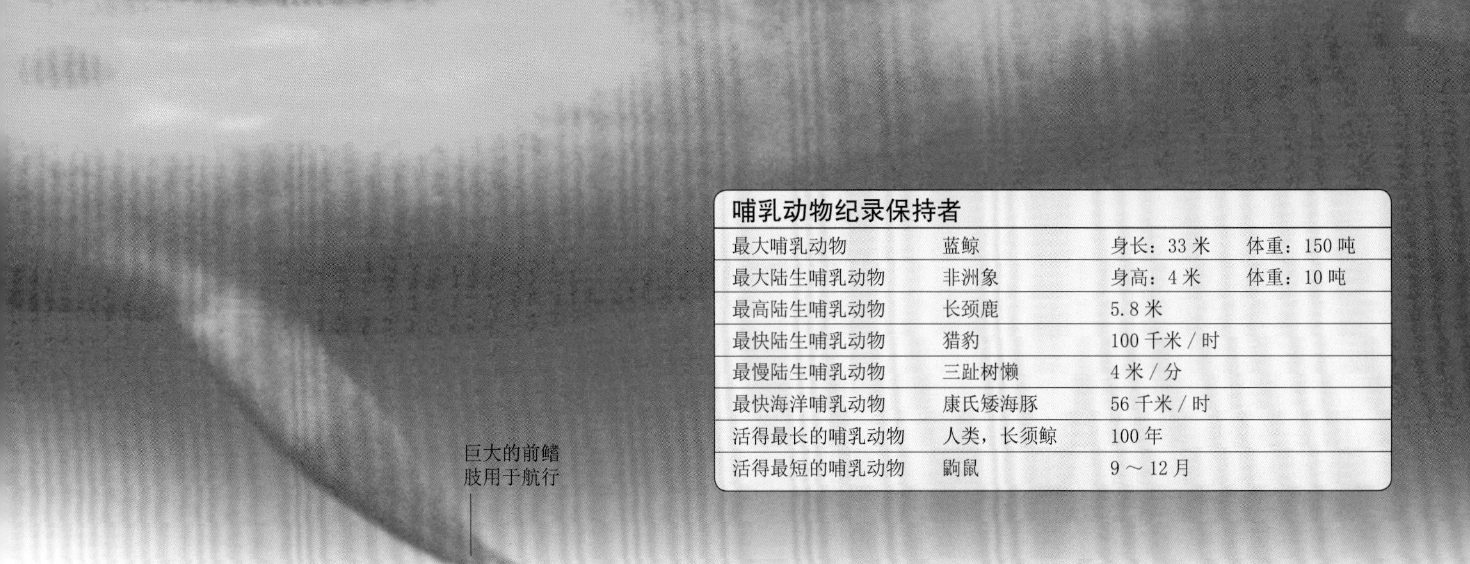

巨大的前鳍肢用于航行

哺乳动物纪录保持者

最大哺乳动物	蓝鲸	身长：33米	体重：150吨
最大陆生哺乳动物	非洲象	身高：4米	体重：10吨
最高陆生哺乳动物	长颈鹿	5.8米	
最快陆生哺乳动物	猎豹	100千米/时	
最慢陆生哺乳动物	三趾树懒	4米/分	
最快海洋哺乳动物	康氏矮海豚	56千米/时	
活得最长的哺乳动物	人类，长须鲸	100年	
活得最短的哺乳动物	鼩鼠	9～12月	

什么是哺乳动物?

哺乳动物是一类有内骨骼(包括一条脊柱)的动物。与鸟一样,哺乳动物是恒温动物(能够产生和控制其自身热量),所以其生存环境广阔多样。不论是蝙蝠、熊,还是鲸、袋熊,所有的哺乳动物都有三个区别于其他动物的重要特征:①哺乳动物体表被毛;②幼仔靠母乳喂养;③颌部结构特异,科学家们以此区分哺乳动物和其他动物的化石。

长毛位于鼬鼠口鼻部,具有触觉敏锐性

毛皮有颜色和图案,可以提供很好的伪装

足底无毛覆盖

◀哺乳动物毛发

哺乳动物是动物中唯一具有毛发的动物,大多数物种,如鼬鼠,毛发构成一件浓密的外衣几乎覆盖全身。但是海洋或热带地区生活的哺乳动物一般只具有稀疏的毛发,鲸通常仅在出生前体表被毛。毛皮有利于哺乳动物保持体温并具有保护作用。很多哺乳动物具有的长胡须有触觉功能。豪猪和刺猬的毛发已经演变成了具有防御功能的刺。

鼻子裸露,较被毛区散失体热快

浓密的毛皮减少热量散失,可以节省能量

毛皮下方有一层脂肪有助于保温

◀恒温哺乳动物

无论外面气候条件如何,所有哺乳动物都可以产生体热,这就是通常所说的“恒温”。由于可以保持恒定体温,某些哺乳动物(如北极熊)才能在非常寒冷的地区(如北极)繁衍生息,还有些哺乳动物能活跃于像沙漠一样的炎热地区。尽管如此,在保持体温的过程中需要消耗巨大的能量,所以哺乳动物所需的食物就要比变温动物(如爬行动物)所需的食物多。

脐带

◀母体内的生长

所有哺乳动物都为两性繁殖，即来自父本的精子和来自母本的卵子受精结合。大多数哺乳动物的胎儿，例如人类，都是在母体子宫内发育的，它们与胎盘连接，通过脐带输送营养。大多数哺乳动物幼仔都在发育基本成熟后出生，而有袋哺乳类胎儿在发育早期就降生了。另外，单孔类动物是产卵繁殖的。

▲母乳喂养

所有哺乳动物的母体都用乳腺分泌的乳汁喂养下一代。位于母体胸部或者腹部的腺体称为乳腺，母乳是一种营养丰富的液体，提供给幼仔发育所需的营养，如图中所示的这只小红狷羚羊。此外，与其他动物相比，哺乳动物的母亲照顾子女更加仔细，多方面的照料使幼仔有更多机会学习必要的技术，如觅食。

▲智力与交流

与其他同等体重的动物相比，哺乳动物具有相对其身体较大的大脑。高度发达的大脑可以获得来自感官的信息，并给予哺乳动物为适应环境改变而改变行为的能力，这对哺乳动物的存活具有重要作用。如图中所示的猩猩，这样的灵长类动物生活在复杂的社会群体中，具有相互交流的技能。

共有特征

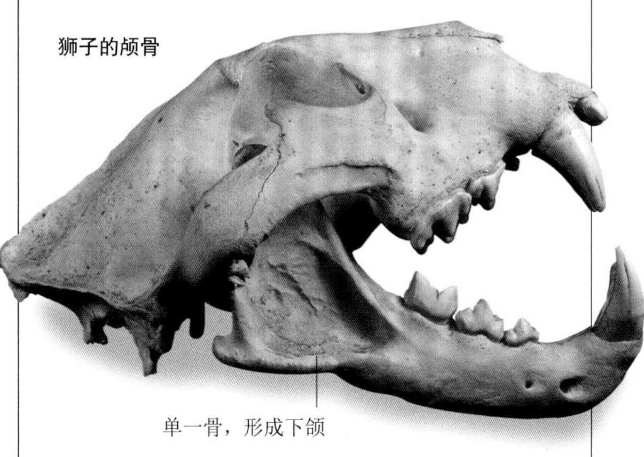

哺乳动物的骨骼构成身体内部框架。所有哺乳动物骨骼都有相似的基本结构，却适应了不同的生存环境。如图，狮子的颅骨可以保护大脑。哺乳动物具有与其他动物不同的下颌，它与颅骨直接相连，使颌具有强有力的咬合功能。上下颌骨和牙齿相互配合，以适应哺乳动物的饮食要求。

肢结构

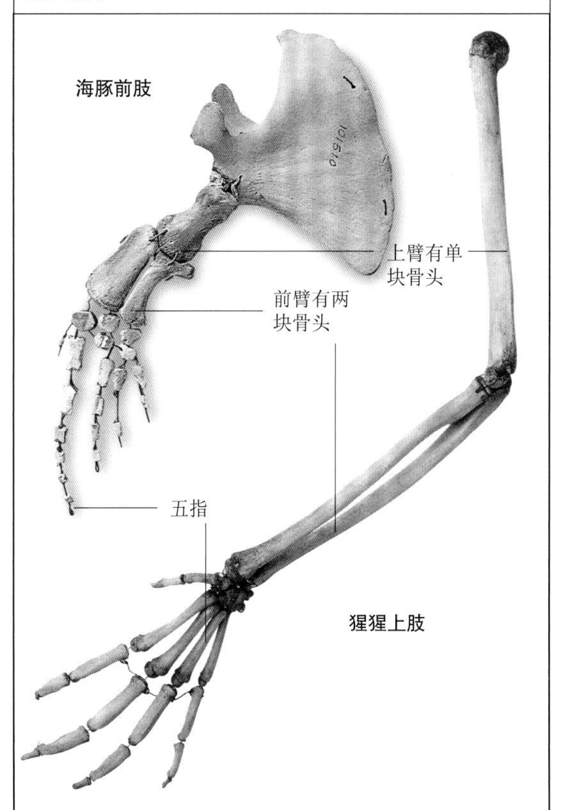

几乎所有哺乳动物都有四肢，但是鲸、海豚和鼠海豚后肢退化，使其更具流线型。不同的物种在完全不同的环境中进化、生存，它们的四肢不断发展，以利于它们在特殊的生存环境中活动。和猩猩、海豚一样，很多哺乳动物的四肢演变有共同的特征（如上所述），但每个骨头都有不同的形状。上臂由单独单块骨头组成，前臂有两块骨头。五指末端由很多骨头组成。

哺乳动物起源

哺乳动物通过进化产生，这个演变过程影响着所有的生物。哺乳动物的祖先是从原始的鱼类进化而来。在2.5亿年前的古生代末期，这些动物演变成爬行类——一类群演变成恐龙。但是之前，一类叫犬齿兽的爬行动物具备了一些显著的新特征，如特化的牙齿、骨头很少的颌，以及毛皮。大约2亿年前，第一个真正的哺乳动物诞生了。

▲异齿龙

追溯到二叠纪早期，异齿龙身长3.5米，这种惊人的食肉动物属于盘龙，它与犬齿兽有很近的亲缘关系。异齿龙具有鳞状皮肤，很像典型的爬行动物，但它也有两种不同类型的牙齿——其中一些使其与哺乳动物更加相似。

▲大颌龙

这是大颌龙的颅骨化石，大颌龙是最大犬齿兽之一，身长1米。大颌龙的英文名字“dog jaw”意为“狗的颌”——很好地描述了这类动物的牙齿很像现代的狗，如长长的犬齿可以咬紧它的猎物。至于它的体型，头很大，嘴裂很宽，有非常强劲的咬力。

颌由单一骨头组成
身体有毛皮覆盖
指末端有尖锐的爪

▲三尖叉齿兽

三尖叉齿兽和猫的大小差不多，是生活在三叠纪早期的一种犬齿兽，这一时期，第一只恐龙进化产生了。三尖叉齿兽有很多哺乳动物的相似特征：特化的牙齿，一种新型的颚使其具有强劲的咬力；它还可能全身被毛，并可能已经成为恒温动物了。

哺乳动物进化时序

具有大量明显生命的显生宙时代					
原始生命的古生代			爬行动物占统治地位的中生代		
二叠纪			三叠纪		
早期	中期	晚期	早期	中期	晚期
2.92亿～2.75亿年前	2.75亿～2.60亿年前	2.60亿～2.51亿年前	2.51亿～2.45亿年前	2.45亿～2.28亿年前	2.28亿～2.00

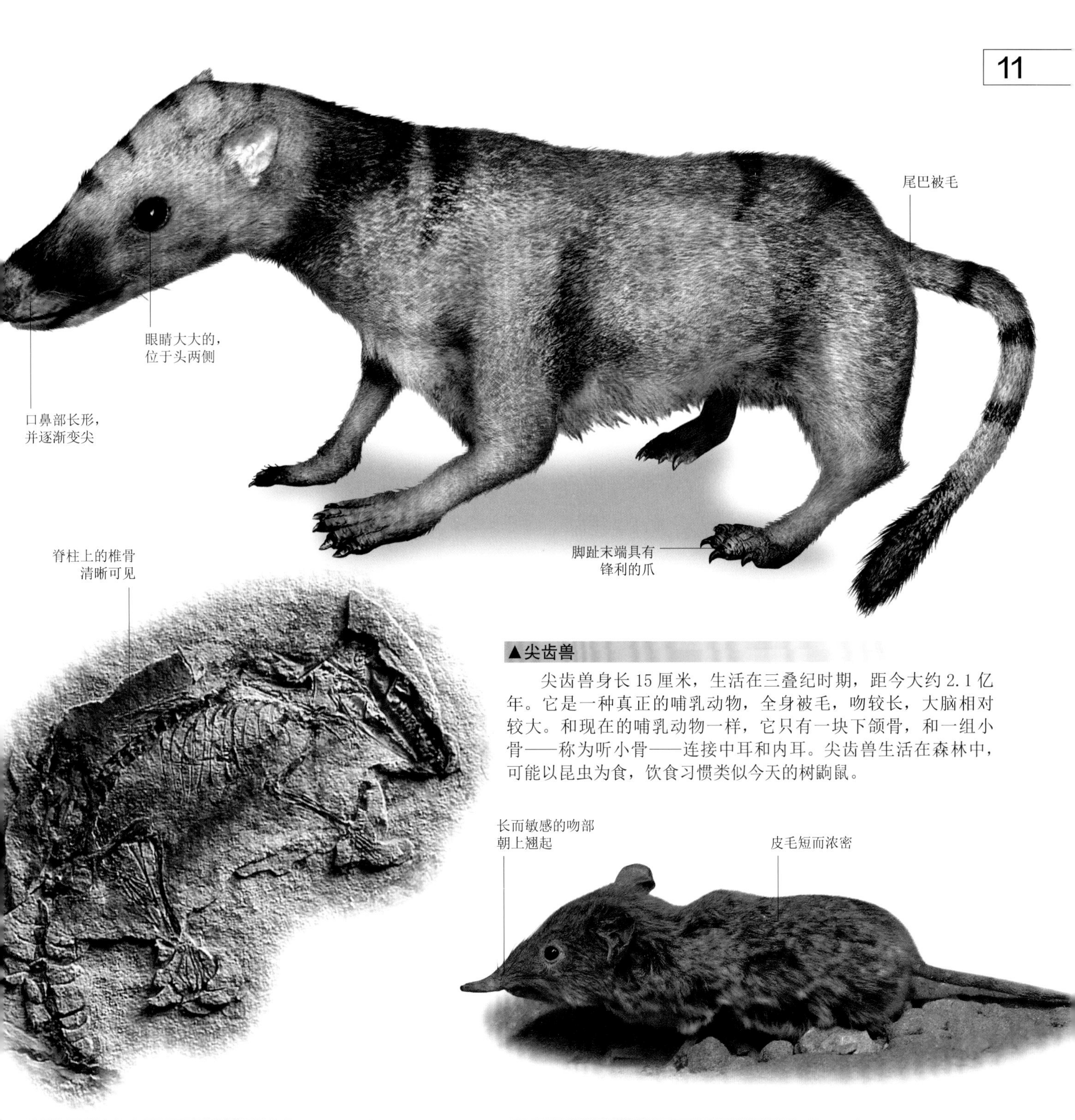
尾巴被毛
眼睛大大的，
位于头两侧
口鼻部长形，
并逐渐变尖
脚趾末端具有
锋利的爪
脊柱上的椎骨
清晰可见
长而敏感的吻部
朝上翘起
皮毛短而浓密

▲尖齿兽

尖齿兽身长 15 厘米，生活在三叠纪时期，距今大约 2.1 亿年。它是一种真正的哺乳动物，全身被毛，吻较长，大脑相对较大。和现在的哺乳动物一样，它只有一块下颌骨，和一组小骨——称为听小骨——连接中耳和内耳。尖齿兽生活在森林中，可能以昆虫为食，饮食习惯类似今天的树鼩鼠。

始祖兽

始祖兽的化石是2002 年在中国北部发现的，是人们认识的早胎盘哺乳动物的祖先，可以追溯到白垩纪的早期。胎盘类动产出幼仔，幼仔在体内养育时间较其他哺乳动物长。这种新的殖方法经证明是非常成功的。如今，胎盘类动物已占所有哺乳物数目的 90% 以上。

▲重褶齿猬

白垩纪后期，真正的哺乳动物已经相当普遍。重褶齿猬是一个很典型的例子，它身长 20 厘米，有一尖吻和长的颅骨，这很像现在的鼩鼠。它有长长的腿骨和无法反转的脚趾（无法触到其他脚趾的末端），这个特点意味着它可能生活在地面。

具有大量明显生命的显生宙时代				
爬行动物占统治地位的中生代				
侏罗纪			白垩纪	
早期	中期	晚期	早期	晚期
~ 1.76 亿年前	1.76 亿～ 1.61 亿年前	1.61 亿～ 1.46 亿年前	1.46 亿～ 0.99 亿年前	0.99 亿～ 0.65 亿年前

进化和多样性

白垩纪后期，6500 万年前，一颗巨大的陨石撞击地球，造成爬行动物时代的结束，大多数大型陆地动物灭绝。这次大灾难后，生命慢慢恢复，哺乳类取代爬行类成为占世界统治地位的动物。到更新世开始，180 万年前，所有今天的哺乳类群都已出现，包括身披绵毛的猛犸象和犀牛，也包括能制造工具的灵长类，它能够直立行走，是人类的祖先。

双门齿兽▶

双门齿兽与现在的河马一样大，属于大型有袋类（有袋哺乳动物），在渐新世不断进化。它生活在澳大利亚，这个岛屿板块逐渐漂移，离开其他板块，也隔离了有袋哺乳类与其他哺乳类的联系。双门齿兽是吃嫩叶的动物，以盐生灌木和其他的灌木为食，它可以用尖锐的门齿撕下多叶的树枝。

大颌骨用于咀嚼坚韧的植物
幼仔装在由单性皮肤构造的育儿袋中
熊掌一样大的足掌
牙齿用于刺杀猎物

▲原古马

这个保护完好的化石是在德国梅塞尔的一个沙场发现的，显示了真正最早期的马，可以追溯到始新世。它大约和大型犬的大小相当，头很小，带三或四趾的蹄样足。随着马类的逐渐进化，足变得越来越大，脚趾消失了。

◀始剑齿虎

在哺乳动物的进化期间具有锋利牙齿的食肉动物的进化进行了许多次，它们包括具有锋利牙齿的有袋类和多种猫类。始剑齿虎产生于渐新世是早期哺乳动物的例子。它一共有 26 颗牙齿，比现今典型的猫科动物少 18 颗。始剑齿虎的上犬齿巨大，而且，当嘴闭上时，它的上犬齿露出颌外。

哺乳动物进化时序

具有大量明显生命的显生宙时代			
哺乳类的新生代			
古近纪			新近纪
古新世	始新世	渐新世	中新世
6500 万～ 5480 万年前	5480 万～ 3350 万年前	3350 万～ 2400 万年前	2400 万～ 530 万年前

新须鲸

很多哺乳动物是在陆地上进化的，但到新近纪中
，海洋中开始产生许多种哺乳动物。早期的鲸具
吻和四个鳍状肢，但是后来的鲸（如新须鲸）只
鳍和一水平尾翼。新须鲸能够滤食小动物，这和
体型巨大的鲸一样。鲸是从早期的有蹄哺乳动物
而来的。

石头通过彼此打击成形

◀能人

能人生活在非洲，大约210万年前进化而来，属于灵长类家族，称为原始人类，这也包括我们自己。他有巨大的脑，并会制造石器工具——这在哺乳动物进化方面是一大进步。能人是科学家发现的至少20种灭绝的原始人类之一。

皮毛经常可以在化石中被发现

象鼻用以收集食物

毛猛犸象▶

更新世时期气候显著变化，全球变
，一系列冰期到来。在北半球，冰原
别大，哺乳动物伴随着寒冷，进化出
很多适应特征。长毛猛犸象皮毛很厚、
巴短、耳朵特别小，这些特征都可以
止热量散失。长毛猛犸象活动于丛林
少的亚、欧和北美的苔原地区（荒芜
低洼区）。

具有大量明显生命的显生宙时代		
哺乳类的新生代		
新近纪	第四纪	
上新世	更新世	全新世
530 万～ 180 万年前	180 万～ 1 万年前	1 万年前至现在

哺乳动物群

如今地球上生存着 5100 多种哺乳动物，它们生活环境各异。为了理解这个惊人的多样性，科学家们从种群上将它们分类，用这种方法展示它们的进化亲缘关系。其中一类称为单孔类动物，卵生哺乳动物属于其中，它们仅在大洋洲发现。下一类是后兽亚纲或有袋类动物，大约 300 种，它们用育儿袋养育幼仔。最后是胎盘哺乳动物，它们在体内孕育后代直至发育完全，共有 4700 多种胎盘哺乳动物广布于全世界。

哺乳动物分类（又见第 270 和 271 页）

原兽亚纲		
卵生哺乳动物	科	种
单孔目	2	5
后兽亚纲		
有袋哺乳动物	科	种
负鼠目	1	78
鼩负鼠目	1	6
智鲁负鼠目	1	1
袋鼬目	3	88
袋鼹目	1	2
袋狸目	2	22
袋貂目	8	136
真兽亚纲		
胎盘哺乳动物	科	种
食肉目	11	283
鳍脚目	3	35
鲸目	11	84
海牛目	2	4
灵长目	10	375
树鼩目	1	19
皮翼目	1	2
长鼻目	1	3
蹄兔目	1	6
管齿目	1	1
奇蹄目	3	20
偶蹄目	10	228
啮齿目	24	2105
兔形目	2	85
象鼩目	1	15
食虫目	6	451
翼手目	18	1034
异节目	5	31
鳞甲目	1	7

袋貂目▶
和所有的后兽亚纲一样，考拉在发育早期就出生了，刚出生的小考拉体重是母亲的 1/100 000，它爬进母亲的育儿袋内，在里面生活 6 个月，一直吃母乳。之后，它再骑在母亲的后背上。考拉的育儿袋很宽大，但有一些有袋动物的育儿袋却非常小，幼仔需要挂在袋外，贴着母亲的乳头。有袋哺乳动物在大洋洲和美洲有分布。

◀单孔目
短鼻针鼹是最常见的单孔目或卵生哺乳动物。像它的两个近缘种——长鼻针鼹和鸭嘴兽一样，它产的卵有坚硬的外壳，从针鼹卵孵化出来后，这小家伙就要待在母亲的育儿袋内 8 周，然后再开始外面世界的冒险。鸭嘴兽没有育儿袋，母亲在安全的洞穴中照看它的孩子。

翼手目▶

蝙蝠是胎盘哺乳动物种类最多的类群之一，有将近1000种。世界上最小的哺乳动物属于其中，重量只有零点几克；另外，图中这只飞狐，翼幅可达1.5米以上。所有的蝙蝠都是夜间出没，大多数以昆虫为食，通过回声定位（用声波探路）的方法捕食。飞狐以果类为食。

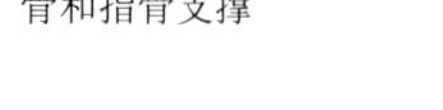
飞狐的鼻子有敏锐的嗅觉
翼膜与后腿和尾巴连接
翼幅由长的上肢骨和指骨支撑

大眼睛使蹄兔具有非常好的视力

◀蹄兔目

11种蹄兔组成了胎盘哺乳动物的一个小而独特的家族。它们身体粗短，看起来很像豚鼠，但它们现存亲缘关系最近的物种却是大象和儒艮、海牛这样的海洋哺乳动物。蹄兔的攀爬能力很强，这要归功于它们不寻常的脚趾，趾尖具有橡胶垫。它们能够在非常干旱的地区存活，从食物中获得水分。

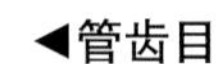
耳朵在进入洞穴后可放平

◀管齿目

土豚是胎盘哺乳动物，但它没有近亲，所以自成一目。凭借着强有力的爪子，它成为哺乳动物中最快的挖掘者之一。土豚以蚂蚁和白蚁为食，用长而有黏性的舌头将它们包卷起来食用。土豚的孕期为8个月，小土豚出生时已发育完好。

鳞片不断生长，定期更换

◀鳞甲目

穿山甲身披重叠交错的鳞片，看起来像一个行走着的松果。它以昆虫为食，靠鳞片保护自己抵御外袭。当遇到危险时，穿山甲蜷缩成球，将头安全地卷在里面。穿山甲是胎盘哺乳动物，它的幼仔出生时具有软软的鳞片，几周后逐渐变硬。穿山甲共有7种，均生活在非洲和南亚地区。

哺乳动物骨骼

和鸟、鱼、蛙、爬行动物一样，哺乳动物也是脊椎动物（有椎骨的动物），靠内部骨骼支撑身体。哺乳动物有比其他动物更加复杂的骨骼，这使它们活动范围更加广泛。骨骼既可以支撑身体，又可保护内部器官和附着的肌肉，肌肉牵拉骨骼使之运动。骨头还可以储存矿物质，产生血细胞。所有哺乳动物身上都有 200 多块骨头，但其中有些融合在一起了。骨骼系统是由活组织构成的。

颅骨和牙齿

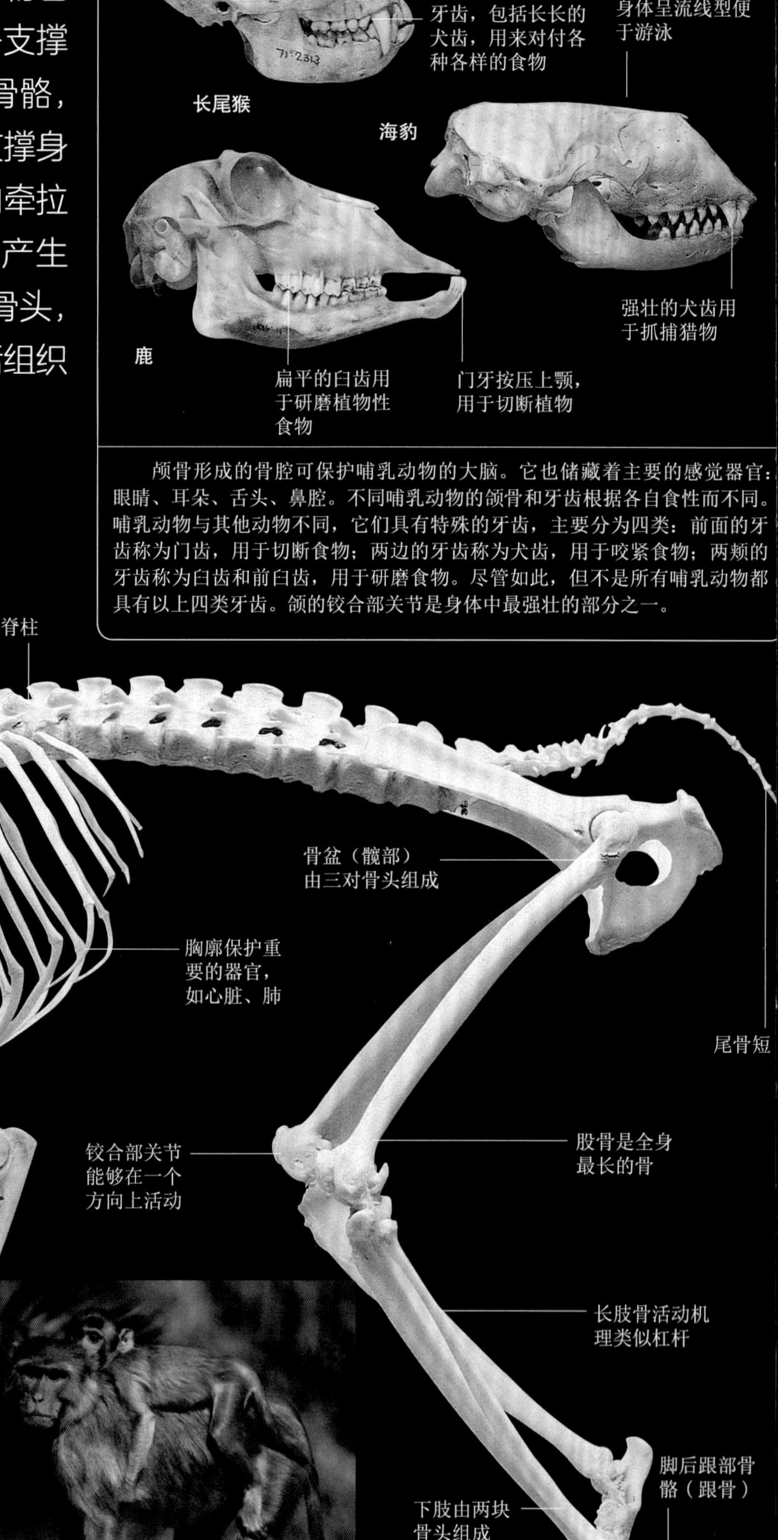

深深的眼窝
保护眼睛
牙齿，包括长长的犬齿，用来对付各种各样的食物
长尾猴
宽而平的颅骨使身体呈流线型便于游泳
海豹
强壮的犬齿用于抓捕猎物
鹿
扁平的臼齿用于研磨植物性食物
门牙按压上颚，用于切断植物
颅骨呈穹隆形
肩胛骨的扁平骨头上附着肌肉
脊柱
并不特化的牙齿表明猴子的饮食多样
骨盆（髋部）由三对骨头组成
胸廓保护重要的器官，如心脏、肺
肱骨或上肢骨通过球状和臼状关节与肩带部相连
尾骨短
铰合部关节能够在一个方向上活动
股骨是全身最长的骨
长肢骨活动机理类似杠杆
脚后跟部骨骼（跟骨）
下肢由两块骨头组成
指骨长而细
手有 5 指

颅骨形成的骨腔可保护哺乳动物的大脑。它也储藏着主要的感觉器官：眼睛、耳朵、舌头、鼻腔。不同哺乳动物的颌骨和牙齿根据各自食性而不同。哺乳动物与其他动物不同，它们具有特殊的牙齿，主要分为四类：前面的牙齿称为门齿，用于切断食物；两边的牙齿称为犬齿，用于咬紧食物；两颊的牙齿称为臼齿和前臼齿，用于研磨食物。尽管如此，但不是所有哺乳动物都具有以上四类牙齿。颌的铰合部关节是身体中最强壮的部分之一。

猴骨架▶

哺乳动物骨骼是由两个主要的部分组成：中轴骨或中心骨，由颅骨、脊柱和胸廓组成；四肢骨，由四肢骨和连接骨组成。骨间通过关节连接，从而产生各种运动。所有哺乳动物的骨骼具有共同的基本结构，但根据不同的生活方式会发生改变。猴子（如猕猴），有一复杂的骨架，适应四肢的奔跑、攀爬和抓握等动作。

背幼猴的猕猴

狐狸的颅骨和脊柱

形成骨腔头盖骨又称为颅骨

颈部椎骨（几乎所有哺乳动物都有 7 块）

肢骨▶

哺乳动物的肢骨具有相似的结构，但为了适应不同的生活方式，形状发生了不同的改变。海豹的四肢进化成有力的鳍，用来划水。灰海豹的前肢主要用于划水，强有力的后肢提供前进动力。其他哺乳动物的前肢适应不同的运动，如飞翔、奔跑、跳跃、挖掘。

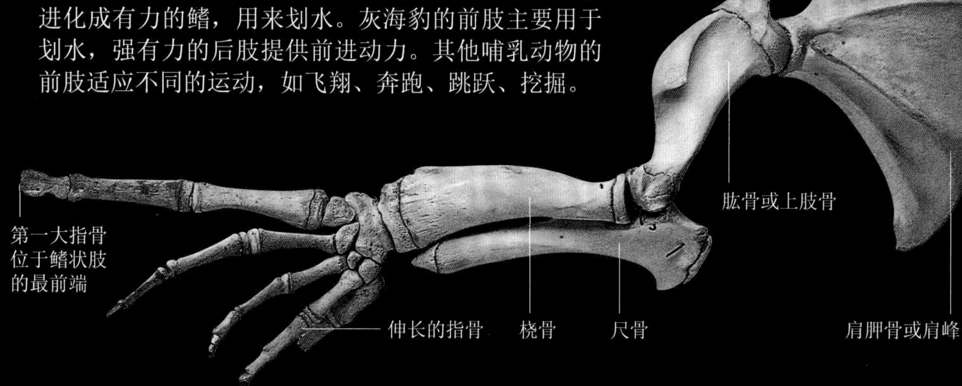

◀脊柱

脊柱是哺乳动物骨骼的中心部分，它将颅骨和四肢骨连接起来。许多称为椎骨的小楔形骨安装在一起组成的细柱称为脊柱。脊柱保护着其内部的脊髓，这是连接大脑和身体其他部分的主要神经束。脊柱上的骨突（隆突）使其互相连接，并可以附着肌肉。

脊柱的椎骨分为胸区（上部）和腰区（下部）

脊柱、四肢和运动

坚硬的脊柱

马的脊柱相对比较坚硬。它的四肢较长，可以增加奔跑的速度，脊柱可以增强马的耐力。脊柱具有很好的弹性，可以在大步前行时节省能量，这是马能够长时间奔跑的原因之一。每只足只有一趾（ 这已进化成蹄），外部一层坚硬部分包裹着足底垫。马是有蹄类哺乳动物——以足尖奔跑。

柔韧的脊柱

肉食动物如老虎，需要依靠爆发性的速度来抓捕猎物。它们的脊柱非常柔韧，通过一卷一伸完成每步的奔跑动作。动物高速奔跑必然丧失很多能量，所以老虎不能保持长期奔跑状态。强劲的四肢用于跳跃、猛扑、攀爬、游泳。老虎的前肢有五趾，后肢有四趾，属于趾行性动物——靠趾奔跑。

马有 14 ～ 21 个尾椎骨

马尾骨

骶（臀部）椎骨经过骨盆与下肢联系

尾椎骨组成尾巴

◀尾

大多数哺乳动物都有尾，由尾椎骨支撑。尾椎骨的数量根据尾的长度不同而不同。尾有许多用途，马用尾巴来拍打苍蝇和抒发情绪；海獭的尾有舵的作用，如果拍打水面，就有浆和警报信号的作用；狐猴的尾可以像旗一样挥动，以此为种群成员传递信息。

加拿大海獭尾

下尾椎骨细长

环状狐猴尾

长而硬的胡须具有敏锐的触觉
淡色的保护性毛发伸出深色下层毛皮外
长尾无毛发覆盖，具有敏锐触觉

皮肤和毛发

哺乳动物与其他动物不同的两个主要特征是皮肤和毛发，它们都位于身体表面。哺乳动物的皮肤具有许多腺体，包括哺乳幼仔的乳腺和降低体温的汗腺。哺乳动物另一独有特征——毛发有着许多不同作用，毛皮外衣帮助哺乳动物保持体温恒定，并有防御和伪装作用。有些哺乳动物的毛发演化成刺棘或和皮肤一起变成坚韧的皮革，形成天然盔甲。

▲毛皮的两个分层

所有哺乳动物在体表都有一些毛发，多数具有厚厚的毛皮。弗吉尼亚负鼠等很多动物都有浓密的毛皮，仅留下鼻尖、脚趾和尾巴处裸露。负鼠和许多其他物种的毛皮具有两层：长而粗的保护性毛发组成的外层和密而细的毛皮组成的内层。保护性的毛发防寒、遮风、挡雨；内层隔绝空气，保持体温。

厚厚的毛发帮助羊驼抵御寒冷

◀羊驼毛

羊驼是南美安第斯山脉骆驼家族的重要家养成员。它们具有非常厚且柔韧的毛发，可以隔离空气，具有防风御寒的作用。绵羊和驼类（如大羊驼），分布于高山地区，也具有棉质毛发。数千年以来，人们饲养这些哺乳动物以获取毛发、肉、奶和皮革等。

毛皮种类

海豹的毛发

不同哺乳动物的毛发有不同的长度和质地。海豹的毛短而粗，防止其在陆地活动时被岩石划伤。皮肤上的皮脂分泌腺分泌油脂，使游泳时外衣能够防水。

疣猴的毛发

疣猴的体表附有长毛，软而柔滑。浓密的毛可以保护它们免受西非森林中雨水的侵袭和热带烈日的暴晒。而且，它可以为这些灵长类动物提供伪装，在遮天蔽日的树叶中隐藏自己。

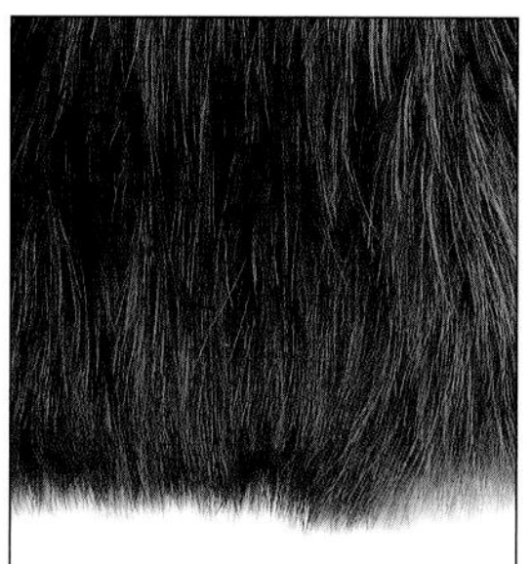

海獭的毛发

海獭大量时间生活在水里，长而苍白的保护性毛发和浓密的下层毛皮使其在游泳和潜水时保持身体干燥。这些哺乳动物曾在北美河流湖泊中大量繁殖，引来为获取其毛皮的过度捕猎，致使目前它们的数目非常稀少。

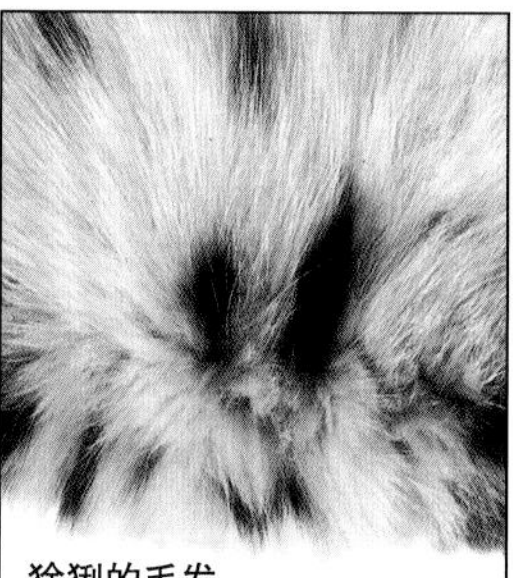

猞猁的毛发

猞猁外衣上的斑点模糊了这只大猫的轮廓，成为它的伪装，可以帮助它们悄悄靠近猎物。耳尖部分的皮毛呈长而厚的簇状分布，这些簇状毛发在冬天时尤其显著。猞猁的足部也有长的毛发分布，这有利于它在雪地里活动。

人类的毛发

和所有哺乳动物的毛发一样，人类的毛发由很多柱状细胞组成，由一种称为角蛋白的物质连接和加固起来。人类的毛发有两种：粗糙的头发和身体其他部位细微的汗毛，当我们感觉寒冷时，这些汗毛可以自动竖起，阻隔空气。

毛状角

犀牛依据物种的不同，头部有1或2个角。实际上角是由毛发演变而来的，由强韧的角蛋白组成，这种蛋白在人的头发和指（趾）甲中也存在。雌雄犀牛都具有角。牛的角有一骨质的核，这是由颅骨的前端骨发育而来的，与此不同，犀牛角没有骨质核，而是从鼻骨上方的粗糙骨片上长出来的。犀牛角用来威胁捕食者和其他犀牛。

与大象和海洋哺乳动物（如鲸）一样，犀牛身体表面毛发较少。缺少毛发使其更适应温带气候的生活。犀牛坚韧的皮肤可达2厘米厚，使之不易被荆棘刺伤，也可抵御捕食者的侵袭。

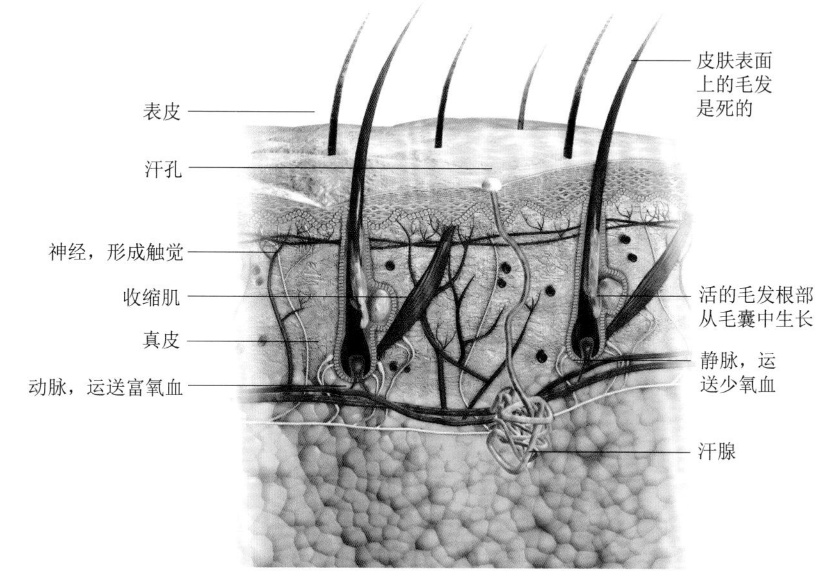

▲人类皮肤内部结构

人类和其他哺乳动物的皮肤都是由两层组成，表皮层或外层保护着下方的真皮层，真皮层包括大量血管，为皮肤提供血液和神经，形成我们的触觉。毛发从称为毛囊的孔隙中长出，随着肌肉收缩（勃起）而竖起，形成空气的阻断层。汗腺排出盐液，帮助皮肤散热。

◀保持清洁

在条件较舒适时，哺乳动物（如鼠类）通常用舌头舔、用爪子梳理、轻咬皮毛等方法清洁它们的皮毛，这称为梳洗。在许多物种中，动物之间会彼此梳洗，社交性的梳洗具有增进群体间关系的纽带作用。

◀脱毛

双峰驼生活在亚洲中部蒙古地区的多风荒地，长而粗糙的毛皮适应了这种恶劣的气候。秋天，它长出更加厚的长毛外衣，用以在严冬保持体温。春天，皮毛成片脱落，长出轻薄的外衣，在脱毛完全结束前的骆驼都显得肮脏破乱。

哺乳动物的内部结构

哺乳动物的大小和形态差别显著，但它们身体运行方式相似。所有哺乳动物都有发育很好的大脑，复杂的感官以及便于肌肉附着的柔韧骨骼。其他器官（有作用的部分）还有心脏、肺、肝、肾。哺乳动物的身体是由称为细胞的小单位组成的，它们集合形成组织，组织联合形成器官，器官一起工作构成身体系统，包括消化系统、呼吸系统、循环系统和神经系统。

▲呼吸

所有哺乳动物都需要氧气，它们的细胞才能工作并产生能量。呼吸系统包括肺、鼻孔和气管，这使得哺乳动物能够吸收氧气。哺乳动物在胸腔和腹腔之间有一肌肉发达的膈，通过它的收缩（绷紧）将空气吸进肺。图中显示的是鲸的气孔（鼻孔），位于头顶部。

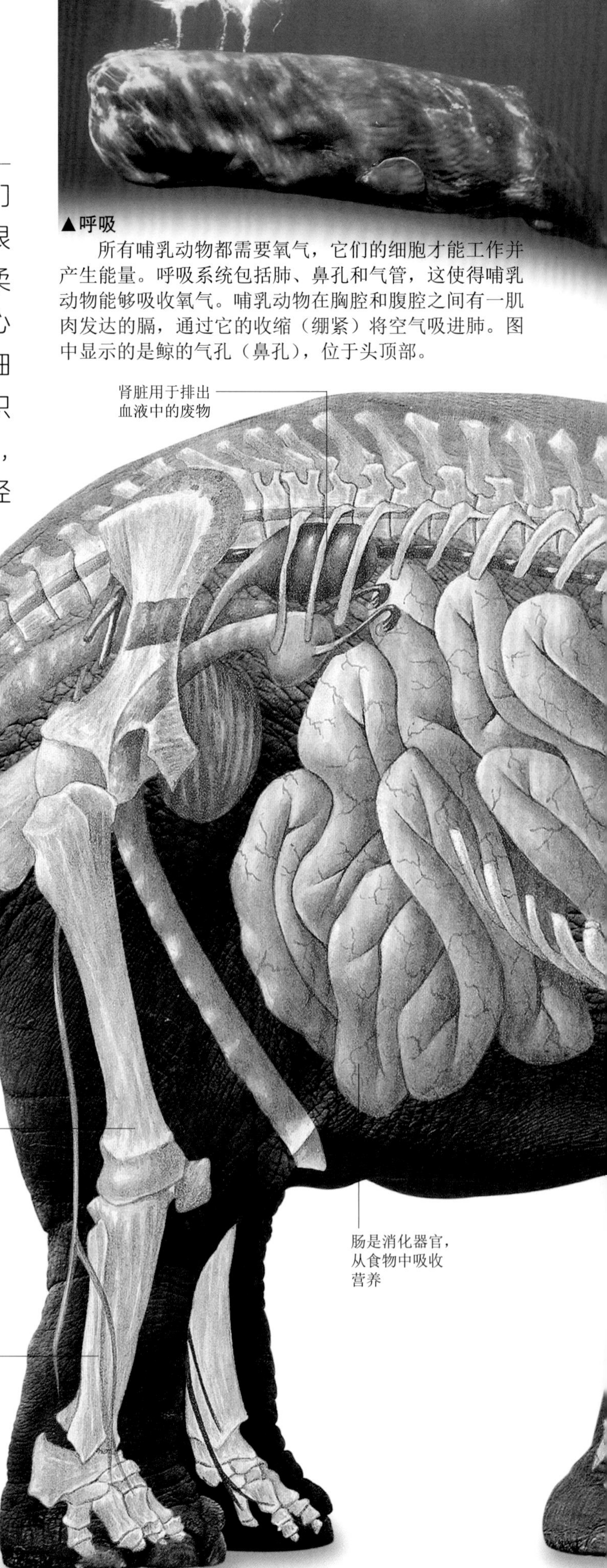

肾脏用于排出血液中的废物
脊柱由许多连锁的椎骨组成
内骨骼构建体型并支撑身体
肠是消化器官，从食物中吸收营养
四肢强健，支撑大象巨大的体重

解剖▶

所有哺乳动物都有四肢，适应两肢或四肢的运动和像蝙蝠一样的飞行，但鲸类动物（鲸、海豚和鼠海豚）已经丧失了它们的后肢。许多重要的器官都位于靠近前肢的胸腔内，而肾、肠和生殖器官位于靠近后肢的腹腔中。尽管内部结构相似，但哺乳动物的外表有很大差异，例如，大象的特征有长鼻子、大耳朵和粗糙的皮肤。

▲消化

消化系统可以分解食物，便于机体吸收营养。肠由一条长的管道组成，食物从嘴到胃和肠。消化管道壁上有特殊的肌肉可以将食物沿壁按压。食物遗留下的废弃物经肛门排出体外。兔子体内有特殊的菌群，可以消化纤维素。

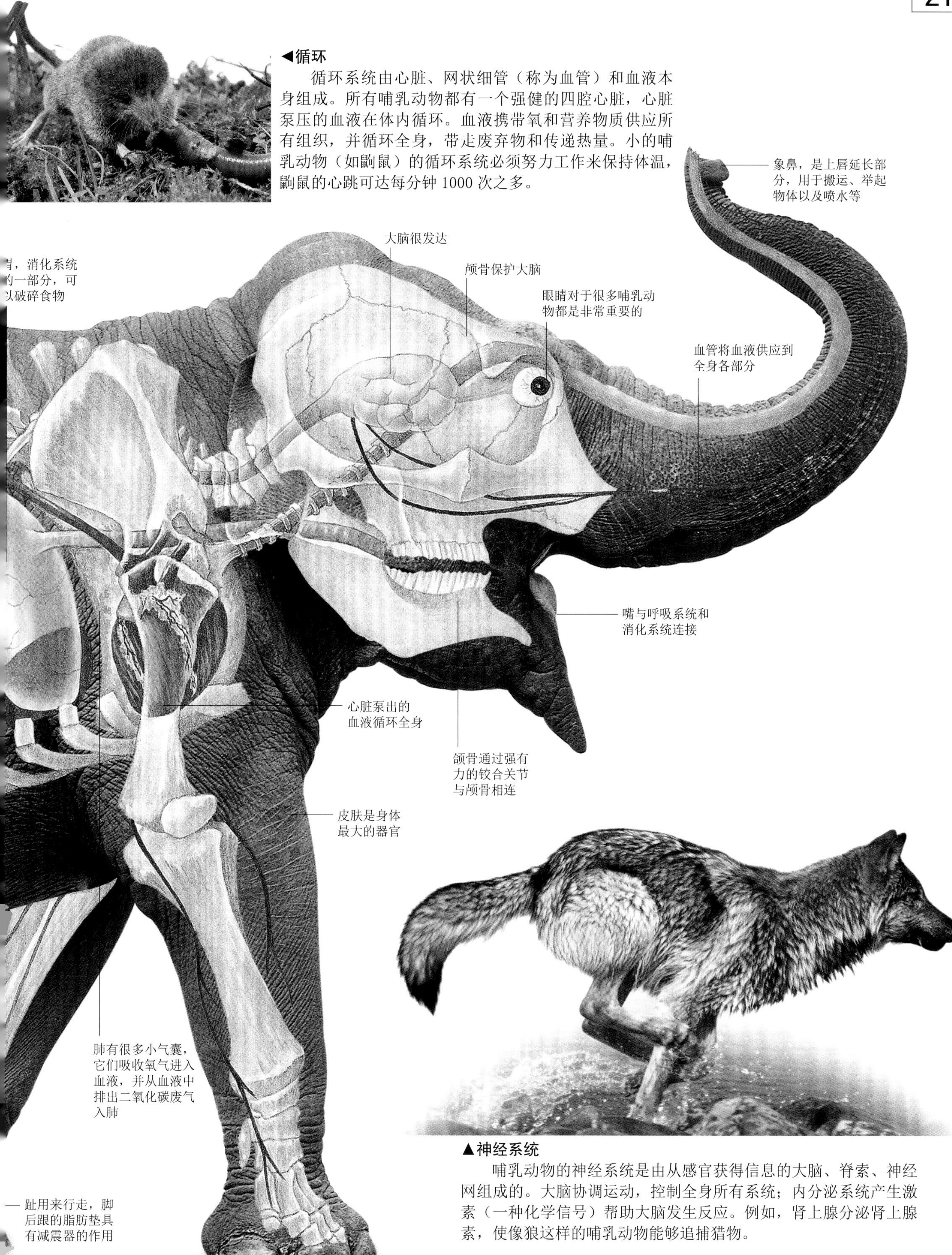

象鼻，是上唇延长部分，用于搬运、举起物体以及喷水等
大脑很发达
颅骨保护大脑
眼睛对于很多哺乳动物都是非常重要的
血管将血液供应到全身各部分
胃，消化系统的一部分，可以破碎食物
嘴与呼吸系统和消化系统连接
心脏泵出的血液循环全身
颌骨通过强有力的铰合关节与颅骨相连
皮肤是身体最大的器官
肺有很多小气囊，它们吸收氧气进入血液，并从血液中排出二氧化碳废气入肺
趾用来行走，脚后跟的脂肪垫具有减震器的作用

◀循环

循环系统由心脏、网状细管（称为血管）和血液本身组成。所有哺乳动物都有一个强健的四腔心脏，心脏泵压的血液在体内循环。血液携带氧和营养物质供应所有组织，并循环全身，带走废弃物和传递热量。小的哺乳动物（如鼩鼠）的循环系统必须努力工作来保持体温，鼩鼠的心跳可达每分钟 1000 次之多。

▲神经系统

哺乳动物的神经系统是由从感官获得信息的大脑、脊索、神经网组成的。大脑协调运动，控制全身所有系统；内分泌系统产生激素（一种化学信号）帮助大脑发生反应。例如，肾上腺分泌肾上腺素，使像狼这样的哺乳动物能够追捕猎物。

强壮的手臂使树懒能够悬挂在树干上
毛皮带有绿色是因为有藻类生活在毛发中
蓬松的毛皮使树懒倒挂的时候雨水可以从身上流走
钩状爪可以安全地钩住树枝
带斑点的皮毛是一种伪装
袋猫的尾巴有助于其沿树枝奔跑时保持平衡
脚爪具有皱褶的足底，有利于攀爬

雨林哺乳动物

雨林在世界很多地区都有分布，那里大多数时间都在下雨。热带雨林中生活着包括哺乳动物在内的大量生物，比其他环境中的生物数量多。这些繁茂的森林沿着终年炎热的赤道生长在低洼地区。最大的热带雨林位于亚马孙盆地。温带雨林位于较冷地区。科学家将雨林垂直分为四层：露生层（高大树木）、树冠层、林下层、森林地表层。

热带和温带雨林　占 10% 地球表面积

■ 热带雨林　□ 温带雨林

类型	面积	主要分布
热带雨林	7.5%	位于南北回归线之间，林区广布南美洲、非洲和亚洲地区。它养育的动植物占现存总数的 50% 左右
温带雨林	2.5%	北半球唯一真正的温带雨林位于太平洋的西北部

▲弯曲的爪

热带雨林全年都有丰富的植物性食物，但这些东西并不容易消化。在中南美洲的雨林中，树懒以粗硬的叶子为食，这种叶子很难消化并且营养少。为了保持能量，它们每天需要休息 20 小时，并且活动还需缓慢。它们弯曲的爪紧紧地钩住树干，使它们在睡觉的时候不至于掉下来。

地面猎手▶

温带雨林生长在热带两边的较冷地区，那里雨水充沛。最大的温带雨林位于北美洲的西海岸，如智利、塔斯马尼亚岛、新西兰。袋猫是生活在澳大利亚的有袋哺乳动物，它是林下层和地表层的猎手，可以捕食鸟类、昆虫和小的哺乳动物。

猿猴强健的双臂
比它的腿要长
尾巴可以
抓住树枝
大眼睛能够在
昏暗的光线下
具有好的视觉
长黑舌头从树上
撕拧树叶
斑纹在个体
之间有差异

◀白天的树冠层

在热带雨林里，很多大树高耸入云达50米高。这些大树伸展它们的枝叶，形成大约20米深的浓密树叶层。大多数森林动物，如白面猿就栖息在这潮湿、阳光充足、食物丰富的层带。猿类是技艺精湛的攀爬者和跳跃者，它们可以手传手地摇摆前行，这种动作称为臂力摆荡。

▲夜晚的树冠层

夜间，一系列不同的哺乳动物开始在热带雨林中活动。有了白天和黑夜的更替，使在任何特定时间里觅食的动物都相对减少。在亚马孙的雨林里，蜜熊白天在树洞里睡觉，夜间出来寻找水果和昆虫，它的尾巴长而且能卷缩，就像是它的第五肢，从而保证在树间安全地移动。

◀白天的林下层

在树冠层以下，林下层由很多矮树和小树苗组成。上层浓密的树叶形成屏障，阻隔光线和水分，所以这里的植物性食物较少。非洲雨林中的狒狒白天在地面寻找水果、蛋类，偶尔也捕捉小动物。它们在夜间爬进林下层寻觅躲避捕食者的隐蔽处。这样的灵长类通常20多只群居生活。

夜间的林下层▶

林下层在夜间是非常黑暗的地方，仅仅有微弱的月光透进来或萤火虫的光亮。夜间活动的哺乳动物必须要有在昏暗光线下定位食物的好方法。婆罗洲和东南亚的茂密森林里，跗猴用它敏锐的视觉、听觉和嗅觉捕捉昆虫，当这个小灵长类在林下层中穿梭跳跃、捕捉飞虫时，用尖爪和趾垫抓住树枝。

◀白天森林地表层

热带雨林的地表层植被相对稀疏。蕨类植物、开花植物以及小树苗在稀疏的土壤中生长，透过的光线到达森林地面。在非洲中部，欧加皮鹿单独或成对漫步森林中，以树叶为食。这些大而警觉的哺乳动物与长颈鹿亲缘关系较近，直到1901年其身份才被确认。

◀夜间的地表层

虎猫是中南美洲热带雨林中的夜间捕食者。这种行动诡秘的猎手捕食范围广泛，包括鸟类、爬行类以及蝙蝠、啮齿类、小鹿等哺乳动物。由于它们是高明的攀登者，可以凭视觉、嗅觉和听觉在地表层和林下层捕猎。它们皮肤上的黑暗花纹为其提供了很好的伪装，便于在夜间的森林中穿梭，静静地伏地而行。

森林哺乳动物

温带林地和针叶林的物种比热带雨林少，但哺乳动物种类仍然很多。与热带环境不同，温带林地有温暖或凉爽的夏天和寒冷的冬天。大多数乔木都是落叶植物，它们秋天落叶，春天长出新的叶子。哺乳动物在枝叶繁茂、食物充足的夏季繁殖后代。冬天，环境很恶劣。在北半球，温带林地以寒冷的针叶林为主，针叶林的树木在冬季保留树叶，为哺乳动物提供庇护所。林地和针叶林被垂直划分成数层。

▲野猪在落叶层生活

在温带森林中，落叶乔木的树叶堆积在地面上，形成肥料滋养植物生长。乔木和灌木秋天结出坚果和浆果，成为像獾、松鼠、野猪等哺乳动物的食物。欧洲和亚洲的森林里，野猪用它敏锐的鼻子嗅出隐藏在枯叶层下的植物根、坚果以及真菌，它们的尖蹄能够刨出地下的食物。

针叶林和温带林　占 27% 地球表面积

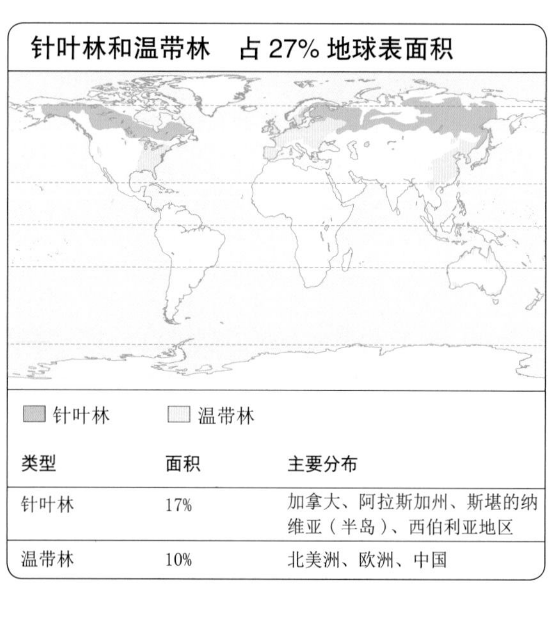

类型	面积	主要分布
针叶林	17%	加拿大、阿拉斯加州、斯堪的纳维亚（半岛）、西伯利亚地区
温带林	10%	北美洲、欧洲、中国

觅食中的獾▶

冬季，树叶落下，哺乳动物躲避处很少。在欧洲和亚洲，獾退到地下洞穴中，等到恶劣的天气过去后再出来。这些网状洞穴在地下可延伸 20 米，獾白天待在洞穴里，夜间出来寻找各种食物，包括水果、昆虫、蛙类、蜥蜴以及小型哺乳动物。

头和灰白上身处的花纹在昏暗的光线下是一种很好的伪装

强劲的爪子可以挖蚯蚓

◀湿地驼鹿

一大片针叶林称为针叶林带，分布在北半球北纬 45° 至 65° 之间。冷潮的森林拥有无数的湖泊和沼泽。像驼鹿这样的动物生活在湿地中，在夏天，它们跋山涉水，吃浮游植物并避开能刺痛的昆虫。驼鹿是世界上最大的鹿，雄性体重可达 450 千克。

大眼睛具有很好的视力，帮助松鼠判断距离
长尾有助于松鼠保持平衡
毛皮厚而松软，能够在雪天保持体温

在林下层觅食▶

温带森林的林下层由高的灌木、树苗和成熟树干组成。像亚洲黑熊那样的熊类在林下层和地表层活动，同多数熊一样，它们的饮食多样，根据季节不同，包括芽、叶子、昆虫、浆果和橡树果。强壮的爪子和有力的四肢使这种又矮又胖的哺乳动物可以爬到树上。

◀冠形攀缘植物

温带森林的乔木很少超过 30 米，多叶的树冠层没有热带森林浓密，所以更多的阳光能够透射到森林的地表层。像松貂这样的食肉动物生活在北部针叶林和温带森林中，以甲虫、啮齿动物、鸟类为食，也吃水果。这种毛茸茸的哺乳动物生活在树冠层，但主要在地面寻找食物。

◀树栖的杂技演员

许多温带森林的哺乳动物攀爬技术高超，但没有动物比松鼠还灵敏。这种优雅的啮齿动物将巢建在树杈上或树洞里。当松鼠在树杈间跳跃或沿树干上下奔跑时，尖而卷曲的爪子可以抓住树皮。秋天，灰松鼠忙着收藏橡树果以备过冬。遗漏下的坚果将发育成小树。

熊猫

大熊猫栖息于中国中部山区的落叶林中，那里竹子繁茂。尽管熊猫也吃腐肉、幼虫和蛋，但它们主要靠竹子为生，包括笋、叶、茎。在熊猫的腕部有一骨节，功能类似拇指，能使熊猫抓住竹竿。竹子这种食物坚韧、纤维含量多，含营养少，很难消化，所以熊猫每天要花费 18 小时进食。

熊猫黑白相间的毛色引人注目，但实际上，这种毛色淡化了它的轮廓，使其在竹林中很难被发现。熊猫独居并且发育缓慢，所以野生种群数量仅 1864 只（2015 年公布的第四次大熊猫调查结果）。

草原		占 17% 地球表面积
类型	面积	主要分布
温带	7%	澳大利亚、俄罗斯、中国、北美
热带	10%	非洲西撒哈拉局部、巴西、墨西哥

草原哺乳动物

世界上的草原分布于森林茂盛的潮湿地带和沙漠覆盖的干燥地带之间，可以分为温带草原（如美洲草原、亚洲草原）和热带大平原。草原上的哺乳动物种类繁多，包括大型有蹄植食动物，如羚羊和野牛，它们群居生活；食肉动物，如狮子和猎豹；食腐动物，如豺。植食动物包括：食嫩叶动物，以稀疏的乔木和灌木为食；食草动物，以草为食。

哺乳动物的步态

步法

速度对于大多数草原哺乳动物是非常重要的。由于没有什么遮挡物，通常情况下，快速奔跑不管对于追捕者还是逃跑者都是最好的选择。一些哺乳动物，如图中这只长耳豚鼠正在慢跑。长耳豚鼠属于典型的豚鼠类（南美啮齿类），当运动时，前后腿彼此协调，移动前肢的同时就要抬起后肢。骆驼和大象也有这样的步法。

快步走

当遇到危险时，有蹄哺乳动物（如斑马）先进入快步走（也叫对角线步法）状态，然后加速到小跑，最终疾驰。一只正在快步走的哺乳动物同时抬起前肢和对侧后肢。斑马的蹄具有脂肪垫的坚硬保护层，脂肪垫位于保护层和骨骼之间，起到减震器的作用。马和狗也会快步走。

非常柔韧的脊柱使猎豹可以迈开大步奔跑

◀陆地上最快的动物

在非洲平原上，猎豹是所有陆生动物的短跑冠军。当要追捕猎物时，它的奔跑速度可达 100 千米／时。但是，它仅能保持这样高的速度 20 秒，随后身体就会过热。猎豹的速度源自它的身长、强有力的腿以及每迈一步都伸缩的弹性脊柱。

尖爪像跑鞋的钉子一样以抓住地面

长尾可以保持平衡

袋鼠每次跳跃时都向前倾斜

▲弹跳运动

在炎热干旱的澳大利亚内陆，草原中穿插大片漫天尘土的灌木丛林地。袋鼠在此广泛分布。袋鼠属于两肢运动的动物，而不是四肢，它们的后腿长且肌肉发达，用于跳跃，很像是两块跳板。这些哺乳动物通常舒适的活动速度为 20 千米 / 时，遇到危险时的逃脱速度可达 60 千米 / 时。袋鼠的一个跳步可达 14 米远。

两只犀角用于进攻
黑犀牛奔跑速度可达 45 千米 / 时
灰白皮肤由于在泥浆中打滚而变得灰暗

▲陆地上的大块头

非洲草原是世界上最大和最重的陆地哺乳动物的家，如非洲大象和两种朝天犀牛（包括图中这只黑犀牛）。不同种犀牛以草原上不同种食物为食，它们的嘴与其饮食相适应，方形的口，适合食草。犀牛相当胆小，但遇到危险时，可以笨重地快速前行。

草原哺乳动物的威胁

漫步草原

许多草原哺乳动物受到很多威胁，如栖息地丧失、捕猎等。在欧洲人殖民北美之前，大量成群的野牛漫步草原。在 19 世纪，欧洲殖民者向西扩张，他们猎杀大量野牛，致使这些动物几乎灭绝。少量种群只能在公园和保护区繁衍存活。

草原上的跳羚

非洲草原养育了地球上大量哺乳动物，像羚羊这样的草食动物在种群中相对安全，因为在任何时间，当种群中的其他动物吃草时，总有些个体在警惕着周围。曾经跳羚种群数量巨大，但人类侵占了它们的栖息地后，如今最大的种群数量仅有 1500 只。

非洲大羚羊的迁徙

同跳羚一样，非洲大羚羊也是大种群生活，有时和斑马结伴。它们远距离迁徙，横跨非洲草原，寻找雨后新生的嫩草，在新鲜青草丰富的 2 月繁殖后代。但是，一些传统的迁徙路线如今已经被公路和其他开发设施切断了。

沙漠居民

大多数生命不能在极其炎热和干旱的沙漠环境中生活。但某些哺乳动物能够适应高温天气，并能发现水源。白天，较小的哺乳动物在沙和岩石下的洞穴中躲避高温。在凉爽的夜间出来觅食和寻找水源。大型沙漠哺乳动物不容易躲藏，只能将自己暴露在炙热的阳光下。它们一般具有淡色的皮毛，这能够反射更多的太阳热能，保持身体凉爽。

死亡谷的白天▲

加利福尼亚的死亡谷是北美大陆最热又最干旱的沙漠。来自溪流的表面水和稀少的降水蒸干后，只剩下令植物无法生存的盐分。

90℃

地面温度	阴影下的空气温度	盐水池温度
可达 88℃	49℃	35℃

▲全球沙漠温度范围

世界上沙漠温度范围从炙热的 88℃（死亡谷温度）至 -20℃（南极洲干谷）不等。

尾巴遮挡
松鼠的身体

◀地松鼠

小型哺乳动物比大型哺乳动物更难调节它们的体温，为了解决这个问题，大多数小型沙漠哺乳动物白天睡觉，晚上觅食。南非地松鼠已经发现了在白天高温下生存的好方法，它用浓密的尾巴翘在背上，当作遮阳伞。

眼睛通过额外的
眼睑和睫毛能够
防沙
驼峰储存剩余
食物的能量作
为脂肪沉积
骆驼的嘴已适应
吃坚韧、带棘的
植物
长腿高高地支撑
骆驼身体，高出
炎热的沙漠地面
具有弹性的蹄防
止陷在软沙中

◀沙漠之舟

单峰驼在背上仅有一个驼峰。来自中亚的双峰驼有两个驼峰。这两个物种都具有高而窄的身体，从而保证吸收较少的太阳热能。所有驼类家族成员的红血细胞具有特殊结构，当水源充足时，它们能够喝下大量的水而不致涨碎细胞。

骆驼的适应特征

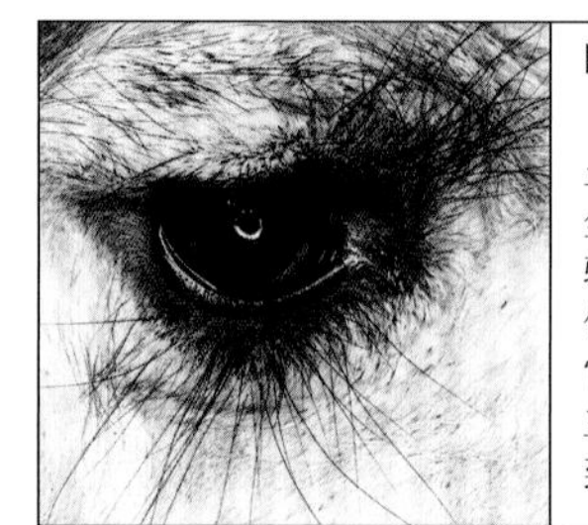

眼睛防护

干旱的沙漠环境有很多尘土和沙粒，大风吹过，沙子和尘土颗粒会损害敏感的眼睛，骆驼的眼睑上粗壮的睫毛具有保护作用。在通常的眼睑下，它们还具有一个秘密武器——第三眼睑，能从眼球的一边擦拭到另一边。

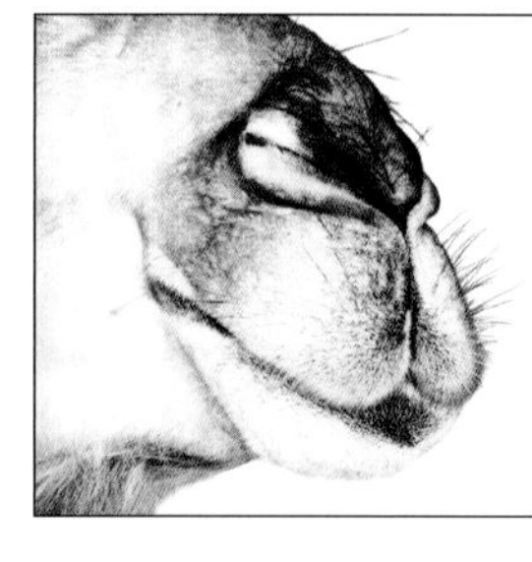

鼻子和嘴

骆驼的鼻子能够循环水分，大多数哺乳动物呼气时都不具备这种功能。特殊的肌肉可以控制鼻孔的开合。骆驼在沙暴天气里能够把它的鼻子夹紧，以此保护它的肺。嘴巴也具有适应特征，裂开的上唇有利于它们对付多刺的食物。

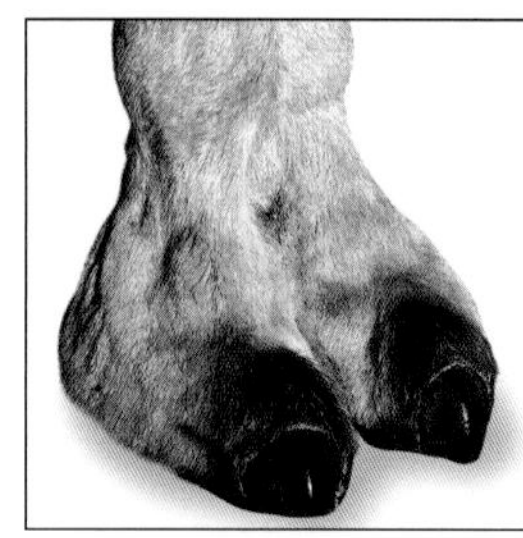

蹄

骆驼的蹄宽大且有弹性，便于行走在沙丘等松软地面。坚韧的足底垫硬而具有弹力，足骨通过一块脂肪与足底垫分离，这块脂肪甚至跨过整个足底，有助于缓解压力，也有隔绝地面热量的作用。

驼峰

当骆驼发现了一处好食物源时，它们就把食物储存起来，将能量转换成脂肪储存在骆驼背部，这使骆驼能够在食源地之间长距离行走，用储存的脂肪供应，将脂肪转变成能量的化学反应也产生很多水分来保持身体凉爽。

沙漠 占12%陆地表面积

类型	面积	主要分布
亚热带	8.5%	北非、阿拉伯、印度
寒带	1.5%	中亚
西海岸	1%	美国
雨幕	1%	美国、澳大利亚、东非

▲夜间的沙漠

所有的沙漠在日落之后都会变得非常寒冷，在日出之前，所有前一天的热量都将进入大气中。在最冷的夜晚，死亡谷能够达到冰冷的-9.4℃。

-10℃

盐湖冷至10℃ | 空气温度低至5℃ | 冬天的夜晚温度降至零点以下

鼻子处冰凉的皮肤能够冷却呼出来的气体

被覆短柔毛的身体保护皮肤免受炙热的沙子灼伤

长尾用来保持平衡

▲更格卢鼠

这个小型啮齿动物利用身体中的袋状结构——颊囊来应付沙漠生活。白天的时候，它将自己藏在潮湿的洞穴中，它的肾脏过滤血液中的废物，有效循环水，长长的鼻腔可以冷却呼出的气体，产生的冷凝气能够重新吸收。更格卢鼠位于嘴两侧的颊囊是向外张开的，当它们用颊囊装运食物时，不需要张开嘴巴，便于保存水分。

耳朵巨大的表面积有利于热量散失

耳廓狐▶

耳廓狐在夜间出来觅食，非常敏锐的听觉有助于发现猎物。耳廓狐身长24厘米，是世界上最小的狐狸。它们可以生活在20℃～40℃的环境中，能够通过大耳朵泵出额外的血给自己降温，通过耳朵散失身体额外的热量。

粗壮的睫毛能够阻止沙粒进入眼睛

鼻子部位的凉爽皮肤有利于保持体温

穴居哺乳动物

沙漠刺猬

巨石之间的洞穴为沙漠刺猬提供了一个白天的避难所。沙漠刺猬主要以昆虫为食，喜欢在天气较凉爽的夜间出来觅食，它们体内具有毒素抗体，这使它们被蝎子毒刺刺到后的存活率比其他小型动物高40倍。

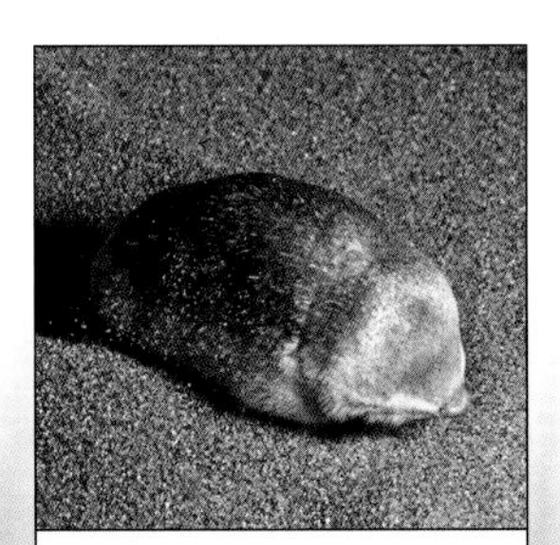

金鼹鼠

金鼹鼠是个挖洞高手，它还可以在南非纳米比亚沙漠中“游泳”。它在夜间捕食猎物——白蚁。当食物或危险就在附近时，金鼹鼠用听觉和嗅觉去感知。它们的眼睛几乎没有什么作用，隐藏在一层多毛的厚皮下面。

◀厚厚的毛皮

寒冷是极地和高山哺乳动物最大的敌人之一，和北极陆地上所有哺乳动物一样，北极熊有一身厚厚的毛皮外衣，可以隔绝冰冷的天气和刺骨的寒风。北极熊花费很多时间在水里或在浮冰上漫步，捕捉它们主要的猎物——海豹。皮肤下一层厚厚的脂肪帮助它们保持恒定的体温。

覆盖毛皮的四肢有利于北极熊保持热量

极地和高山哺乳动物

极地和高山地区是地球上气候最恶劣的地区之一，夏季短而凉，冬季长而严寒。在靠近两极的地区，冬末时，黑暗会持续数月。北极地区哺乳动物数量相对较多，因为这里的苔原地带几乎没有树木，它与南边较温暖的地区相连接。大面积冰雪覆盖的南极，对陆生哺乳动物非常不利，但是海豹和鲸生活在这片海域。高山地区的哺乳动物必须应对稀薄的空气、强烈的太阳光以及寒冷的天气。

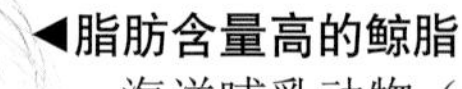

◀脂肪含量高的鲸脂

海洋哺乳动物（包括海豹和鲸）比陆生哺乳动物更加需要隔热，因为水吸收体热的速度比空气快，鲸和海豹类动物，如图中这只常见的海豹，比陆地哺乳动物的毛皮要少很多，但却可以保持体温，这是因为皮肤下有厚厚的一层脂肪含量高的鲸脂。在寒冷的条件下，使流经鲸脂层的血管收缩（变窄），从而起到保持身体热量的作用。

强有力的前肢由腕和爪演化而来

▲穿雪鞋奔跑

雪鞋兔具有宽大而被毛的足，活动起来像双雪鞋，雪鞋兔由此而得名。当雪鞋兔在冰原奔驰时，宽大的足能够分散体重，避免其陷入松软的雪中。雪鞋兔和它的亲缘种——北极野兔有比温带野兔更小的耳朵和更短的四肢，这些特点有助于减少通过四肢和耳朵的热量散失。

各色伪装

身披冬装的白鼬

白鼬是北极肉食动物，需要常年保持伪装，它的外衣颜色随着季节的改变而改变，使其能够全年捕食如旅鼠那样的猎物。秋季，白鼬长出一身厚厚的冬装，除了尾尖背部均为白色。因为这件外衣，所以它被分类为貂类。

身披夏装的白鼬

春季，这只白鼬脱掉了厚厚的冬毛，换上薄外衣，新外衣顶端黄褐色，腹部奶油色，使其容易藏在雪融化后的苔原地区的岩石和草丛中。北极野兔、雪鞋兔、北极狐以及鼬都可以改变体色，夏季毛皮灰色或褐色，冬季白色。

极地和高山

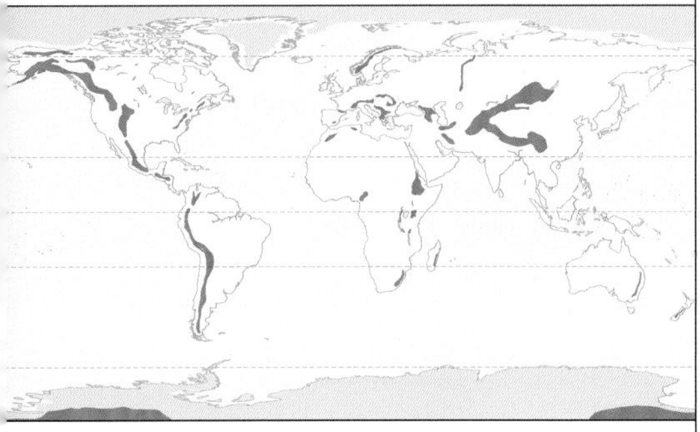

高山	极地

类型	面积	主要分布
高山	24%	南美洲，亚洲东南部，非洲中部
极地	南极洲占全球陆地面积的 9%，北极地区面积随着季节变化而改变	

尾巴有 40 厘米长，占身体总长度的一半以上
爪具有带毛的足底，减少热量散失

▲对寒冷的适应

北极狐能够在大多数哺乳动物无法生活的条件下生存，它白色的冬季外衣是夏季棕色毛皮的两倍厚，外层毛粗糙，内层细腻。北极狐具有适应寒冷气候的特征：耳朵小而圆，且被毛（减少热量散失），爪足底带毛（能够抓住冰），尾巴长而浓密，能够缠绕在身体上保持体温。

高山哺乳动物▶

牦牛是生活在最高海拔的哺乳动物，如在海拔 6000 米的亚洲喜马拉雅山脉。粗浓而杂乱的毛皮外层是粗糙的毛发，能够抵御狂风和暴雪，内层浓密的毛皮贴近皮肤，能够保暖。通常，同一座山中有几种不同的栖息环境，野猪、熊和鹿生活在较低海拔的斜坡森林中，耐旱山羊和绵羊生活在其上的草原斜坡。

弯牛角能够防御敌害
雪不能在牦牛身上融化，因为通过毛皮散失的热量微乎其微
外层的毛发几乎长达地面

雄性和雌性都具有角

▲惊人的蹄

有蹄类动物，如鬣羊的蹄子边缘坚硬，中间足底部柔软，像个吸盘，能够抓紧悬崖峭壁的岩石表面。膝盖上的硬结防止躺下时受伤。大多数高山哺乳动物都有较大的心脏和肺，这有助于它们生活在高海拔、氧气稀薄地区。

海洋哺乳动物

哺乳动物是由陆地爬行类进化而来的，但是某些种类后期又返回水中，并产生了适应水中生活的特征。哺乳动物中的三个主要类群生活在海洋中，它们是鳍足类（海豹）、鲸类（鲸、海豚、鼠海豚）和海牛类（海牛和儒艮）。鲸类和海牛类完全水生，甚至出生在水中。像海豹家族（包括海狮和海象）这些哺乳动物一生多数时间在海洋中，但也要来到岸上休息、繁殖和养育下一代。

鲸的尾巴
分为两半

▲鲸的家族

鲸类比其他哺乳动物都更像鱼，后肢已经消失，变成更加圆滑的形状，前肢演化成鳍状肢，用以划水。与鱼的尾巴不同，鲸有凹口的尾巴是水平排列的。鲸通过弯曲脊柱，使它的尾巴能够上下摆动，推动身体前进。鲸全身几乎无毛覆盖，一层厚厚的鲸脂有利于保持体温恒定。

强有力的前肢用
于推动身体前行
蹼状后肢
用于前行
鱼雷形身体在
水里轻松滑行

海豹家族▲

鳍足类具有像鳍一样的足，海豹的足演化成鳍状肢，能够强有力地划水，它们的身体简洁并呈流线型。鳍足类分为三个类群：真海豹或无耳海豹；有耳海豹（如皮毛海豹和海狮）以及海象。实际上，所有的海豹都有耳朵，“无耳”海豹只是缺少外耳郭。真海豹用后肢划水推动自己前进，而有耳海豹用前面的鳍状肢划水前进。海狮和其他有耳海豹在陆地都可以灵活自如地行动。

▲齿鲸

鲸类分为两个类群：齿鲸和须鲸。齿鲸是迄今为止最大的类群，占所有鲸类的90%。这一类群包括抹香鲸、尖头鲸、白鲸、河豚、鼠海豚和海豚，逆戟鲸（杀人鲸）是海豚家族的成员。所有齿鲸都是肉食性的，以乌贼、鱼、软体动物为食。逆戟鲸具有强有力的颚，长着成排向后的锋利牙齿。

▲须鲸

须鲸没有牙齿，以具有长的边缘盘的角质须而得名，角质须悬挂于上颚。这个鲸须活动起来就像是个巨大的梳子，可以从水中捕获很小的生物，如磷虾。当鲸鱼吞进满满一口富含食物的水时，水被鲸须过滤，留下食物。须鲸包括灰鲸、露脊鲸、温鲸（如蓝鲸）、座头鲸（上图）。

吸

喷注

与所有哺乳动物一样，鲸和海豹呼吸空气，并且有肺，它们在呼吸的时候必须返回海面。鲸的气孔（鼻孔）在它的头顶部。潜水之后，鲸显露并喷射出一个由废气和废水组成的水柱，在高空中形成水蒸气。当海洋结冰时，海豹通过冰上的洞口呼吸。

人类可带水中呼吸器潜水

鲸能够在它们的肌肉中储存氧气，因此可以待在水下很长时间。绝大多数人类仅能屏住呼吸不到两分钟。当人类探索深海时，必须要佩戴空气供应装置。潜水服就像海豹的皮毛，使贴近皮肤的水层始终保持温暖。

▼海象

海象与所有的鳍足类动物不同，有其自己的类群。它仅在北极分布，一个主要区别特征是雌雄都有长长的尖牙，用来搅动海床，敲开贝类动物的壳，也有助于这些庞然大物在冰上活动，雄性在攻击时用它的尖牙作武器。雄海象是世界上最大的鳍足动物，重达1360千克，它们体重的一半是鲸脂。

口部长毛形成了刚硬的胡须
微红色的皮肤覆盖着粗糙的毛发
后肢在身后能够卷曲，帮助在地面上前行
坚韧的皮肤皱成深深的褶
前鳍状肢在游泳时用来划水

淡水哺乳动物

淡水栖息环境如湖泊、河流、小溪和沼泽，是各种哺乳动物的家园，包括野鼠类、鼩鼠类、海牛、河马、河豚。海牛和河豚这类唯一完全水栖的哺乳动物，它们缺少后肢，从不上岸，它们的身体与那些陆地哺乳动物完全不同。其他淡水物种部分时间在陆地，大多数时间在水中觅食和躲避敌害。不同物种在水中有不同的适应特征，如厚厚的皮毛、蹼状脚和肌肉质的尾。

桶状身体在水中阻力很小

在水底漫步▶

非洲河马一天 18 小时潜在河水或湖水中，它们可在水底走来走去。它们在水中放松沉重的身体、保持凉爽和躲避热带烈日。许多淡水哺乳动物都有浓密的毛发，但是河马的毛发稀疏，它们的皮肤能够在出水后强光照射下迅速晾干。夜间，这个庞然大物在岸边笨重前行寻觅河岸植物为食。

柱状腿在陆地支撑体重

水在河马潜水时能够支撑体重

潜水觅食

大多数鼩鼠生活在陆地上，但有些可以潜水来躲避敌害和寻找食物。它们反复潜水寻找小鱼和水下无脊椎动物，再暂时返回地面把自己晾干。这些小东西需要吃掉大量的食物才能在水中保持自己的体温，某些水中鼩鼠每天需要吃掉和自己体重差不多的食物。它们具有光滑防水的毛皮，沿着脚和尾巴边的硬毛有助于游泳和潜水，并且能通过表面张力，使体型最小的鼩鼠在水面短距离飞奔。

◀熟练的建筑者

水狸是相当大的水栖啮齿动物，栖息于欧洲和北美洲的河流和湖泊中。它们通过建造跨河的木棍堤坝，形成一个人造湖，来构建它们的家园。浓密的毛皮外衣由粗糙的外层毛和细腻的内层毛组成，使它们不论在水里还是水外都能保持体温。但是，在18、19世纪，水狸的毛皮被用来做保暖外套，具有非常高的经济价值，这使得无数水狸死在毛皮捕猎者手里。

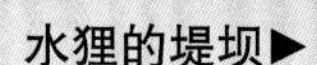

水狸的堤坝▶

水狸是能够大规模改变自己生活环境的为数不多的动物之一，大多数水狸能够用树棍构造跨河堤坝，使其后方形成一个平稳水池，它们将巢建在这里，成为"山林小屋"。水狸咬断树枝和小树，然后把它们堆积起来，就形成了河堤。

堤坝由水狸安放的树棍组成

宽大的嘴长有带触觉的刚毛

水中生活的适应特征

海牛

海牛是性情温和动物，分布于热带河流和沿海淡水中，这些大型哺乳动物具有圆胖的身体和像桨一样的有力前肢。宽而平的尾巴平行排列，和鲸的尾巴一样，上下摆动，把身体向前推进。

鸭嘴兽

鸭嘴兽分布于澳大利亚东部的溪流河水中，它们潜入水中，猎捕水生生物，包括昆虫、贝类动物、蛙、蠕虫。鸭嘴兽在陆地行动笨拙，水下灵活优美。它的脚有蹼，尾巴扁平，具有推动作用，柔软、光亮的毛皮能够防水。

水狸

带蹼的脚，圆滑呈流线型的身体以及扁平的尾巴都使水狸在水中行动灵活自如。宽大且带有鳞片的尾巴主要把握方向，后肢有力地划水，前肢紧紧贴近身体，保证身体呈流线型。当水狸潜水时，耳朵和鼻孔都会闭上，防止水进入。

◀水面呼吸

河马能够在水下停留大约5分钟，然后再回到水面呼吸。和许多淡水哺乳动物一样，河马的眼睛、耳朵、鼻孔都在头顶，这使河马仅需要头顶部抬至水面上就能呼吸了。

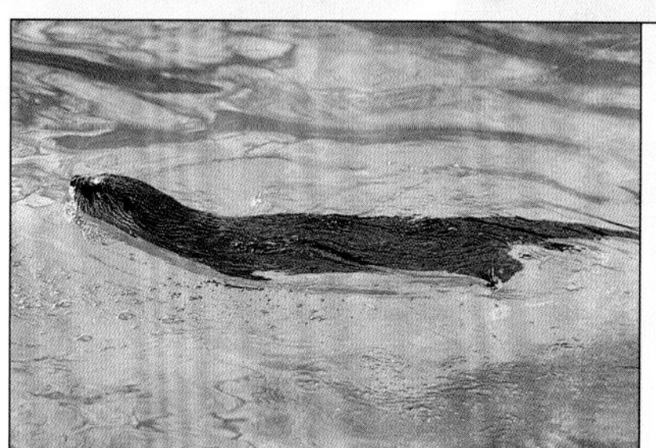

水獭

与鼬鼠家族的其他动物一样，水獭具有修长的身体和像狗一样的小头。它们是肉食动物，也是积极的猎手，可以在水下追逐猎物，如鱼、田鼠、螃蟹、蛙和蜗牛。带蹼的后肢用于游水，带爪的前肢可以抓捕光滑的猎物。

蝙蝠和滑翔者

蝙蝠是唯一具有飞翔能力的哺乳动物，这使它们能够将其他哺乳动物无法到达的偏远海岛（如新西兰）作为自己的栖息地。蝙蝠通常是夜行性动物，白天休息，夜间觅食。蝙蝠是唯一真正会飞行的哺乳动物，而其他很多哺乳动物仅能像降落伞那样展开皮肤性的翼在空中滑翔。

◀飞行中的蝙蝠

飞行使蝙蝠能够从一个地方到另一个地方，逃避敌害以及发现食物。多数蝙蝠可以抓住在它前面靠翅膀飞行的昆虫。蝙蝠在空中极其灵敏，能够盘旋、转弯以及穿过狭窄的缝隙。但飞翔也消耗大量的能量，蝙蝠为了节省能量，在温度降低后即挂起来休息。

鼻孔周围的皮肤呈马蹄形，这类蝙蝠以此命名

小蝙蝠▲

蝙蝠的大小具有很大差异，大至翼宽 1.5 米的飞狐，小至形如黄蜂的猪鼻蝙蝠。蝙蝠的门类——翼手目分为两个主要类群：巨蝠或旧大陆果蝠和小蝙蝠。小蝙蝠类占所有蝙蝠的 80% 以上，如图所示的蹄鼻蝠。大多数小蝙蝠以飞虫为食。

神经和血管连成网络，穿行于翼间

◀愈合

蝙蝠的翼由双层皮肤在上肢和下肢骨上延伸而成，直至身体边缘，手骨和指骨形成一个支架，蝙蝠的门类——翼手目就是根据这个特点命名的。胸部和上肢的肌肉牵动翼向下和向前，后面的肌肉再推动其向上运动。

毛皮状的翼增加了空气阻力

尾巴可能用于减速和调控

◀蜜袋鼯

澳大利亚丛林中的蜜袋鼯在身体两侧、前后肢之间形成皮肤质的毛皮翼（FLAP），当它从一高处跃起时，即伸展开四肢，这种翼使其能够慢慢降落，逐渐地向下扑去。但这种降落滑翔不能称为飞翔。飞狐猴（鼯猴）、袋貂、飞鼠均能利用小型的翼滑翔。

有用的感觉

敏锐的听觉

各种各样的蝙蝠主要通过听觉、嗅觉和视觉定位食物，各个部位（眼睛、耳朵和鼻子）的大小反映了它们的重要性，蝙蝠利用非常敏锐的听觉和回声定位能力觅食，例如图中这只长耳蝙蝠就有很大的耳朵。

嗅觉

新热带果蝠用其敏锐的嗅觉和视觉发现它们喜欢吃的水果和花蜜。长矛形的鼻翼能够使传向耳朵的声音偏转方向。这个物种也有一个皮瓣，称为耳屏，在张开的耳郭的前面，也认为它能够使听觉更加敏锐。

大眼睛

“瞎如蝙蝠”这个词并不准确，所有的蝙蝠都有眼睛，并且某些蝙蝠视力很好。巨蝠（或飞狐）也以水果和花蜜为食，这种夜间活动的物种具有大大的眼睛，可以凭借微弱的光线寻觅食物，图中所示就是这种巨蝠，它的嗅觉也不错。

翅膀不用的时候折叠在两侧
毛皮可以保温

蝙蝠的栖息场所▲

蝙蝠的白天时光都在它的栖息场所（如岩洞、顶楼和树洞）中休息。在寒冷的冬季，蝙蝠为了节省能量，在栖息场所中冬眠，用它们带爪的前足抓住栖木，折叠其翅膀，倒挂着。非常适宜的栖息场所可能容纳成千上万的蝙蝠紧紧地挤靠在一起，夜晚来临时，它们外出觅食，空中布满飞翔的翅膀。

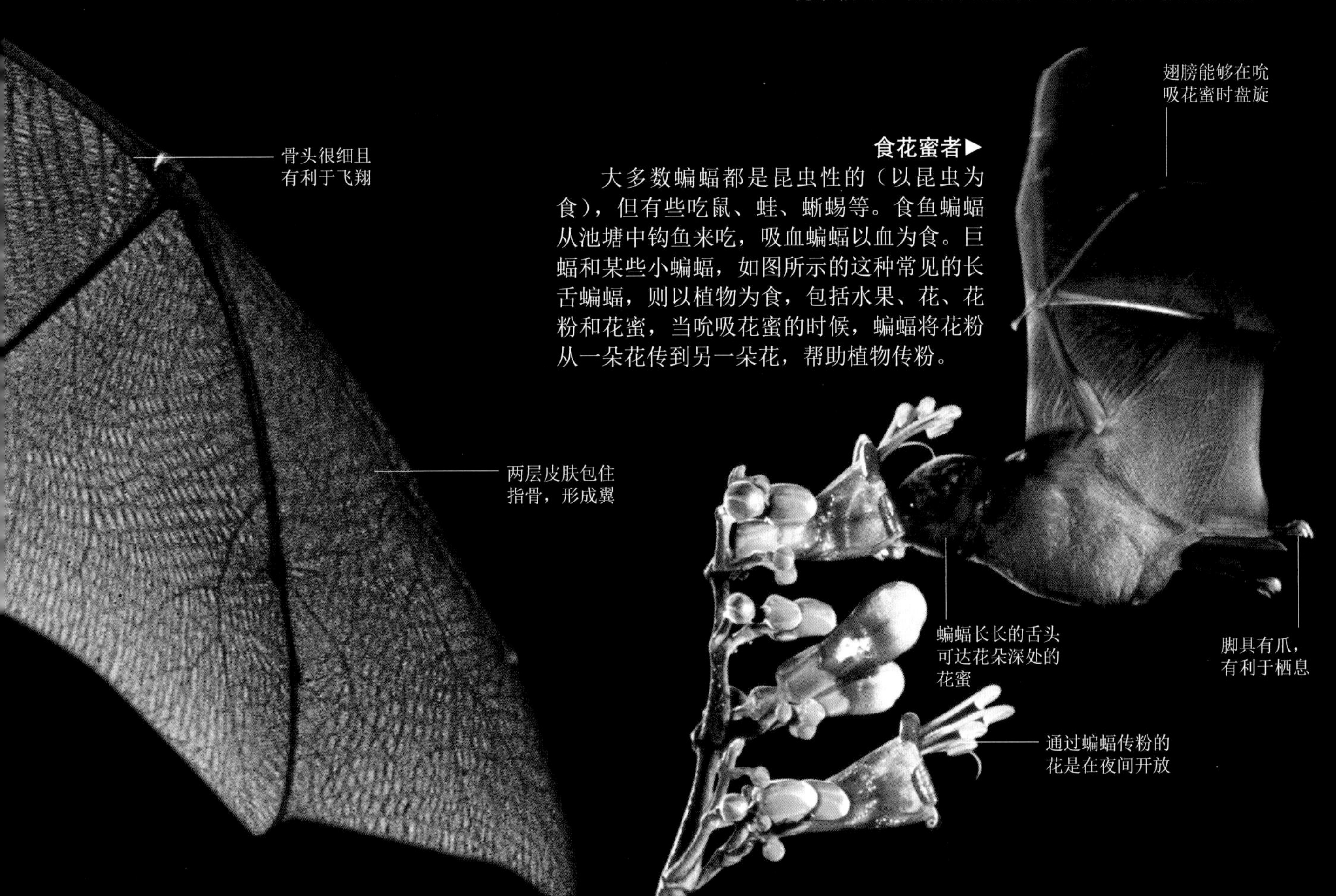

骨头很细且有利于飞翔
两层皮肤包住指骨，形成翼
翅膀能够在吮吸花蜜时盘旋
蝙蝠长长的舌头可达花朵深处的花蜜
脚具有爪，有利于栖息
通过蝙蝠传粉的花是在夜间开放

食花蜜者▶

大多数蝙蝠都是昆虫性的（以昆虫为食），但有些吃鼠、蛙、蜥蜴等。食鱼蝙蝠从池塘中钓鱼来吃，吸血蝙蝠以血为食。巨蝠和某些小蝙蝠，如图所示的这种常见的长舌蝙蝠，则以植物为食，包括水果、花、花粉和花蜜，当吮吸花蜜的时候，蝙蝠将花粉从一朵花传到另一朵花，帮助植物传粉。

视觉和听觉

对于所有哺乳动物，敏锐的感官对生存都非常重要。哺乳动物利用其感官追踪猎物和与同伴交流。感官还可以作为预警系统，在危险来临前就感知到，使其有机会逃走，这是非常重要的。哺乳动物有五种主要的感觉：视觉、听觉、嗅觉、味觉和触觉。对于某些种类，嗅觉是最重要的感觉，而对于另外一些，视觉和听觉又成为最重要的。数百年前，哺乳动物进化出特殊的眼睛和耳朵，来适应它们不同的生活方式。

◀全面的视觉

与人类的眼睛不同，兔子的眼睛长在它头的两侧，它们朝向相反的方向，这使兔子活动头部就可看到周围所有地方。兔子经常在空旷的地方吃食，它全方位的视觉有利于在敌人有机会攻击前及早发现。兔子还有极好的听觉，能够在黑夜觅食时保护它们。

广阔的视觉范围并不重叠

视觉重复区域使婴猴具有三维视觉

◀前视的眼睛

和其他哺乳动物一样，这种婴猴长有前视的大眼睛，无论看什么东西，它双眼总是看到相同的场景，但它们是来自两个有少许差别的视觉点，这称为双目视觉，它使婴猴能够看到很远的地方，并且准确判断距离，这个技能对生活在树丛中、靠天黑后捕食昆虫的动物非常重要。人类也具有双目视觉，我们做任何活动尤其是体育运动时会用到。

人眼的内部结构

人眼通过聚集光线工作，角膜的弯曲表面和晶状体聚集光线，在视网膜上产生一个倒立的像，并启动感光器或光敏神经。神经刺激通过视觉神经传递给大脑，在这里图像反转成正像，像大小、距离和颜色等信息被估定。对于其他的哺乳动物，图像质量取决于眼睛的位置、视网膜上感光器的数量以及它们是否能分辨颜色。

视网膜

角膜

从图像中发出的光线进入眼睛

有弹性的晶状体通过改变形状迅速聚焦

◀发光的眼睛

在黑暗中，美洲虎的眼睛能闪烁奇异的黄光，这种光称为点睛（EYESHINE），是由一个称为脉络膜层的发光层产生的，它位于眼睛的后方。脉络膜层能够反射任何通过眼睛的外来光线，使美洲虎在暗光的环境下依然能看清物体。点睛在夜行性肉食动物中是非常常见的，如猫和狐，它通常是黄色，但也有红色或绿色。

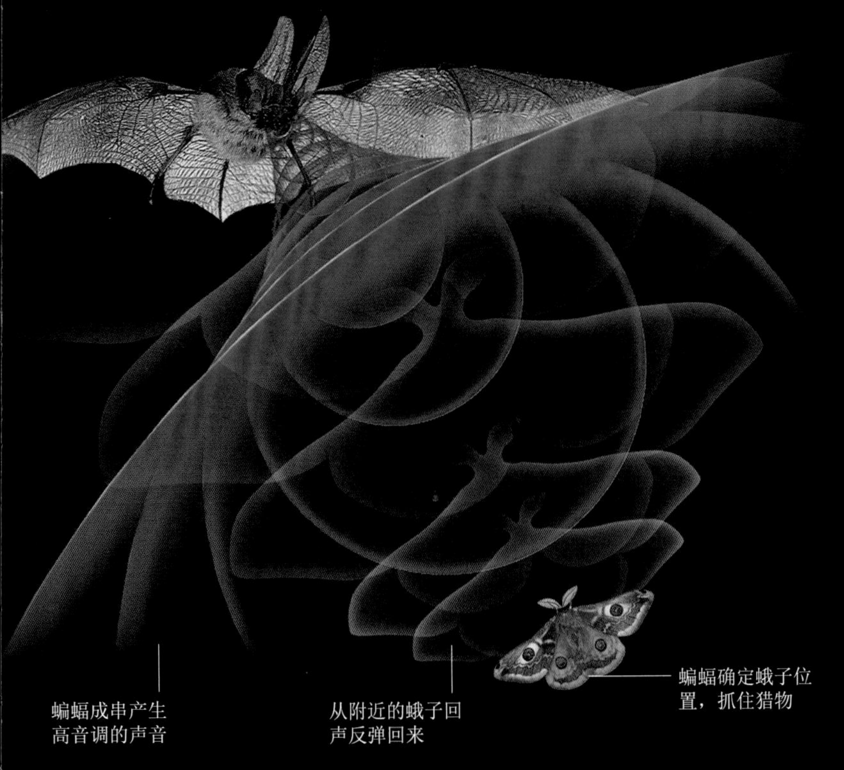
蝙蝠成串产生
高音调的声音
从附近的蛾子回
声反弹回来
蝙蝠确定蛾子位
置，抓住猎物

▲回声定位

食昆虫的蝙蝠能够在完全黑暗的环境中捕食，利用声音精确定位猎物。它们通过产生高音调声音的脉冲，试探周围任何东西，通过聆听回声，蝙蝠能够确定目标，并用爪子抓住它。这种用声音来“看”的方法称为回声定位法。蝙蝠用回声定位法探路，可以进入空旷的建筑物里和很深的洞穴中。它们的回声定位法准确度惊人，但不是完全可靠的，有时候蛾子产生的高音调的声音也能够混杂在蝙蝠的信号中。

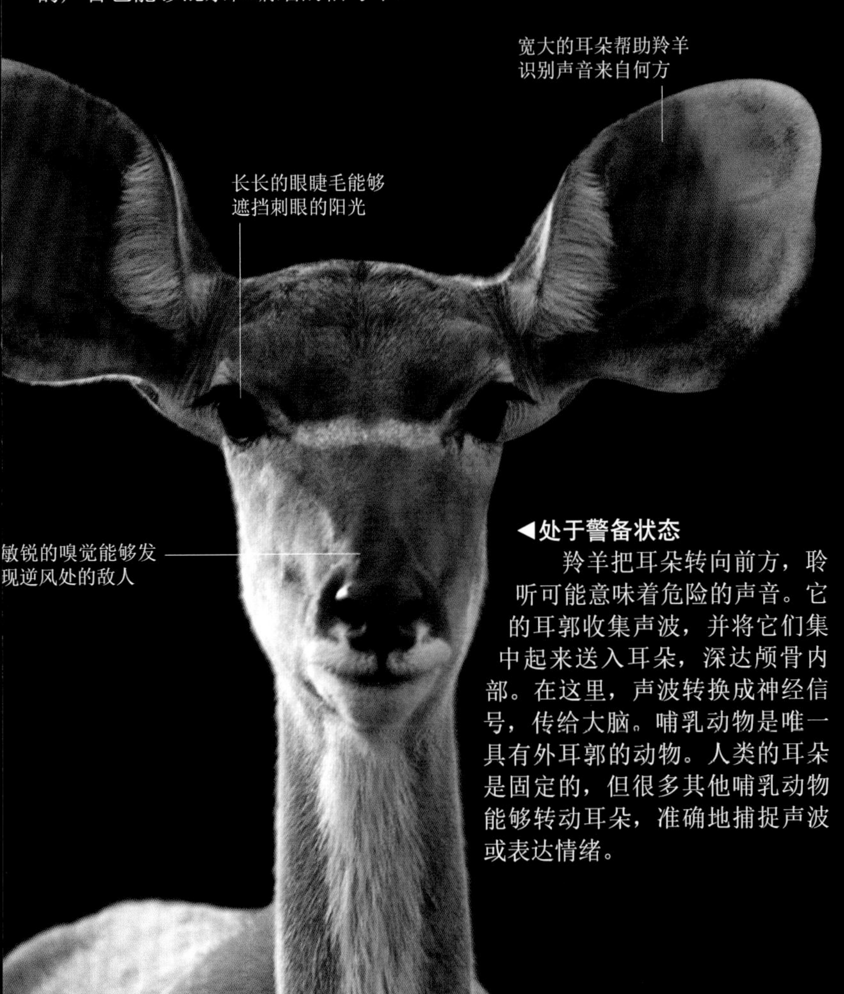
宽大的耳朵帮助羚羊
识别声音来自何方
长长的眼睫毛能够
遮挡刺眼的阳光
敏锐的嗅觉能够发
现逆风处的敌人

◀处于警备状态

羚羊把耳朵转向前方，聆听可能意味着危险的声音。它的耳郭收集声波，并将它们集中起来送入耳朵，深达颅骨内部。在这里，声波转换成神经信号，传给大脑。哺乳动物是唯一具有外耳郭的动物。人类的耳朵是固定的，但很多其他哺乳动物能够转动耳朵，准确地捕捉声波或表达情绪。

听力范围

啮齿动物 1000 ~ 100 000 赫

不同的哺乳动物能够感受不同的声音音调和频率。啮齿动物能够听到声音的音调可高达 100 000 赫，这比我们能够听到的要高出很多，但它们的耳朵并不能捕捉太低的声音，对它们来讲，钢琴大多数按键的声音根本听不到。

海豹 200 ~ 55 000 赫

与啮齿动物不同，海豹的耳朵在水中或空气中都能同等地工作，声音在水中比在空气中传播得远。当海豹们觅食的时候，通过声音保持彼此联系，海豹擅长听高音调的声音。很多物种可能具有回声定位的能力，但目前还没有得到证实。

海豚类 70 ~ 150 000 赫

海豚具有非常好的听力，可以利用回声定位寻找食物。和蝙蝠一样，它们利用非常高音调的声音，得到最清楚的回音。海洋中的海豚具有相当好的视力，但是河豚几乎是个瞎子，只能依靠回声定位在污浊的河水中探路前行。

犬类 40 ~ 46 000 赫

与我们相比，犬类能够听到更高音调的声音，狼通过嚎叫进行交流，这是种非常奇异恐怖的声音，能够有助于在捕猎前聚集成群，并且可以促使它们进入非常激动兴奋的状态，以至于更加敏锐地追捕和杀死猎物。狐狸仅通过声音就可以准确定位它们的啮齿类食物。

人类 20 ~ 20 000 赫

与许多哺乳动物相比，人类的听力范围比较狭窄。我们擅长听较低音调的声音，并不擅长听高音调的声音。和所有哺乳动物一样的是，我们的听力随着生长会发生变化，婴儿期和儿童期具有非常敏锐的听觉，但在生命后期，高音调的声音就更难听到了。

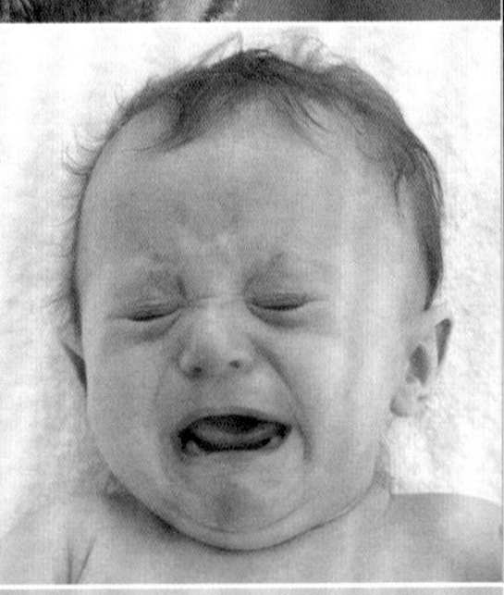

大象 16 ~ 12 000 赫

大象是通过号音相互沟通的，它们也能够发出很低的隆隆声，这些声音特别低，我们听不到，但 4 千米外的其他大象都能听到这些次声。大象听不到很高音调的声音，如鸟鸣声和昆虫的吱吱声。

嗅觉、味觉和触觉

对于人类，嗅觉的能力比视觉和听觉都次要一些，但对于狼和其他肉食动物，嗅觉是最重要的感官，它能够引领一匹狼穿过广阔的雪地找到它的猎物。它也可以作为确认身份的标志和动物觅偶的信号。与嗅觉不同，味觉和触觉的功能非常均等，哺乳动物用味觉确定食物是否食用安全，而用触觉去判断宽度、找到食物以及保持种群中的等级划分。

◀嗅觉如何工作

从狐狸鼻子的外部直达颅骨内腔，这个腔充满了具有薄纸状皱褶的鼻甲骨，其上覆盖着大量带有黏液的细胞。当狐狸呼吸时，空气流经这些皱褶，就变得温暖、湿润和清洁。然后空气流经称为嗅觉受体的神经，在这里探测到空气传播的多种化学成分，受体将这些信号送达到狐狸的大脑，狐狸就是用这些信号识别气味。

追踪▶

对于狼来讲，气味追踪可以提供丰富的信息，它告诉狼猎物去了哪里、行走速度有多快以及多久之前从这里经过。通过嗅一个动物的尿液，它们通常能确定这个动物的性别和身体健康状况。对于狼来说，健康状况不好是很好的信号，因为这意味着它们有更大的机会追赶上它们的猎物。

哺乳动物的鼻子

星状鼻子的鼹鼠

大多数鼹鼠都有尖尖的鼻子，但图中这只北美种却在它的鼻孔周围有一圈肉质的触手，共22只。它以蠕虫和昆虫为食。与其他的鼹鼠相比，它的嗅觉并不发达，但触觉却十分灵敏。

短鼻针鼹

这只卵生哺乳动物也属于针鼹。它有个像铅笔一样的鼻子，以白蚁、蚂蚁和蠕虫为食，主要靠嗅觉寻觅食物。针鼹也是用嗅觉探路和感知危险的。它们的眼睛很小，视力较差。

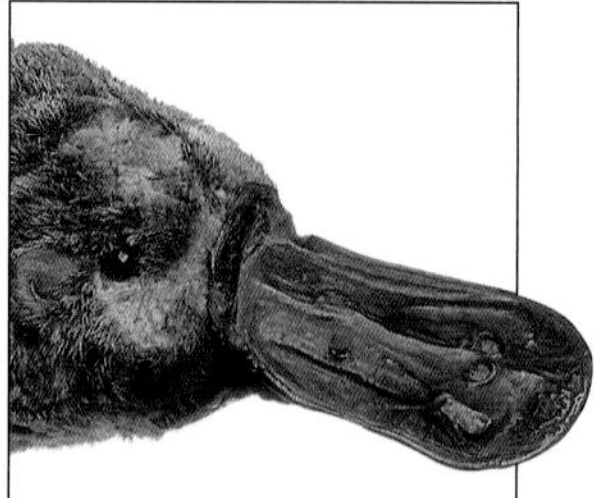

鸭嘴兽

鸭嘴兽的嘴是在泥潭中找食物的极好工具。它具有非常敏锐的触觉，但也可以感知周围活的动物发出的微弱的电场，这种电场感应使鸭嘴兽能够准确定位在池塘和溪流底部隐藏的动物。

舌头和味蕾

人类能够感知几十种不同的味道，但我们只有五种基础味觉：甜味、酸味、咸味、苦味和鲜味，我们在吃东西时，这些味觉通过舌头表面的味蕾感知并将信号传递给大脑。科学家们以前认为，舌头的不同部分专攻不同的味觉，但现在认为，舌头、口腔、喉咙和肺部的味蕾都能感知五种味道。

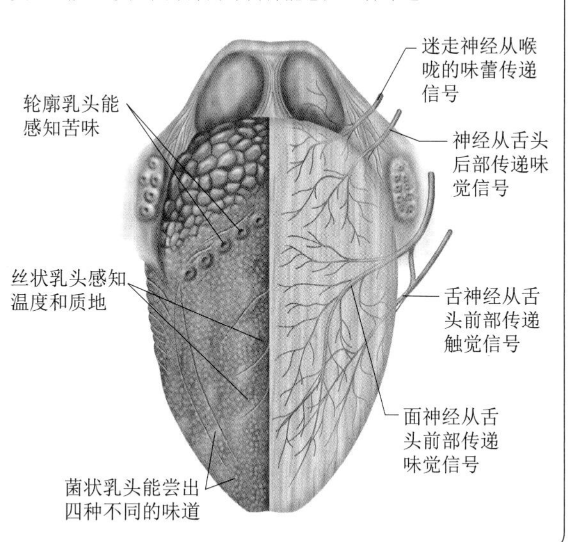

轮廓乳头能感知苦味
迷走神经从喉咙的味蕾传递信号
神经从舌头后部传递味觉信号
丝状乳头感知温度和质地
舌神经从舌头前部传递触觉信号
面神经从舌头前部传递味觉信号
菌状乳头能尝出四种不同的味道

清洁▶

肉食动物，如狮子，猎杀和吞食新鲜生肉，无须咀嚼，大块吞咽。因此，大家认为它们的味觉很差。有蹄动物（食草动物）有时需要长时间咀嚼它们的食物，大家都认为它们的味觉很好。驯养的马有一口可爱的牙齿——它们喜欢胡萝卜和薄荷，但它们在野生环境下就无法用餐了。

长舌用于进餐后清洗口鼻部

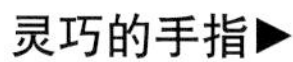

灵巧的手指▶

浣熊觅食时，经常用爪子捡食物，它的爪子和人类的手指一样，包裹着大量压力敏感神经，适合抓握。与嗅觉和味觉不同，触觉关系到哺乳动物的整个身体。某些身体部分，如胡须，具有高度敏感的触觉，有助于哺乳动物在狭窄的空间和天黑后活动。

尾巴用于爬行时保持平衡

长而敏感的胡须

鼻子有敏锐的嗅觉

浣熊的爪子有高度敏锐的触觉

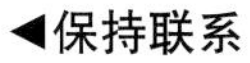

◀保持联系

图中这两头小象正头对头地玩耍消磨时间。当哺乳动物出生后，触觉通常成为它们最重要的感觉，并且在一生中都是非常重要的。小象经常用鼻子触摸彼此，而母亲会用鼻子将它们的孩子引领到种群的安全地带。成年的灵长类经常修饰彼此，这种触摸的形式有助于显示动物在社会群体中的等级关系。

进食

食物可以转化成能量，能够用来维持哺乳动物的身体功能。骆驼能不吃食物而走很多天，因为它可以在驼峰中储存脂肪，但最小的哺乳动物，如鼩鼠，不得不总是在吃东西来维持生存。许多哺乳动物已经成为饮食专家。植食动物吃植物，肉食哺乳动物以其他动物为食。最不挑剔的食者是杂食动物、伺机性动物和食腐动物，它们的食物范围很广，活的或死的都能吃。

以水果为食▶

这是一只日本短尾猿，正在吃某种水果。短尾猿主要以植物为食，它们通过传播种子来帮助繁衍树木，种子在它们的粪便中或是被夹杂在它们的毛皮中。但是，和大多数灵长类一样，它们也尝试其他的食物。所有的短尾猿在树丛间穿梭时吃昆虫和鸟蛋。在东南亚，短尾猿也在海岸活动，抓螃蟹和其他被潮汐搁浅的动物。

◀以叶子为食

考拉是哺乳动物中具有最特殊饮食的动物之一。它吃桉树坚韧的叶子，每天要用力咀嚼大约 500 克。很少再有其他植食者去碰这些叶子，因为桉树叶含有一种具有浓烈气味的油，但考拉的消化系统特别适合分解它们。这种食物含有的蛋白和能量都很低，为了弥补能量摄入不足，考拉行动缓慢并且一生中睡觉时间长达所有时间的 4/5。

长舌和尖吻能够探进花深部

以花蜜为食▶

图中这只小蜜鼠以花朵中的花蜜和花粉为食，花蜜为它提供能量和水分，而花粉为它提供所需要的蛋白。蛋白质对雌性动物非常重要，因为它们需要给下一代喂奶。这种饮食方式仅可能存在于一年四季都有植物开花的地方。小蜜鼠的生活环境中有许多种灌木，每月任何时间都有许多花开放。

▲食物网

哺乳动物通过它们的食物和其他生物之间相互作用。在上图中的例子显示的是北极苔原地区的简单食物链（这里一种动物吃一种植物或另外一种动物），由于动物食物的多样性，食物链连接成了食物网。仅有称为初级生产者的植物能够利用太阳光制造食物。植物被草食动物（初级消费者）吃掉，草食动物转过来又被肉食动物猎杀和消费掉。每种生物机体最终都会死亡，然后被分解者分解。

◀滤食者

驼背鲸张开巨大的嘴巴，吃下了一群鲱鱼。与其他的须鲸一样，这个巨大的哺乳动物从海水中过滤食物，这种用餐方式非常有效，它使一头鲸鱼能够一次性捕捉大量的食物。

▲寄生的哺乳动物

在黑暗的笼罩下，这只吸血蝙蝠已经叮咬进牛的皮肤里，正吮吸着它的血液。对于吸血蝙蝠，血液是非常好的食物，它含有众多营养物质以及充足的水分。吸血蝙蝠属于皮外寄生物，这意味着它们依靠另一种动物生活，通过损害宿主使自己受益。吸血蝙蝠是唯一寄生性哺乳动物。

凿工匠和啮齿动物

啮齿动物占世界所有哺乳动物的 40%。它们广布于南极洲以外的每一个地方，并且适应城市的生活，数目大量增长，被认为是有害物种。小的啮齿类通常繁殖速度很快，并有很大的巢穴，所以它们的数目增长迅速。啮齿动物的门牙不断生长，弥补牙齿因挖凿和啃咬而受到的磨损。家兔和野兔也有门牙，它们不停地生长抵消草地硅土对牙齿的损耗。凿工匠和啮齿动物包括了许多非常出色的植食者和有害物种。

◀**兔类动物**

野兔、家兔和鼠兔组成哺乳动物的一个类群—— 兔类动物。兔类动物与啮齿动物非常相似，但它们的上颚有两对门牙，第二对门牙很小，钉子状，紧挨着较大的那对门牙后面。兔类动物是严格的食草动物，这点与许多啮齿动物不同，它们通常在天黑后空旷的地方饱餐一顿。

大门牙能够咬断树干

▲**砍伐树木**

经过一个小时或更久的艰苦劳动，图中这只河狸已经咬断了这棵树。河狸用树在溪流中修堤坝，建造人工湖，河狸生活在湖中央由树枝和木棍形成的中空的岛屿里，这很像个小木屋。进入小木屋的通道在水下，所以河狸来去都不容易被发现，并且在冬天湖水结冰时，它们也能获取在水中储存的食物。

自身磨尖的牙齿

兔类动物和啮齿类动物用它们的前牙齿或门牙咀嚼。与人类的门牙不同，它们的门牙弯曲且一直生长。门牙的前表面由坚硬的釉质组成，但其纵面是由一层软的称为齿质的材料组成。当它们啃咬时，门牙在一起摩擦，这样可以使其保持锋利。它们的咀嚼牙齿或磨牙位于颚的后方，为它们提供强有力的咬劲。

家兔颅骨
上颚具有两个大门牙和后面的两个小门牙
河狸颅骨
门牙长度可达3厘米以上
在门牙和磨牙之间有大裂缝或牙间隙

消化食物

叶子类食物很难消化，主要原因是它含有一种哺乳动物无法消化的粗糙的物质——纤维素。啮齿动物和兔类动物的盲肠中含有特殊的微生物，当食物进入盲肠后，这种微生物能够分解纤维素，将其转换成动物都能消化的纤维素酶。家兔和野兔经常吃自己的排泄物，通过第二次消化吸收，获得更多能量和营养。

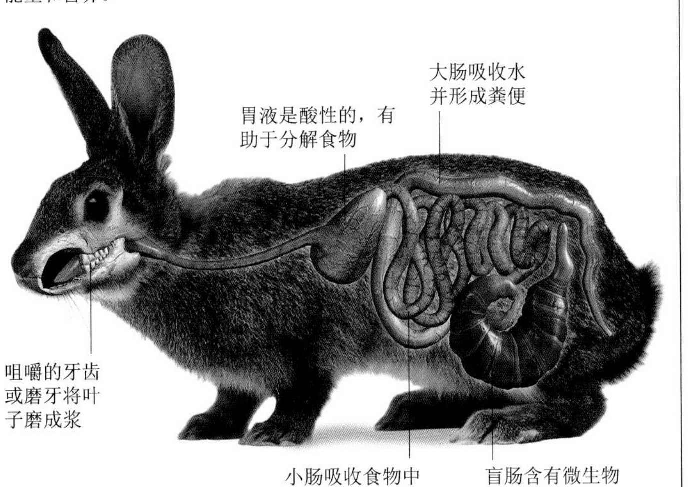
大肠吸收水
并形成粪便
胃液是酸性的，有
助于分解食物
咀嚼的牙齿
或磨牙将叶
子磨成浆
小肠吸收食物中
的一些营养物质
盲肠含有微生物
可以分解纤维素

爪子捡
起谷粒

适应性强的啮齿动物▶

无论在城市还是乡间，家鼠都能够适应和人类一起生活，这使它们成为最广泛分布的啮齿动物之一。老鼠能够在人类身边生活，偷吃粮食，有时传播疾病。它们也非常聪明，能够学会辨别、不吃有毒的食物，这使它们的数量多到很难控制。并不是所有啮齿动物都这么成功，某些物种，如南美洲的灰鼠，已经濒临灭绝，因为人们为了肉和皮毛大量地猎杀它们。

尾巴用于在岩
石地面跳跃时
保持平衡
大眼睛在微弱
的光线下仍能
视物
利齿可以咬破坚
果坚硬的外壳

◀生存的艰苦时光

蒙古沙鼠来自亚洲中部的沙漠地带，那里夏天干旱炎热，冬天寒冷。为了在这种环境中存活，野生的沙鼠生活在洞穴中，通常在地下储存粮食。每只沙鼠家族需要 10 千克以上的种子作为它们几个月的食物。和许多沙漠啮齿动物一样，沙鼠可以从食物中获取水分，所以它们可以在干旱的环境下生活。

灵巧的爪子▶

这只灰色的松鼠正蹲坐着，用前爪握着一个坚果吃。在吃松球果时，松鼠的爪子甚至更加灵敏，它一边用爪子转动球果，一边用牙齿撕掉坚硬的外皮，吃到种子。许多其他啮齿动物也有灵巧的手指，从奔跑、攀爬到刷饰自己的皮毛，所有的事情都可以用爪子完成。挖洞时，它们通常也用牙齿。

运输食物

装载

金仓鼠爪子很小但却是个搬运高手，它有一对弹性的可充填的颊囊，像个储物袋。图中，一只仓鼠发现了一堆坚果，它用牙齿和爪子开始收集食物，然后带回家。

回到洞穴

仓鼠的颊囊可以大至肩膀，因为它具有弹性，可以不断伸展，所以仓鼠可以携带很多坚果前行。尽管它的颊囊已经满了，但它的爪子仍然空闲着，所以它能够和没有食物时一样地活动，仓鼠装载着货物径直返回洞穴中。

卸载

为了卸下食物，仓鼠收紧它的颊囊并用爪子挤压它们。袋子空了之后，它就开始在储存室里安置食物，然后再转身去收集更多食物。搬运更大体积的食物，如根和茎时，仓鼠通常改用门牙。

食草动物和食叶动物

许多哺乳动物是植食性的，但有蹄哺乳动物才是这种生活方式的专家，在大小上，它们的范围从小鼠鹿（比兔子小）至坦克般的白犀牛（重达 3.5 吨以上）。这些食草动物和吃嫩叶的动物，如斑马和羚羊，在草原上形成壮观的种群；牛、绵羊、山羊和猪则属于农田动物。这些动物中的大多数都是奔跑强将，有着长长的腿和坚实的蹄。所有这些动物的牙齿和消化系统都比较特殊，这有利于它们处理食物。

▲食草动物

食草动物如斑马几乎完全以草为食，斑马两颊的牙齿能够不断生长，因为它们吃的老且干的草太过粗糙会磨损它们的牙齿。其他的食草动物如非洲大羚羊就在斑马周围生活，但它主要吃嫩草苗，这样它们就不会跟斑马竞争食物了。

▲食叶动物

食叶动物主要吃灌木和乔木的叶子，它们包括山羊、鹿、某些羚羊和最高的食叶动物——长颈鹿。长颈鹿站着有 5 米高，用能够防刺的唇和长长的舌头够叶子吃。其他的动物够食物的方法都不相同，黑犀牛具有活动的钩状唇，能够采集嫩叶；长颈羚是羚羊的一种，它能只靠后腿站立去够叶子吃。

棕色的外衣在干旱的草原可以提供保护

奔跑着的生命▲

图中的雄高角羚正在驱逐侵入它领地的竞争者，转弯时身体倾斜着。这些优美的羚羊生活在草原和开阔的树林里，它们在一年的不同时间食性在吃草和食叶之间转换。和大多数羚羊一样，高角羚群居生活，有着精细的社会行为。雄性在一年中的大多数时间都可随便混合生活，但在繁殖季节，它们彼此争斗（攻击）。

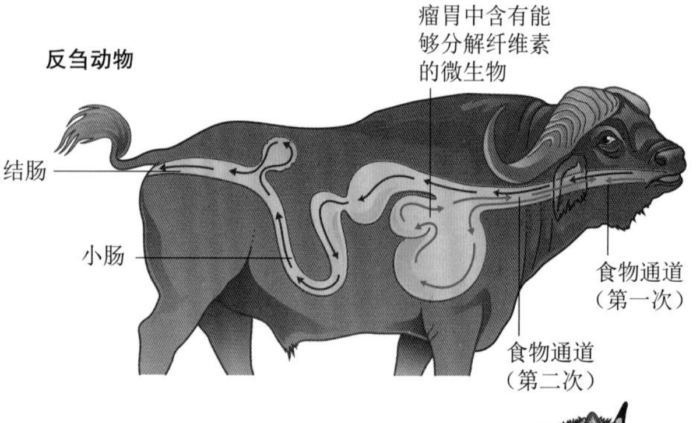

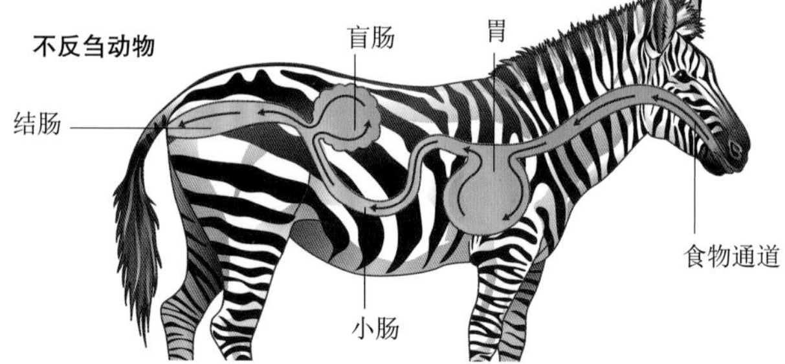

▲消化系统

有蹄类哺乳动物为了分解植物性食物，演化出两种不同的消化系统。反刍动物如野牛和鹿具有四个胃室，最大的一个室称为瘤胃，里面的微生物可以分解草。分解之后，这种动物可以将食物返回，重新咀嚼，然后再通过其他的消化系统。不反刍的动物具有相对简单且效率较低的消化系统，它们的微生物存在于盲肠中。

食物和进食

马的颅骨（不反刍动物）

长颈鹿的颅骨（反刍动物）

门牙，用于切断食物

马和斑马用门牙咬断并收集青草，然后用舌头将食物移至口腔后部，这里的两排有皱褶的磨牙将其磨碎，反刍动物缺少上门牙，用它们的唇和舌头采集食物，然后将它们啃掉或扯断。当咬东西时，它们的下门牙按压上颚处的硬垫，以代替按压其他牙齿，这可以使它们剪断叶子。

只有雄性高
角羚有角
蓬松的毛有助于
保持身体热量
长而细的腿的末
端是窄窄的带趾
的蹄
鹿角从颅骨顶部
的骨质垫上长出
较老的鹿拥有
较大的鹿角

▲驼类家族

小羊驼具有厚重的皮毛，能够生活在夜间极其寒冷的安第斯山脉。它们属于驼类家族成员，驼类家族是有蹄哺乳动物的一个小分支，包括羊驼和骆驼本身。这些动物具有适应恶劣环境的特征，小羊驼生活在海拔 4800 米地区，这里空气稀薄，大多数哺乳动物都无法正常呼吸。骆驼可以生活在白天温度高达 50℃，夜间温度低至 -10℃的地区。

▼鹿角和牛羊角

在繁殖季节的高峰期，成年雄鹿具有引人注目的鹿角，用于向它们的竞争者展示。鹿角是由坚固的骨头组成，每年都会重新生长。在繁殖季节的末期，它们脱落，几乎是同时，一对新的鹿角开始出现。与鹿角不同，牛羊角持续整个生命，它们由骨作为中心核，外面覆盖角蛋白（和形成蹄子和毛相同的坚硬物质）鞘，具有这种角的动物比如牛和羚羊。

奇数和偶数趾

第四脚
趾够不
着地面
三个承重
的脚趾
唯一的脚趾
（第三个）
细长的腿骨
两个趾和
窄窄的蹄

貘前腿　　马前腿　　羚羊的前腿

对于有蹄类动物，速度非常重要。这类动物用蹄子取代爪子，并具有坚硬防震的趾甲，使它们能够在地面上飞奔。

大多数有蹄类动物都具有偶数趾。例如，猪有四趾，而鹿、羚羊、牛有两趾，这些哺乳动物统称为偶蹄动物。称为奇蹄动物的种群数相对较少，它们有奇数个脚趾，如貘、犀牛和马。貘有三个有功能的趾，马仅有一趾。

食虫动物

对于很多哺乳动物，无脊椎动物是非常重要的食物来源。蝙蝠通过飞行捕捉昆虫，而称为食虫动物的哺乳类则在地表或地上捕捉它们。食虫动物包括刺猬、鼩鼠、鼹鼠、沟齿鼠和马岛猬，大多数善于用嗅觉和触觉寻找无脊椎动物。食虫动物通常都很小，最大的食虫哺乳动物是土豚和食蚁兽，它们可跟一个成人重量相当。它们喜欢挑战，每天要吞食数千只蚂蚁或白蚁。

▲夜晚巡逻

图中这只小刺猬正用它敏锐的鼻子追踪一个鼻涕虫。和许多食虫动物一样，刺猬对它的食物从不急躁。它们吃所有小动物，从鼻涕虫、蜗牛到蚯蚓、甲虫，它们还搜寻巢穴，偷吃卵。刺猬用覆盖在头部和背部的尖刺保护自己，遇到威胁时，它们就会将刺竖起，然后卷成一个紧紧的球，将腹部和腿保护起来。

食虫动物的牙齿

食虫动物来自哺乳动物世界的几个不同分支，它们的牙齿和颅骨的形状一部分源自其祖先，一部分依赖饮食习惯。真正的食虫动物如鼩鼠和刺猬，它们的牙齿小且尖锐，它们的猎物几乎和它们一样大，所以需要用牙齿将猎物撕开、切割。大型食虫动物如土豚经常有简单的钉状牙齿或没有牙齿，它们以小的白蚁或蚂蚁为食，通常将其整个吞下。长喙针鼹鼠是单孔目动物，食虫，没有牙齿，但可用嘴后部的硬板将食物磨碎。

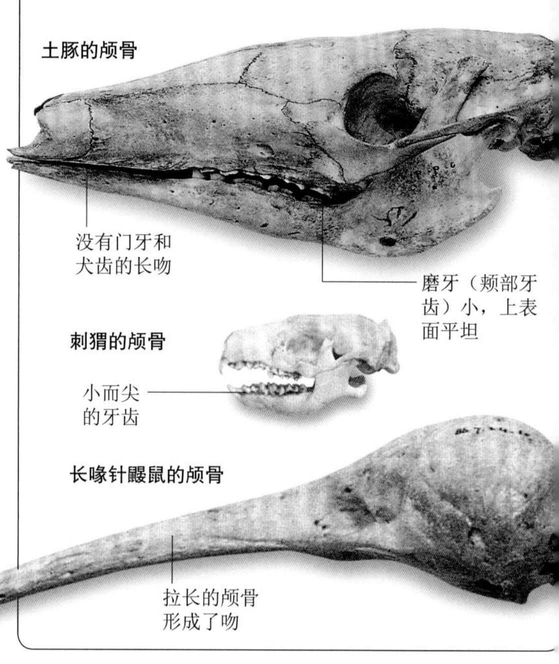

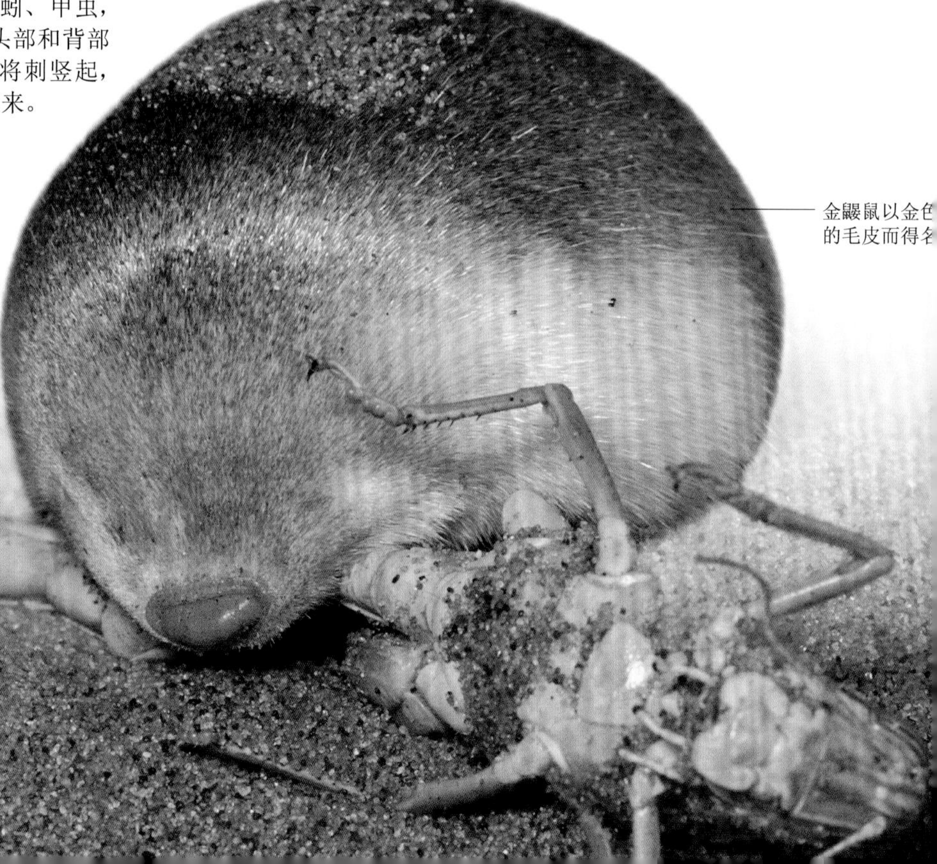

从下面袭击▶

图中这只格兰特氏金鼹鼠已经成功偷袭了一只蝗虫，正开始它的美餐。金鼹鼠生活在沙漠中，可以在沙土间“游动”。它们通常吃白蚁，但如果发现在地面活动的大型昆虫，就会从下面偷袭昆虫。金鼹鼠的眼睛很小，被皮肤覆盖着，其前腿很强壮，具有足状的爪。它们的毛皮有金属光泽，由此得名。

其他食虫动物

沟齿鼠

沟齿鼠是很特殊的食虫动物，仅生活在古巴岛屿和伊斯帕尼奥拉岛。它们和猫大小相当，具有软且有弹性的吻，能够顺利探入缝隙中或在落叶间搜索。沟齿鼠具有很好的攀爬能力，唾液有毒，有助于它们捕杀猎物。

马岛猬

30 种马岛猬都分布在非洲和马达加斯加岛，和沟齿鼠一样，大多数生活在热带森林中，在地面觅食。马岛猬的身体紧凑，吻部较长，毛皮粗糙，有时还有尖刺散布其中。图示是有条纹的马岛猬，具有长达 3 厘米的刺。

土豚

非洲土豚重达 65 千克，是完全依靠昆虫生活的最重的哺乳动物，也是世界最快掘地兽之一，它有大大的耳朵和像猪一样的鼻子，强有力的前爪可破碎蚁丘，长舌每次可卷入数百只昆虫。

食蚁兽听力很好，但视力较差

厚厚的毛皮可保护食蚁兽免受咬刺之伤

长舌能够快速伸缩，频率为每分钟 150 次

前爪尖锐，因为食蚁兽靠指节行走

寻找食物▶

图中一个大食蚁兽用它的吻伸进一个空原木中，来回摇动舌头，舔起它的食物。这个魁梧的南美动物是最大的食虫哺乳动物之一，算上浓密的尾巴有 2 米长，它是白天活动的少数食虫动物之一。大食蚁兽很擅长于自身防御，遇到麻烦时会快速逃走，但如果陷入困境时，可以用后腿猛跳，用前爪抽打。

◀麝香鼠的游泳

大多数食虫动物生活在陆地。图中的俄罗斯麝香鼠是个特例，它们可以潜进池塘和溪流中觅食。俄罗斯麝香鼠是食虫动物，与鼹鼠亲缘关系最近，但它们的脚具有蹼，尾巴扁平，具有舵的作用。大多数物种以水栖昆虫、蠕虫和蜗牛为食，但俄罗斯麝香鼠也吃蛙和鱼，生活在水边洞穴里，在夜间出来觅食。

食肉动物

食肉动物是指吃肉的所有动物，哺乳动物世界里有广泛多样的猎手，如有袋动物、海豹和鲸。但是食肉目这一类群中包括了最有名的大约 250 种猎手，如鼬鼠、猫、狗、狐狸和最大的陆地食肉动物——熊。这些食肉动物捕猎方式各异，某些动物独自打猎，而另一些则群体作战。但所有动物都具有特化的像剪刀一样的颊部牙齿，可以把肉撕裂、把骨头咬断。

▲食肉动物的感觉

狸猫具有敏锐的听觉、敏感的鼻子和大大的眼睛，这些好装备使它在黑暗处仍能够发现小动物。它大多数时间待在树上，在这里猎捕其他哺乳动物或栖息的鸟类。和许多食肉动物一样，狸猫捕猎隐蔽，需要利用敏锐的感觉悄悄靠近猎物。一旦距离恰当，狸猫就能发动突然袭击。

带斑点的皮肤为美洲豹在树间生活提供很好的伪装

◀储存食物

图中的这只美洲豹杀死一只羚羊后，将尸体拖到树上。这是一个精彩的力量技艺，也是一种防止食腐动物偷吃的好方法。许多小型食肉动物如狐狸，一般采取埋藏的方法储存食物。这种储藏食物的行为保证它们在猎物缺乏时仍有东西食用。

海豹尖锐的犬齿可刺伤和抓捕它们的猎物

◀水下杀手

被豹形海豹抓住后，阿德利企鹅很难逃脱。豹形海豹是个可怕的猎手，具有可刺穿猎物的犬齿，并用此抓捕企鹅甚至其他的海豹，然后将它们的肉大块吞下。海豹与陆地食肉动物的亲缘关系很近，尽管它们的外形、生活习性与陆地捕猎的哺乳动物有很大差别，但许多科学家仍将它们归入食肉哺乳动物的范畴。

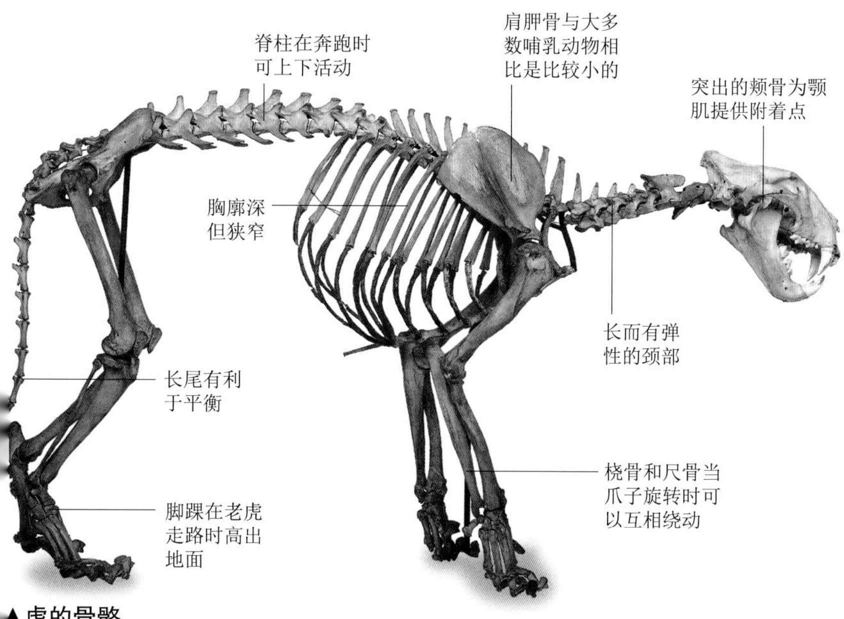

▲虎的骨骼

除了熊之外的大多数食肉动物都具有灵活性和能加速的骨骼。上图中是老虎的骨骼，柔软的脊柱连接起长长的四肢，使其具有超大的步伐。老虎的前肢肘下部能够旋转，这个旋转动作对在奔跑时（例如，当它正在追赶猎物时）改变方向非常重要。熊用脚掌走路，但包括老虎在内的很多食肉动物都用趾尖走路。

爪子和牙齿

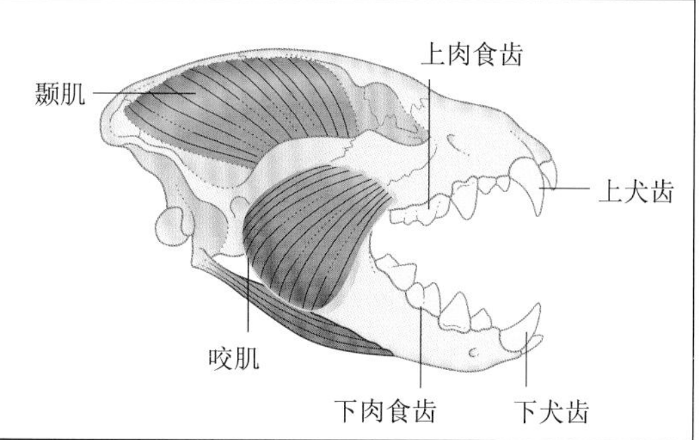

大多数食肉动物都可以张开宽大的嘴巴，给猎物致命的一击。犬齿位于颚前部，可以刺进猎物体内，抓住它或彻底杀死它。猎物死后，肉食齿开始发挥作用，上下肉食齿在颚关闭后彼此滑动，将肉撕成易处理的碎片。食肉动物后咬力来自两对肌肉——颞肌和咬肌，它们都附着在颚部。

捕猎技术

独自狙击者

老虎通常独自狩猎，依靠秘密伪装，趁猎物不注意时抓住它们。尽管老虎身材魁梧（较大的老虎可重达 300 千克），但这些特殊的强大捕食者都是近距离发起攻击的，而不是奔跑追赶它们的猎物。老虎捕杀猎物时能够跳起 10 米，依靠从上而下的冲击力扑撞猎物。

准确的猛扑

这只小狐狸正四脚腾空，扑杀躲在草丛中的啮齿动物。狐狸和生活在开阔环境或雪地里的小型动物习惯采用这种捕猎方法。在发起猛扑之前，猎手通常仔细聆听周围的声音，准确定位猎物的位置。狐狸能够捕杀的猎物多样，如鸟、小型哺乳动物和蠕虫。

水中捕猎

大型猫科动物通常都喜欢生活在水边，经常在水中和湿地觅食，捕抓水豚等啮齿动物、蛇、猴、鹿、鳄和鱼等。美洲虎也吃河里的龟，并用尖尖的犬齿刺破壳，然后用爪子撕开它们。

◀群体捕猎

最后再介绍一个很成功的捕猎方法，图中这些非洲野狗将一只非洲羚羊包围起来，即将把它拽倒。群体狩猎可以捕到比自己身体大许多倍的动物。非洲野狗是不知疲劳的奔跑者，它们追击猎物的速度可达50千米/时，直至感觉疲惫后才会减慢速度。狼也用同样的方法捕猎，但是狮群一般会悄悄靠近猎物，然后再发起猛攻。

这些非洲野狗都有各自不同的目标部位，没有两个是完全一样的

防御

自然世界是一个危险的地方。捕食者遍地都是，可能在任何时间发起攻击。一旦发现危险，很多哺乳动物采取快速逃跑的方式，还有一些停留在那里，靠它们的伪装使其不容易被发现。但是有些哺乳动物的反应很特别，它们既不逃跑也不隐藏，而是靠特殊的防御机制保护自己，如盔甲、刺、臭液。这些防御措施并不总是很有效，因为捕食者也有很好的应对措施，但是这些防御措施依然为哺乳动物提供了一个很好的逃生机会。

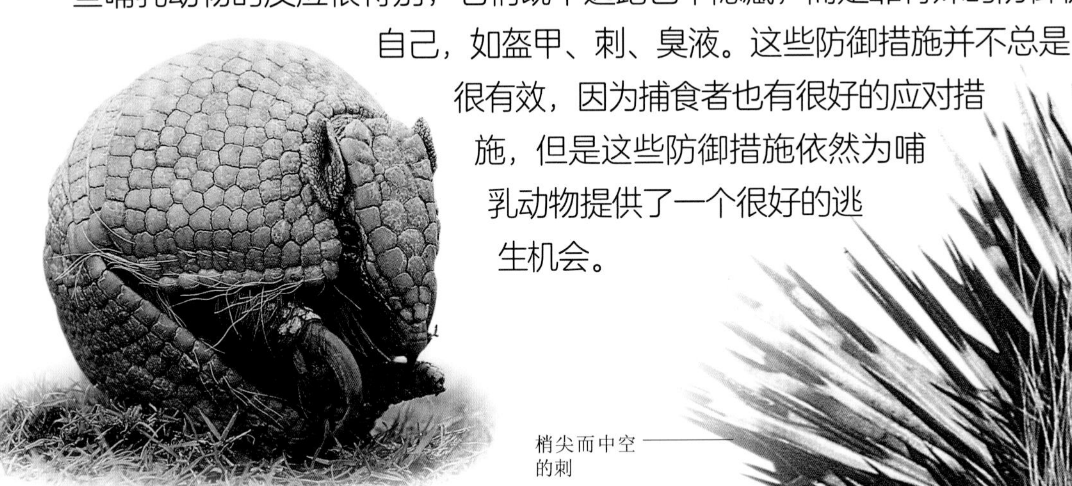

▲盔甲外壳

图中这只三带犰狳有一层坚硬的外壳，它覆盖在背部和头、尾的表层。当遇到危险时，它就卷成一个球，将柔软的腹部隐藏起来，当危险过去之后再恢复。成年犰狳的这种方法运用较好，因为它们的外壳又厚又硬，但是，年幼的犰狳外壳较软，容易遭到攻击。

弓起的背部使猫看起来更大
猫露出牙齿并大声嘶叫

▲凶险的外表

当野猫被捕食者逼入绝境时，它就会使自己看起来尽可能又大又凶险。它朝攻击者站着，露出牙齿，弓起背，只要敌人活动，它就大声地嘶叫。这种做法没有错：如果它受到攻击，就尽可能凶狠地还击。家猫也使用同样的防御机制，这可以阻止狗的跟踪。

梢尖而中空的刺

带刺的外衣▶

豪猪一身尖锐的刺，能够防御大多数坚定的捕食者，如豹和狮子。如果遇到危险，豪猪就竖起刺，然后快速将自己武装起来，警告敌人不要靠近。如果这种方法失败了，豪猪就采取攻击的方式，将它的背转向袭击者，突然反转，将刺扎进敌人皮肤，这种刺是很容易脱落的，这使捕食者遍体是伤。

▲完全伪装

图中这只雌性大旋角羚羊身披条纹棕色外衣，完美地混杂在周围干燥的灌木丛林中。大旋角羚羊属于非洲最大的羚羊，但它们秘密的生活习性和伪装使它们很难被发现。和许多羚羊一样，雌性在浓密的丛林中繁殖后代，幼仔在母亲外出觅食时待在隐蔽处，甚至当捕食者就在附近时，小羚羊蜷起身子，仍然可以隐蔽得很好。

▲自由的跳跃

当遭到狮子追击时，黑斑羚几乎可以腾空跃起，跳跃可达 3 米高，10 米远。这种爆发式的行动经常可以迷惑狮子，使黑斑羚成功逃脱。某些草原羚羊（如瞪羚）在遇到危险时，好像要更加引人注意，因为它们跳入空中时腿仍然保持僵直着，这种行为称为宣告警戒，这是在给它的种群一个警戒的信号，提醒它们逃离危险。

▲化学武器

斑纹臭鼬会给捕食者大量可视的信号，警告其不要攻击。如果仍然受到威胁，这只臭鼬将前腿站立作为最后的警告，如果警告仍然被忽视，臭鼬就会从尾巴下面的腺体中射出一股肮脏难闻的液体，正对敌人面部和眼睛。这种液体可引发皮肤强烈反应，近距离可引起暂时性的眼盲。这种气味可以滞留许多天，而且味道很强，以至于人类可以在顺风处 1 千米外就能闻到。自然界中有十种臭鼬，都具有黑白相间的斑纹，警告其他的动物不要靠近。

◀保持警惕

对于群居动物（如图中的黑尾牛羚）时刻保持警惕非常重要。像其他的食草动物一样，黑尾牛羚并不是看到捕食者就逃跑，而是让这只印度豹在视线范围之内，监视着任何进攻的迹象。印度豹是短距离的赛跑选手，一旦开始奔跑很快就会疲劳。黑尾牛羚很清楚这点，它们始终与印度豹保持安全的距离，给自己留出逃跑的关键几秒钟。因此，印度豹需要依靠突然袭击来抓住那些没有时刻保持警惕的猎物。

迁徙的鲑鱼为熊提供了高蛋白的盛宴

杂食动物和投机取巧者

植食性的猴子可以吃昆虫，肉食性的狼有时也啃植物。但对于杂食动物，吃各种各样的食物是日常生活的一部分。在哺乳动物世界里，杂食动物包括熊、猪、浣熊和狐狸，还有大多数人类。杂食动物随着季节改变它们的食谱，在全年不同时间里，有什么它们就吃什么。伺机性动物饮食也很多样，并且总是在寻找一顿饭。在城市和乡镇，到处可以找到被丢弃的食物残渣，这种生活方式比较适宜。

熊用牙齿撕开浆果

▲捕鱼旅行

图中这只阿拉斯加棕熊正把胸部深深埋在冰水里，抓捕迁移岛上繁殖的鲑鱼。在阿拉斯加，捕捉鲑鱼是熊每年非常重要的一部分工作。在夏初时期，几十只熊聚集在岩石较多地带，抓正跳向上游的鱼。棕熊很强壮，足可以杀死一匹马，尽管它体型庞大，但是肉类占不到它们食物的四分之一。秋季时候，熊能够不停地连续进食，吃进大量的浆果以增加即将冬眠时的体重。

▼寻找垃圾

图中这只红色狐狸正用后腿立起身体，窥视一个垃圾桶。在世界很多地方，如英国，红狐狸很适应城市生活，它们在街上巡逻，从黄昏到黎明，寻找别人丢弃的食物。在北美，浣熊也有相似的生活方式，与红狐狸不同的是，它们具有敏捷的攀爬技巧并且经常用爪子挑拣垃圾。

盖子被狐狸的嘴巴撬开

作为杂食动物的人类

早期人类以打猎和在野外采集野果为生。为此，他们必须不停地迁移，当果实丰收，即将采集时，就要准备搬去新的地方。但是，大约在10 000年前，人们开始驯养动物和种植植物作为食物。这就是农业的开始——一种改变世界面貌的新的生活方式。如今，大约40%的地球表面积用于农业种植，在某些区域，很难发现有空地开辟新农田。图中这些狭窄的梯田位于印尼陡峭的山坡上，用于种植水稻。

陌生的联盟▼

许多哺乳动物，从熊到人类，都喜欢吃蜂蜜。在非洲，蜜獾有追踪食物的非凡技能，它可以跟随一种称为蜂蜜指路者的鸟，这种鸟从树枝间飞过，一直引领到野生蜜蜂的巢穴处。一旦蜜獾来到巢边，它就会用爪子将其打开，美美地喝蜂蜜吃蜂蛹，而这种蜂蜜指路者可以分享到蜂蜡作为奖励。

蜜獾厚厚的毛皮可以防止被蜜蜂叮咬
蜜獾强壮的爪子可以杀死大于它身体几倍的动物

▲疯狂地吃食

老鼠是最厉害的伺机性动物。它们聪明灵活，善于凿挖地洞，破坏建筑物。它们有敏锐的嗅觉，并以此发现食物。图中展示的是一群黑老鼠，这是些能够传播疾病的、声名狼藉的家伙。黑老鼠主要生活在地下，主要以植物性食物为食。棕老鼠个头较大，饮食种类多样。它们都是适应能力很强的动物，能够生活在各种环境中，包括城市。

打扫残羹剩饭▼

图中两只斑点土狼正在分食一只羚羊的残余部分，两只豺正在旁边盯着。土狼既是猎手也是食腐动物，它的爪子非常有力，能够剥开兽皮，敲开骨头。与土狼相比，豺身材较小也更加胆小，它们通常在土狼的猎物前聚集，偷点能弄到的食物。在非洲的乡村地区，土狼和豺经常在夜间踱入村庄，从废弃的垃圾中找寻能吃的东西。

在毛皮上的斑点随着土狼年龄增长而变小
前腿比后腿长

求偶和交配

哺乳动物有着强烈的交配欲望。不同物种运用特殊的叫声、气味和视觉信号吸引伴侣。一些动物用精心设计的求爱仪式征服对方谨慎的本性。繁殖方式是多种多样的。在温度适宜的季节，成年的雌性动物进入繁殖期，称为发情。繁殖期一般在每年的特定时期出现，这保证幼儿在食物充足时出生。而那些条件基本保持恒定的地区，哺乳动物可能在一年的任何时期繁殖。

脸部明亮的颜色表明这个雄性动物很健康并且也更容易吸引伴侣

昂首阔步的步态和侵略性的姿态警告它的雄性竞争对手们离远点

◀吸引伴侣

可视的信号和身体语言是近距离吸引配偶的有效方法。哺乳动物的很多物种，雄性个头更大、更引人注目。雄性狒狒比雌性身体的两倍还要大，脸部和屁股的毛发具有明亮颜色。研究表明，具有最亮颜色毛发的雄性最容易吸引配偶。一只具有统治地位的雄性狒狒能够统领大约有20只狒狒的复杂群体，并且它是群体内所有小狒狒的父亲。

▲战胜竞争者

雄性哺乳动物经常要与另一个竞争雌性配偶。一些物种通过可视信号展示击退对手，但另一些则需要进行实质性战斗，图中这两只雄性长颈鹿正用脖子对抗，来判定谁更加强壮。这两个竞争者并排站着，将它们的头缠压在对方的颈部。

▲持久的结合

图中的小羚羊称为犬羚，这种动物是为数不多的雌雄永久配对的物种。大多数哺乳动物是和伴侣短暂配对后就分开。啮齿动物和许多其他物种都是混杂交配的，它们和许多伴侣交配，完成后独自离去。

鳍状肢用于保持
在水里的位置

▲求爱之歌

声音能够在水下传播很远的距离。海洋哺乳动物，如鲸，能够唱复杂的歌曲，在浩瀚的海洋中寻找配偶。驼背鲸就因为它美妙的歌声而扬名，它能够将许多不同的声音如尖叫声、叹息声和咆哮声汇合在一起。在繁殖季节（一般为冬天），驼背鲸从极地海洋至热带地区迁徙很长的旅程进行繁殖。

交配持续时间

短暂的相遇

哺乳动物受精是发生在雌性体内，在那里雄性精子和雌性卵子融合。然后受精卵发育成小哺乳动物。动物间用于交配的时间各不相同，持续仅仅几秒钟的物种有蹄兔（如图所示）和鲸。

长时间的交配

犀牛通常单独行动。每种动物都有其自己的小领地。雄性犀牛具有很强的领土占有意识，并且会驱赶其他的雄性犀牛。在繁殖季节，雄性犀牛会和进入它领地的雌性犀牛一起生活几周，它们一天交配几次，交配时间需要 30 分钟。

雌性的身体语言
表明它愿意交配

◀某个季节的国王

雌狮群居生活，共同捕猎。这个群体也包括一两只雄狮，它们主要花费大多数时间巡逻和驱赶具有竞争性的雄狮。一个雄狮统治狮群的时间一般很难超过 2 年或 3 年，之后就会被更强壮的竞争者取代。当一个挑战者接管这个群体时，它会杀死所有前任狮王的幼仔，因为这样雌狮就不用再给原来的幼仔喂奶，而再次进入发情期。

雄性鼻子能够嗅
出什么时候雌性
进入发情期

胎盘哺乳动物

哺乳动物根据它产生下一代的方式可以分为三个类群。迄今为止，最大的类群是胎盘哺乳动物（或真兽亚纲动物），这类动物的幼仔可以在母亲的子宫内发育到基本成熟的时期。在子宫内，未出生的个体依靠一个称为胎盘的暂时器官获取养分。母亲为它的胎儿（未出生的幼仔）提供养料和氧气。出生前幼仔发育的时期称为妊娠。不同哺乳动物的妊娠期有很大的差别。

母亲的腹部随着胎儿长大而膨大

小猩猩在发育基本成熟后出生

脐带连接未出生的胎儿和胎盘

胎盘是一个暂时的、血液充足的器官，附着在子宫壁内

◀子宫内的发育

这个模式图展示了一个未出生的大猩猩在母亲子宫内的发育情况。受精之后，受精卵附着于子宫壁中，分裂多次后形成胎儿。胎儿的血液通过脐带传入胎盘组织，在这里和母亲的血液一起流动。营养物质和氧气从母亲传给胎儿，而二氧化碳和废物则沿着相反的途径传出。胎儿约 9 个月后出生。

▲生产

非洲象在哺乳动物中妊娠期最长，长达 22 个月。幼儿完全发育时，妈妈的子宫内强有力的肌肉开始有节律地收缩，将其从出生管中挤压下来。新出生的小幼仔躺在地面上，周围仍然被灰白的胎膜包裹着。

▲温和的轻推

雌性大象（母象）在一个群体的保护下安全地生产了，这个群体由许多雌象和它们的孩子组成。出生后不久，胎盘也从子宫内脱落并排出。其他有经验的雌象聚集过来，擦掉胎儿身上的胎膜（在子宫内用于包裹胎儿身体的保护性薄膜），它们也可能帮助母亲温和地把幼仔推到脚边。

▲发育很好的幼仔

新出生的非洲象重达 120 千克。出生后几分钟，它就能够站立起来，开始吮吸来自母亲前腿间奶头的乳汁。幼仔之后便和母亲待在一起，吮吸乳汁，直至将近两岁大、长出象牙。它将依赖母亲生活大约 10 年的时间。

仔的数量

马（1）

产仔数（一次生产幼仔的数目）在胎盘哺乳动物间有很大的差异。通常情况，身材越大的物种妊娠时间越长，生产幼仔的数量越少。大多数马在妊娠11个半月后生产一个小马驹。

仓鼠（6～8）

小型哺乳动物，如啮齿类动物通常妊娠期较短，产仔数量较大型哺乳动物多。仓鼠是妊娠期最短的哺乳动物之一，只有15～16天。大多数仓鼠产子数在6～8个。

狗（3～8）

狗，如拉布拉多母犬每次交配后63天左右产仔3～10只。家狗由狼进化而来，在相同长度的妊娠期后产仔数量也相似。非洲猎犬具有高达16只的最大产仔量。

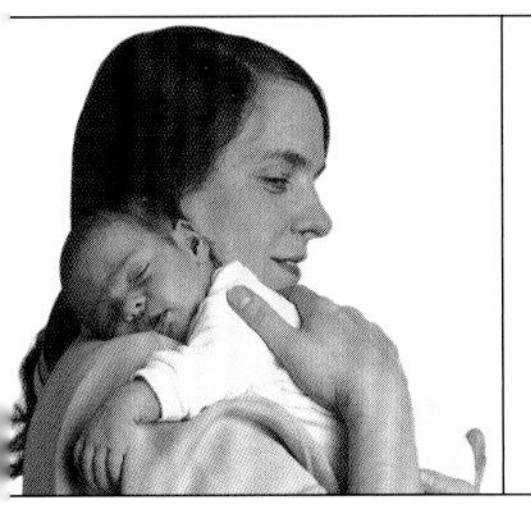

人类（1～4）

人类妊娠平均持续267天，之后母亲通常产出一个孩子，双胞胎、三胞胎甚至四胞胎都很稀少。人类花费比其他任何哺乳动物都多的时间养育下一代，并且人类的孩子长大的时间也是最长的。

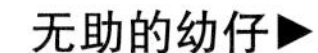

无助的幼仔▶

与有袋哺乳动物和单孔目动物相比，所有胎盘哺乳动物的幼仔都在发育成熟后出生。但是，不同新生儿的成熟程度不同。大鼠、小鼠和这些兔子的新生儿都缺少皮毛，并且相当无助，这些幼仔不能看、不能听或不能站，完全依赖母亲，母亲在它们吃奶时给它们温暖。小兔子长得很快，在3个月大时就可以吃草了。

◀独立的幼仔

大型有蹄类哺乳动物，如这些黑尾牛羚，在相当长的妊娠期（8个半月）后产仔。新生儿已经发育很成熟，眼睛和耳朵都打开了，并有一身保护性的毛发。在开阔的非洲草原，幼仔被捕食的危险很大，但它能够在出生后仅仅3～5分钟内挣扎着站起来。一个半小时后，它就可以跟上种群，安全地前行。

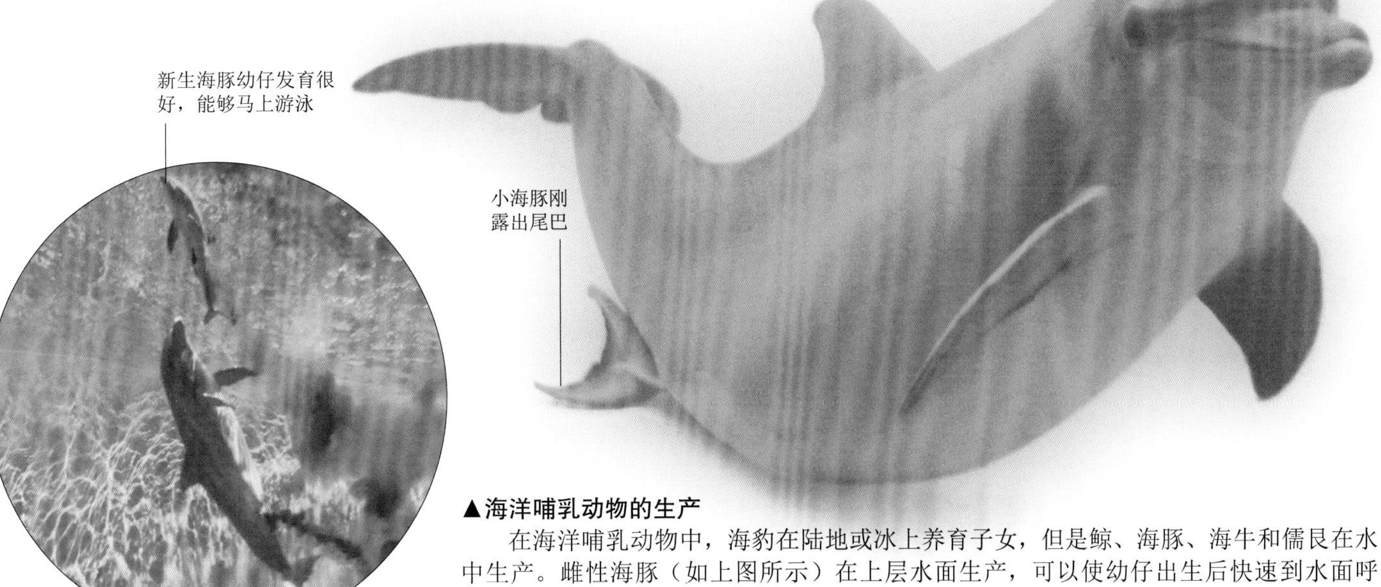
新生海豚幼仔发育很好，能够马上游泳
小海豚刚露出尾巴

▲海洋哺乳动物的生产

在海洋哺乳动物中，海豹在陆地或冰上养育子女，但是鲸、海豚、海牛和儒艮在水中生产。雌性海豚（如上图所示）在上层水面生产，可以使幼仔出生后快速到水面呼吸。和大象一样，母亲在一群雌性海豚间生产，这样提供了一个安全和互助的环境。母亲和其他的雌性海豚在新生儿的身下驱使并引导它游向水面，进行第一次呼吸。

有袋哺乳动物

有袋哺乳动物（称为后兽亚纲或有袋动物）是哺乳动物的第二大类群。在母亲子宫内仅发育几周，小幼仔还未完全成形就出生了。它们必须挂在母亲乳头上获得营养。这些乳头通常位于母亲胃部的育儿袋里，但这也有几种类型，如负鼠就没有真正的育儿袋。大多数有袋类动物生活在澳大利亚，但某些负鼠分布在美国中部和南部，弗吉尼亚负鼠生活在北美。

雌性生殖系统

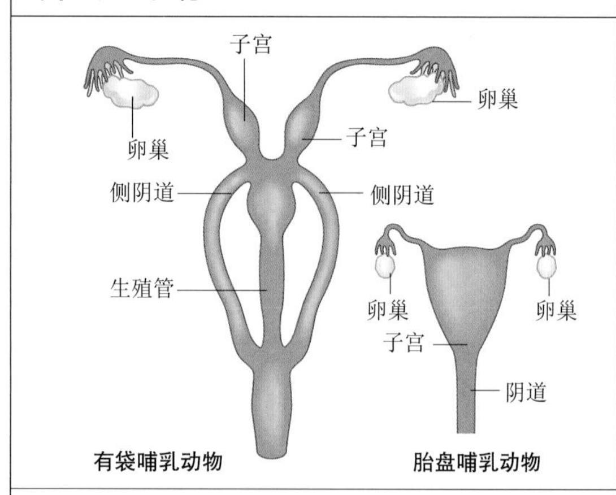

有袋哺乳动物和胎盘哺乳动物的雌性生殖系统有很大的不同。胎盘哺乳动物的胎儿在单个子宫内发育，最终从阴道产出，有袋哺乳动物有两个子宫、两个阴道和单独一个生殖管。一个受精卵仅仅在子宫内发育几周，然后就由生殖管产出，离开母体。某些有袋哺乳动物的生殖管每次生育后就重新发育一次。

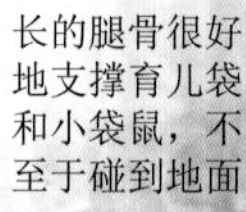

红袋鼠和小幼仔▶

澳大利亚的有袋哺乳动物在大小、形态和习性上差别很大，这个群体中有植食性的，如袋鼠、袋熊和考拉，有肉食性的如袋獾，也有杂食性的。图中的红色袋鼠是世界上最大的有袋哺乳动物，育儿袋中的是小袋鼠，当母亲跳跃觅食或快速奔跑时，它待在袋子中都非常安全。这种行动模式能量利用率很高。

新出生的小袋鼠开始爬向育儿袋的旅程

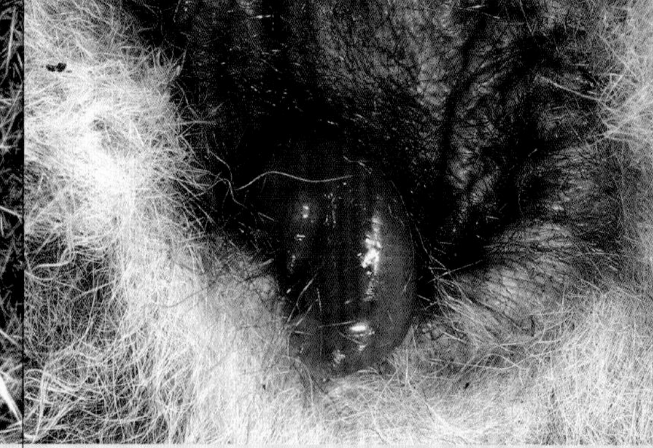

新出生的小袋鼠进入育儿袋中

新生儿通过吃奶逐渐发育成长

▲爬向安全的育儿袋

和所有有袋哺乳动物一样，小袋鼠如图中这只塔马尔沙袋鼠还在胚胎期就出生了，眼睛看不见，全身裸露，这个小家伙看起来完全无助，但是它的前腿发育相对完好，就用这两条腿开始了从出生地到母亲育儿袋漫长的旅程。

▲进入育儿袋

这个小家伙眼睛和耳朵都闭着，通过本能和运用触觉和嗅觉寻找育儿袋这个避难所。母亲仅在自己的皮毛上舔开一条路，帮助小袋鼠沿着此路爬。这个了不起的旅程对于刚出生的小家伙非常劳累，但它仅仅持续了几分钟。一旦爬进育儿袋，这个小袋鼠就抓住母亲的四个乳头中的一个，开始吸奶。

▲贴近育儿袋的乳头

一旦小家伙抓住乳头，乳头就会膨大，以至于小家伙不会把它松掉，直到它完全成形。这也确保了在母亲弹跳时，它不会松开乳头。在母亲充足奶水的喂养下，小家伙快速成长。眼睛和耳朵都逐渐打开，身体开始长毛，长而强壮的后腿开始发育。

▲**快速繁殖的动物**

袋狸是具有长鼻子的有袋哺乳动物，生活在澳大利亚和新几内亚岛。它们大多数都是食虫者。图中这种东袋狸是哺乳动物王国中繁殖最快的动物之一。怀孕 11 天后就生产 4 ～ 5 只小袋狸，然后花费大约 60 天在育儿袋里长大。仅仅 3 个月后，这些小家伙就成年可以繁殖了。

▲**食肉的捕食者**

袋獾体长 80 厘米，是最大的肉食有袋哺乳动物。它捕猎范围很广，从昆虫到负鼠、小袋鼠，甚至是羊仔，也吃腐肉（已经死去的动物）。怀孕 30 ～ 31 天后产仔可达 4 只，幼仔接下来的 15 周待在母亲的育儿袋里，在大约 20 周后开始转向吃坚硬的食物。

幼仔靠发育很好的爪子贴在母亲的皮肤上

◀**没有育儿袋的负鼠**

南美负鼠是一类和老鼠一样大、在树上生活的哺乳动物。它们长而带鳞的尾巴在攀爬时卷住树干。几乎所有的后兽亚纲动物都用育儿袋携带自己的子女，但一些负鼠并没有育儿袋，而另一些则用腹部的两片皮肤携带着它们的孩子。首先，孩子牢牢地粘在母亲腹部的乳头上，但随着它们不断长大，母亲开始用背驮着它们。南美负鼠在怀孕两周半后生产，产仔数目可达 10 只。

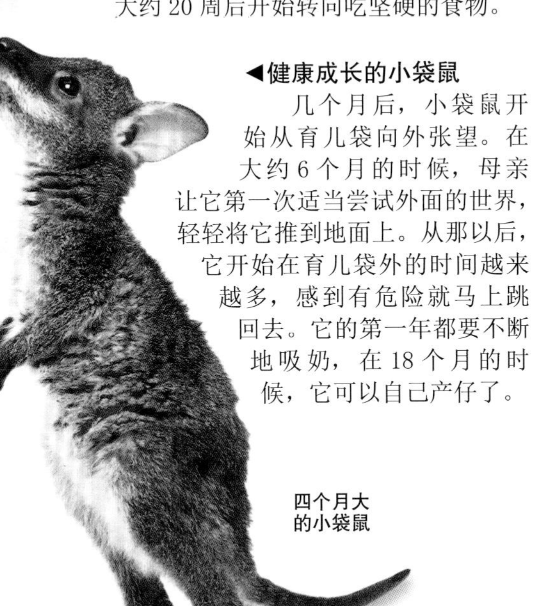

◀**健康成长的小袋鼠**

几个月后，小袋鼠开始从育儿袋向外张望。在大约 6 个月的时候，母亲让它第一次适当尝试外面的世界，轻轻将它推到地面上。从那以后，它开始在育儿袋外的时间越来越多，感到有危险就马上跳回去。它的第一年都要不断地吸奶，在 18 个月的时候，它可以自己产仔了。

四个月大的小袋鼠

▼**有袋鼹鼠**

有袋鼹鼠生活在澳大利亚多沙的沙漠和灌木丛林中。它们可以在疏松的沙子中游走，用它们强有力的前爪将沙粒铲到旁边。穴居型生活方式使这个物种进化成和其他鼹鼠体型相似，但鼹鼠是胎盘哺乳动物，与其亲缘关系较远。雌性有袋鼹鼠生育 1 ～ 2 个幼仔，装在育儿袋中携带，育儿袋面向后方，这样不会被沙子填满。

小眼睛藏在柔软、奶油色的毛皮中

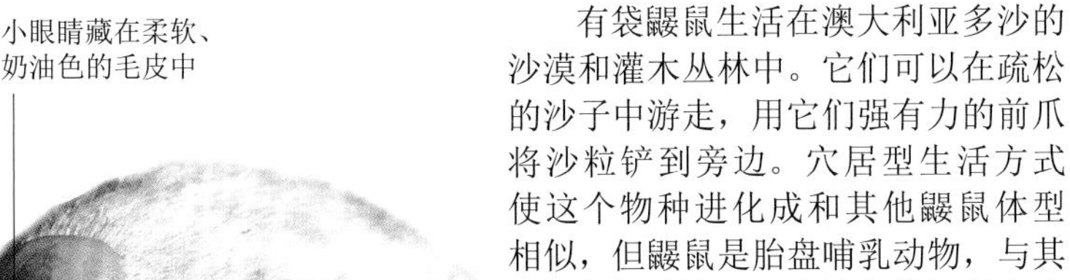

单孔类动物

单孔类动物是一类很小的群体，仅仅包括 5 种动物，4 种针鼹鼠和鸭嘴兽，它们都分布在澳大利亚。因为单孔目动物能够产卵，这点很像爬行动物，也使它们成为哺乳动物的特殊群体。必要的身体系统也与爬行动物相似，它们的消化系统、生殖系统以及泌尿系统都有一个共同的排出口，单孔目动物（意味着只有一个孔）以此得名。但是，单孔目动物是哺乳动物，并能产奶喂养后代。

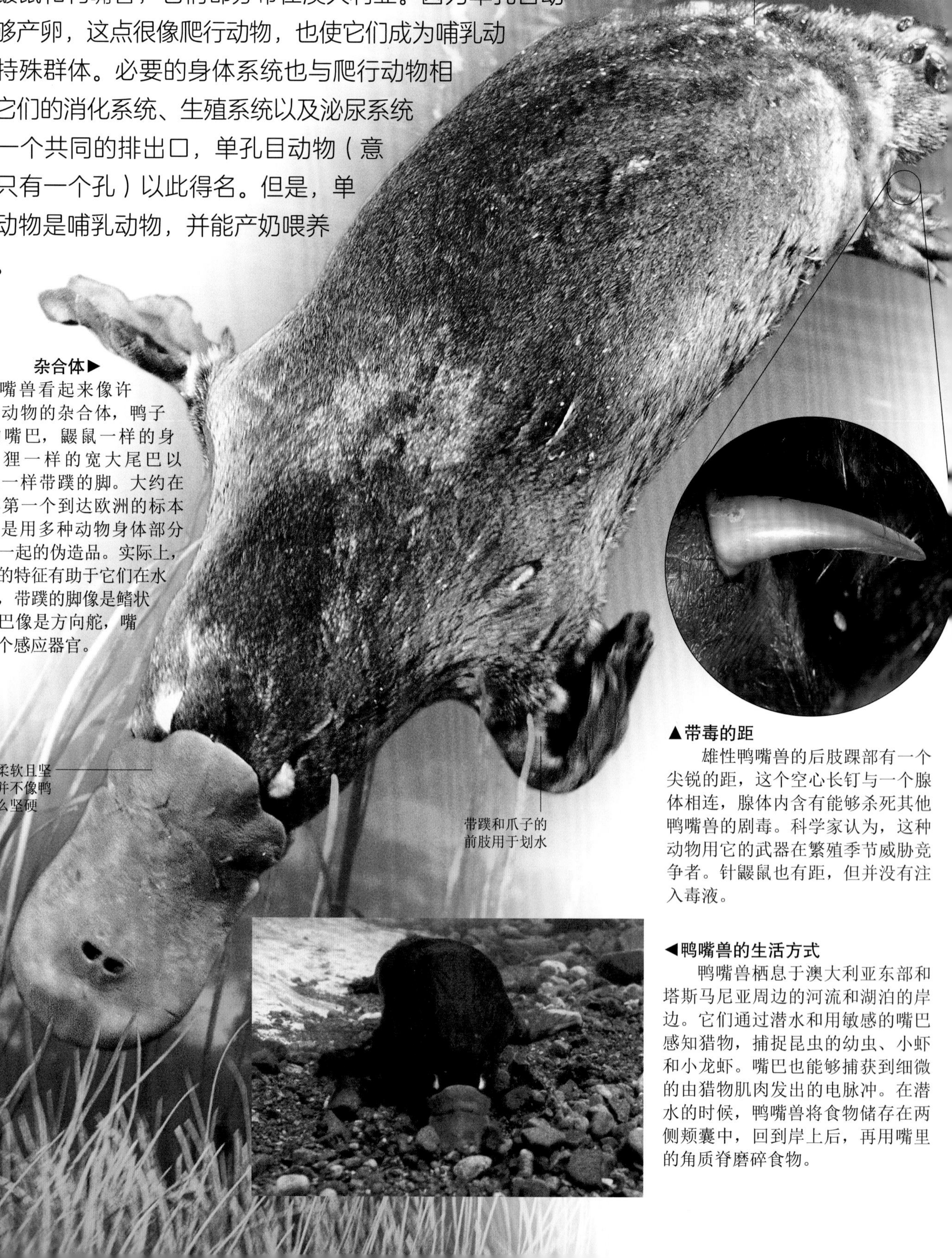

后肢部分具蹼，有助于在水中航行

杂合体▶

鸭嘴兽看起来像许多不同动物的杂合体，鸭子一样的嘴巴，鼹鼠一样的身体，海狸一样的宽大尾巴以及水獭一样带蹼的脚。大约在 1800 年第一个到达欧洲的标本被认为是用多种动物身体部分联合在一起的伪造品。实际上，鸭嘴兽的特征有助于它们在水中觅食，带蹼的脚像是鳍状肢，尾巴像是方向舵，嘴巴则是个感应器官。

嘴巴柔软且坚韧，并不像鸭子那么坚硬

带蹼和爪子的前肢用于划水

▲带毒的距

雄性鸭嘴兽的后肢踝部有一个尖锐的距，这个空心长钉与一个腺体相连，腺体内含有能够杀死其他鸭嘴兽的剧毒。科学家认为，这种动物用它的武器在繁殖季节威胁竞争者。针鼹鼠也有距，但并没有注入毒液。

◀鸭嘴兽的生活方式

鸭嘴兽栖息于澳大利亚东部和塔斯马尼亚周边的河流和湖泊的岸边。它们通过潜水和用敏感的嘴巴感知猎物，捕捉昆虫的幼虫、小虾和小龙虾。嘴巴也能够捕获到细微的由猎物肌肉发出的电脉冲。在潜水的时候，鸭嘴兽将食物储存在两侧颊囊中，回到岸上后，再用嘴里的角质脊磨碎食物。

在育儿袋中的针鼹鼠卵

从育儿袋内的奶袋中吮吸乳汁

舒适的巢

▲带坚韧壳的卵

雌性针鼹鼠和鸭嘴兽都产卵，但它们有不同的饲养方式。在繁殖季节，短鼻针鼹鼠腹部长出一个育儿袋。交配三周后，它产下一卵，并将其移至它的育儿袋中，用身体的热量孵化它。鸭嘴兽通常是产1～3个卵于洞穴中，通过把它们包卷起来取暖进行孵化。

▲充足的奶水

孵化十天之后，小针鼹鼠从它坚韧的卵中孵化出来。母亲的奶水并不像其他哺乳动物一样从乳头中供应，而是未发育完全的小幼仔从母亲的育儿袋内的特殊奶袋中舔食乳汁。鸭嘴兽的卵也要孵化10天。这些小家伙舔食营养丰富的乳汁，这些乳汁是从母亲腹部乳头状的小袋中分泌出来的。

▲成长

小针鼹鼠生命开始的55天生活在母亲的育儿袋中，之后母亲在外出觅食的时候就将它留在洞中，这样会持续7个月。小鸭嘴兽在洞中待3～4个月。母亲在外出时将洞口封闭好。过了这些日子，小家伙就必须自己保护自己了。

觅食▶

不同种针鼹鼠有不同的食性，短鼻针鼹鼠主要以蚂蚁和白蚁为食，因此它们通常的名字叫“带刺的食蚁兽”。它们用强壮的前爪撕扯开昆虫的巢，用它们黏性的舌头吞下食物。图中所示的长鼻针鼹鼠主要吃蚯蚓。针鼹鼠没有牙齿，靠嘴里的尖刺捣碎食物。针鼹鼠在白天和晚上都能出来觅食。

▲不寻常的针鼹鼠

针鼹鼠和鸭嘴兽一样，外表奇特，长长的喙状吻、带刺的身体和大大的带爪前脚。图中这只短鼻针鼹鼠要比它的长鼻亲戚更加常见，它们分布在澳大利亚和新几内亚岛。长鼻针鼹鼠仅在新几内亚的高原地区分布，它们个头较大，刺较少。近年来，发现了两种长鼻针鼹鼠的新种。

大的具爪的脚有助于挖洞

形成多刺的球体能够吓退大多数捕食者

多刺针鼹鼠的防御措施▲

针鼹鼠有几种防御措施抵挡狐狸和澳洲野犬等捕食者的进攻。当遇到危险时，它们可以卷成一个紧紧的球，敌人很难下手，或者它们可以快速钻入地下的洞穴中，仅留下它们的刺尖在上面。刺覆盖于它们的整个身体，包括尾巴和耳郭。针鼹鼠也可以在地下洞穴里躲避夏天的酷热和冬天高原地区的寒冷。这一段时间，它们的体温会下降，以此节省能量消耗。

幼年生活

哺乳动物与其他动物相比耗费更多的精力养育它们的后代。哺乳动物的第一样食物就是母亲的乳汁，乳汁中包含了幼儿时期需要的所有营养物质和抵御各种疾病的抗体。有些哺乳动物如野兔和老鼠，它们的抚育时期（幼仔吃奶期）仅为一周或两天。大象、犀牛和其他哺乳动物，雌性独自抚养后代，但有少数几种动物，如狨猴，雄性也帮助抚养后代。

◀长颈鹿的抚育时期

所有的胎盘哺乳动物和有袋哺乳动物，奶水都来自母亲的乳头。有蹄类哺乳动物如长颈鹿，乳头贴近后肢。所有哺乳动物都有与生俱来的吮吸能力。图中这只长颈鹿母亲将它的孩子轻轻推向乳头处，孩子的按压刺激它乳汁的分泌，小长颈鹿在几个月后开始吃固体食物，但直至1岁仍然吃奶。

小长颈鹿必须弯下去从母亲的乳头处吸奶

宽吻海豚怀孕12个月后生产

海豚妈妈和它的孩子▲

新出生的海豚在出生几分钟后就可以吃母亲的奶了。它沿着母亲的下身寻找乳头，乳头会喷出奶水进入小家伙的嘴里。小海豚持续吃奶至1岁大，逐渐开始成年的饮食，如鱼和贝类，这个时期称为断奶期。大多数哺乳动物的断奶期都是渐进的，幼仔同时吃奶和固体食物。

▲充足的奶水

图中这只小海狮正从母亲前鳍状肢附近的乳头处吸奶。海豹的乳汁中的脂肪含量是所有哺乳动物中最高的，这有利于小海豹快速成长。不同种海豹的抚育期存在差异：冠海豹抚养小海豹仅4天，而小海狮可以吃奶长达8个月。母亲仅在岸上和孩子生活8天后就返回海中几天，然后再定期回来抚养幼仔。

快速成长者

出生当天

有些哺乳动物需要许多年生长，但小家鼠成熟速度惊人。雌性在交配20天后就可以生产多达19只的小幼仔。无助的小家伙出生在麦秆、稻草和苔藓的巢穴中，这样的巢有助于保温。

2天大

新出生的小鼠看不见、无毛并且很难辨认出是啮齿动物。它们完全依赖母亲，母亲为它们哺乳，在它们身体周围蜷缩着，为其取暖。在出生后仅2天，它们的眼睛、四肢和尾巴都开始发育了。

4天大

4天后，小幼仔看起来有点像成年的老鼠了，耳朵、四肢和其他特征逐渐发育。当它们感到寒冷或饥饿时，就会发出尖叫声吸引母亲的注意，并且开始在巢里不安地蠕动。

6天大

6天后，幼仔的毛皮开始生长。它们仍然花费大多数时间在睡觉和吃奶，但已开始增加活动。这个时候，它们较大声音的尖叫也引来捕食者，如果失去了这一窝小老鼠，母亲将再次繁殖，快速产出下一窝。

14天大

两周后，小老鼠开始花时间出巢活动，探索它们的周边环境，它们现在开始吃种子和谷物，并将很快断奶。接下来的几天，它们将离开巢穴，开始独自生活。

精细的照料▶

大多数灵长类的母亲在树间觅食的时候都携带着它们的幼仔。幼仔可能趴在母亲背上或吊在它的腹部，像图中所示的加纳长尾猴。猿和猴每胎出生幼仔数量远远少于啮齿类动物，但它们花费相当长的时间照料下一代。这只小加纳长尾猴将和母亲生活1年，然后再自己谋生。

手具有能够反转的拇指，可以牢牢地握住树干

小猴在母亲停下来时吸奶

尾巴帮助保持小猴额外重量的平衡

◀抚养后代的父亲们

大多数哺乳动物照看幼仔都完全留给雌性。但每胎产4～7只的狼通常父母双方共同照看后代。狼群居生活，甚至其他的成年狼也会帮助照看小狼。每群狼都有严格的等级划分，只有年长的雄性和雌性狼（称为社群首领）有权利喂养和生产后代。通过帮助年长者，年少的动物可以学习生育后代的经验，这对它们以后自己组群生活非常有用。

成长和学习

许多哺乳动物在幼仔断奶后仍然继续照顾它们很久。而小型动物如啮齿类能够快速成长为具有自理能力的个体。小型灵长类、鲸类和雌象保持类似的群体生活。通过模仿父母或其他成年动物的行为，未成年的哺乳动物学习生存技巧，例如：觅食和避险。幼仔生长在哺乳动物群体中，还学会如何与其他成员相处。哺乳动物在玩耍中也能够学到知识。

猩猩的脚和手具有很好的抓握能力和灵活性

◀学习之地

小灵长类比其他哺乳动物花费更长的时间成长。雌性可能在具有繁殖能力的成年期仅生育3个或4个后代。图中这只小猩猩将会和它母亲生活大约8个年头，小家伙既要学习生存技能和协调能力，又要通过试验和犯错误了解周边的世界。小灵长类天生好奇，会捡起并研究它们发现的一切不熟悉的东西。

◀群体喂养

群体合作在犬科动物（犬家族成员）间异常强大。非洲猎狗群居生活，所有成年猎狗帮助喂养小猎狗。小猎狗吃母乳3个月后，开始吃其他猎狗带回来的固体食物。当小狗仔呜呜地叫或舔成年猎狗的脸部表明它们很饿的时候，猎狗就会反刍出一块半嚼烂的肉给它吃。

◀捕猎技巧

欧洲水獭在水坝洞穴中产下3只小幼仔，它们刚出生时眼睛看不见，非常无助，两个月后开始学习游泳。3个月时转吃固体食物，1岁前一直跟母亲生活。母亲向它的孩子们示范如何捉鱼，释放半死的猎物，以使它的孩子们能够练习这些捕猎技巧。小水獭很贪玩，喜欢彼此追逐，滑下泥泞的堤坝。

玩耍中的捏掐
有助于小狐狸
学习如何使用
它们的牙齿

▲娱乐时间

小哺乳动物如图中这些小狐狸，它们通常花费很多时间与兄弟姐妹们玩耍。对于所有哺乳动物，模拟打斗都有助于增强四肢的生长，幼小的猎手还要学习围攻和突袭的技巧。打斗娱乐有助于小狐狸了解自己在家族中的位置。小家伙也要花费很长时间探险，这使它们更了解自己生活的环境。

幼年的独立生活▶

许多小型哺乳动物如啮齿类，幼仔在断奶不久后就开始独立生活。这只年幼的灰松鼠刚刚几个月大就离开了窝巢，自己生活。它们没有很多机会从母亲那里学习技能，生存技巧如秋天储存坚果、爬到树上躲避危险等很大一部分都是与生俱来的。这些幼小的动物将很快成年，开始自己繁殖后代。

▲离开家园

在非洲草原，印度豹每窝生产 2 ～ 4 只小幼子。和其他肉食动物幼仔一样，这些小幼豹大多数时间都在彼此争斗，以此来学习使用锋利的牙齿和爪子。成年豹奔跑的技能是在小幼豹时彼此追逐的过程中锻炼出来的，它们甚至将父母作为训练目标。13 ～ 20 个月大后，它们就会离开母亲，但是同胞间，尤其是兄弟之间，可能会再共同生活几年。

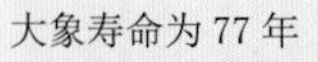

大象寿命为 77 年

海豚寿命为 65 年

河马寿命为 54 年

黑猩猩寿命为 53 年

犀牛寿命为 50 年

野牛寿命为 40 年

北极熊寿命为 38 年

老虎寿命为 26 年

兔子寿命为 10 年

老鼠寿命为 6 年

◀成长的岁月

通常，大型哺乳动物比小型哺乳动物生命周期长，如鲸、象和河马的寿命都很长。在现代医学的帮助下，人类成为生存时间最长的物种。啮齿类这样的小型动物在野外很少有活过一年的，但是笼养之后生存时间会较长。没有天敌的哺乳动物比很容易被捕食的动物可能生活得更长久些。

▼象群

小象在安全的象群中成长很多年，象群由许多雌象和它们的小象组成。小象学习一些身体技能，如通过观察成年大象学习如何使用它们的鼻子以及群体生活是如何进行的。成年的雄象仅在繁殖期才被允许加入这个群体，所以，年幼的雄象在成熟后就要被驱逐出去。雌性将会待在这里继续学习，例如学习帮助其他雌象抚养小象等。

智力

哺乳动物有很大的大脑，并且通常具有智力，但智力是如何定义的呢？许多科学家定义为有学习的能力——利用储存在记忆中的信息作出决定并解决问题。猿类、海豚类和啮齿类动物都能够或多或少地解决一些问题。智力与适应性（为了适应变化的环境而改变行为的能力）有关，使像猴子这样的哺乳动物能够很好地适应新的环境。智力也与交流有关。

◀海獭使用工具

使用工具的能力经常被作为智力的标志。海獭在胸前一块平坦的石头上打碎带有坚硬外壳的蛤和海胆，吃掉壳内柔软的鲜肉。它们已经学会反复潜水寻找合适的石头。鸟类，如画眉，使用石头的方法类似，它们用石头敲击蜗牛，打碎其外壳。海獭还会在夜间睡觉的时候用海草裹在自己身上，防止漂走。

脑

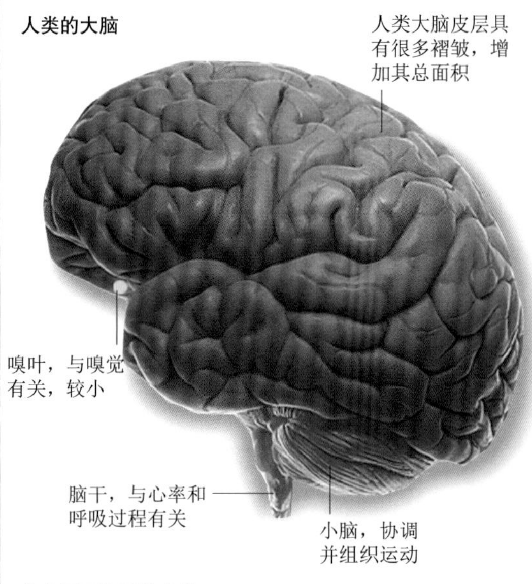

上图粉红色区域的大脑皮层是大脑的思想部分，能够储存并处理信息。与其他物种如弗吉尼亚负鼠比较，哺乳动物，如灵长类，大脑的这个部分较大且发育较好。人类的大脑皮层具有很深的皱褶，这样增加了它的表面积。

负鼠的嗅叶（上图黄颜色部分）与嗅觉有关，嗅叶很发达说明这种动物需要依靠这种感觉。哺乳动物大脑的大小与身体的大小相关，有时也作为智力的测量标准。大象大脑和身体的比例为1∶650，海豚为1∶125，人类为1∶40。从这一点看出，人类比大象和海豚更加聪明。

◀灵长类的智力

在哺乳动物王国中，黑猩猩与我们的亲缘关系最近。它们会使用各种工具，例如将树棍插进白蚁的洞穴中搅乱它们，然后再舀进嘴里。很多鸟类，如加拉帕哥斯雀，也会这样使用树棍，但是黑猩猩可以改进工具，使之更加有效，例如去掉边上的开叉的小枝，使树棍可以伸得更远，这些都显示猿类有使用工具的想象能力。在研究中心，能够训练猩猩使用信号语言，甚至可以用特殊符号标记的计算机键盘跟人类沟通。

▲协作捕食

鲸类是具有智力的动物，几种鲸和海豚会群体捕猎，将鱼群包绕起来，或者将它们驱赶到浅水区，如图中所示。在研究中心，可以训练海豚对人类的各种要求做出反应。测试表明，它们可以通过声音彼此分享学到的信息。但是，我们很难测量鲸类动物的智力，因为它们的生活环境和人类太不相同了。

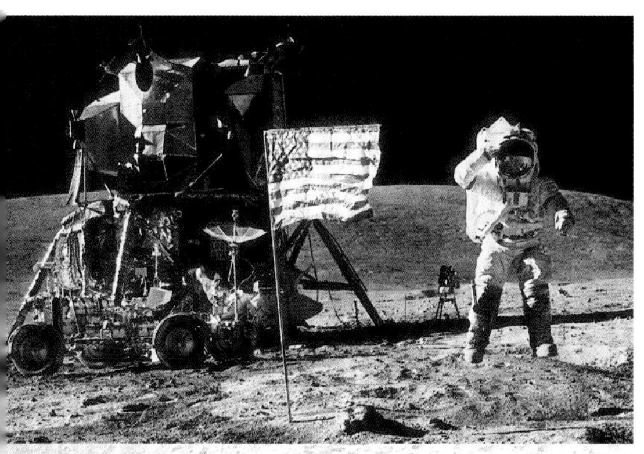

▲人类的智力

人类可以使用工具，如手斧，这能够追溯到340万年前。而且，数千年来，人类还会使用复杂的口语语言和书面交流符号。我们能够建造各种建筑物和发现种植食物的新方法来供给全世界的人。科技使我们能够在月球着陆（如图所示）、探索深海海底甚至通过现代医疗技术延长人类的寿命。

利用犬类动物的智力

狼、狐狸和其他野生犬类动物都很聪明且适应能力强，在条件允许的情况下它们能够开发新的食物资源，例如，它们会突袭鸡舍，偷吃小鸡。家养的狗是从狼进化而来的，在过去的几个世纪里，经过精心繁育产生了各种各样的狗，它们被训练后可以用来帮助人类，例如用于牧羊、为盲人引路、追踪罪犯和在倒塌的建筑物中寻找幸存者（如上图所示）。

解决问题▲

啮齿动物的学习速度在某些方面很快。老鼠能够学习用它们的方法通过迷宫。松鼠可以在具有复杂障碍物的线路中前行，最终找到食物，它们不仅能越过像钢丝之类的障碍物而且能够学习操纵控制杆和旋钮的顺序——这就是记忆。适应性使啮齿类占据了许多新的栖息地，包括乡村和城市。

灵长类动物

灵长目是一类主要在丛林生活的种类繁多的哺乳动物。这一类群包括猿、猴还有人类。灵长类具有可以抓握的脚、多毛的身体和近圆形的脸，眼睛位于脸的正前方，具有很好的视觉。灵长目分为两个类群：原猴类或“原始”灵长类，包括狐猴、懒猴、夜猴和树熊猴；真猴类或高等灵长类，包括猿、猴和眼镜猴（一类小型夜间活动的灵长类）。

手臂比腿长

浓密的毛茸茸的毛皮覆盖全身大多数地方

手臂依靠体重从一棵树摆到另一棵树上，像个钟摆

▲猿类

科学家将猿类分为大型猿类和小型猿类。大型猿类包括大猩猩、红毛猩猩、黑猩猩和人类。小型猿类由长臂猿组成，如图所示的合趾猴。猿类具有肌肉发达的长臂，可以用来在树间摆荡而行。这种运动形式称为臂行。合趾猴是丛林栖息的动物，以小家庭单位生活。

雌性短尾猿为宝宝梳理毛发，清除污垢和寄生虫

◀照料幼仔

大多数灵长类每次仅生育一个幼仔，极少数是双胞胎。母亲（如图中这只短尾猿）花费很多年时间来抚养它们的后代。例如，黑猩猩和大猩猩的幼仔吃母乳的时间长达4年。大多数灵长类群居生活，从小家庭单位到数百只个体的群体，群居规模不同。所有群体都有等级划分，年长的动物统治年幼的动物。

身体平面图

手臂很长，几乎可以够到地面

尾巴与多数猴子相比较短

骨盆

四肢几乎同样长

地面生活的猴子

猿类

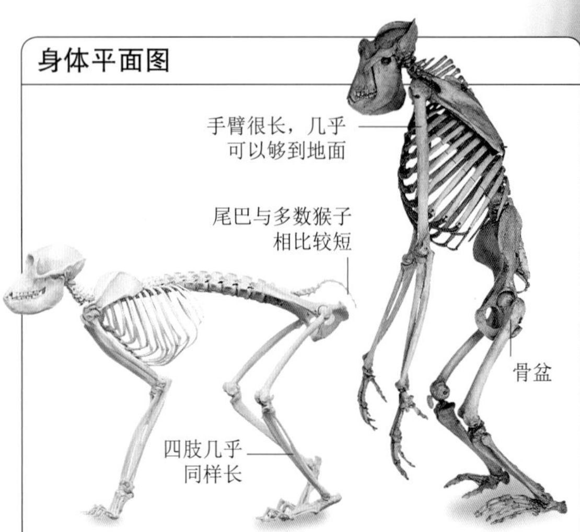

猴子和猿类的骨骼展示了很多明确的差异之处。猴子身体通常适应于四肢一起运动，后肢比前肢稍微长些。生活在树上的猴子尾巴较长，用来保持平衡，有时也用来抓握。但短尾猿的尾巴就较短。猿类，如大猩猩，没有尾巴，面部较平坦，胸部宽大，手臂灵活。骨盆的结构和角度使其更容易保持直立状态。

质地坚韧的手掌可以握牢，不会滑脱
单次摆荡可达3米远

运动

直立行走

大型猿类，如人、黑猩猩和大猩猩都是两足动物，能够直立身体，并用后腿行走。猿类也能够自如地爬行，有些种类夜间在树上筑巢休息。猿类动物，如红毛猩猩可以用它们长长的手臂在树枝间摆荡。大猩猩臂力强大且身体强壮。

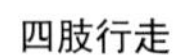

四肢行走

大多数灵长类是四足动物，四肢一起行走。它们的手臂和腿几乎相同长度。图中显示的狒狒生活在开阔的区域，在那里它们大多数时间都生活在地面上，用四肢奔跑或行走。它们也有很好的攀爬能力，当遇到危险时可以快速爬到树上或较高的岩石上。

依附和跳跃

大狐猴是来自马达加斯加的一类丛林生活的灵长类。它们的身体可以保持直立，可利用强壮的四肢在树枝间跳跃或依附其上。许多物种有一条长长的尾巴。在地面上，图中显示的这只产自马达加斯加的大狐猴用有弹性的后肢沿着路边跳跃，手臂用来保持平衡。

延长的手指　反向的大脚趾　手指具有圆垫　修饰过的爪子　灵活的手指　大脚趾和其他脚趾之间的间隙较大

指狐猴的手　指狐猴的脚　眼镜猴的手　眼镜猴的脚　黑猩猩的手　黑猩猩的脚

▲手和脚

灵长类动物的每只手和脚都具有五个指（趾）。大多数物种，大拇指和大脚趾能够反向——可以对着其他的指（趾），形成有效的抓握姿势。手和脚适应不同的生活方式。指狐猴是狐猴的一种，具有带爪的手和脚，用以抓握。一个格外长的手指用来从树干下钩幼虫。眼镜猴脚和手上具有圆盘状的垫用于攀爬。黑猩猩具有灵活、敏捷的手和脚。

▲新大陆猴

人们根据猴子的分布将其划分为两个类群。新大陆猴分布于美洲的中部和南部，旧大陆猴分布于非洲和亚洲。新大陆猴包括绒猴、绢毛猴和图中的蜘蛛猴。它们具有宽大的鼻子和横向的鼻孔。这些主要在丛林生活的灵长类拇指不能反转，它们可以像松鼠一样在树间跳跃。蜘蛛猴有很长的四肢和一条适于抓握的尾巴。

长鼻子可能有助于雄性吸引配偶

旧大陆猴▶

狒狒、长尾猴、短尾猴、山魈、叶猴、疣猴和图中这只长鼻猴都是旧大陆猴。它们体型通常比新大陆猴大，生活环境也很多样，包括森林、沼泽和草地。许多旧大陆猴在白天活动。它们的臀部有适合坐的硬垫，窄窄的鼻子具有朝前或朝下的鼻孔。长鼻猴小群体生活，群体由一只雄性、6～10只雌性以及它们的孩子组成。

群居生活

某些种类的哺乳动物是独居生活，仅在交配和养育后代时才群居生活。另一些物种是群居性的——群体生活在一起，规模从小家庭单元到数百只动物的强大群体。群居生活可使哺乳动物觅食和躲避危险更加容易。捕食者如狮子、狼和海豚等群体协作捕猎，而被捕食的哺乳动物群体生活可以增强警备——能有更多双眼睛负责侦察。另外，在某些群体中，所有成年动物帮忙养育幼小动物。一种可能的不利因素是群体成员必须分享食物，这在食物匮乏时是很困难的。

蒙哥群体▶

在南非，蒙哥通常 30 ～ 50 只个体群居生活于地下网状分布的洞穴中。这些哺乳动物是猫鼬家族的成员，是具有较好组织的社会群体，群体成员共同照料幼小动物。成年蒙哥寻觅食物并轮流站岗放哨。当侦察到捕食者（如蛇和鹰）时，它就会发出警告声，整个群体就会快速隐藏起来。

朝前的眼睛具有很好的视觉
站岗的成员能够侦察到不同方位的危险
雌狮抓住一只羚羊，防止它逃脱
在其他伙伴将猎物压制住时雌狮咬断其喉咙将它杀死

◀捕猎组合

在猫科动物中，狮子几乎是唯一的社会性动物。许多狮群是由 6 ～ 12 个成员组成，大多数为雌狮和它们的孩子，还有1或2只雄狮（通常为兄弟）。雄狮保卫狮群免受其他雄性狮子的攻击。而雌狮负责多数捕猎工作，并为其他雌狮的幼仔喂奶。群体作战使狮群可以抓住大型猎物，如斑马和水牛，而在一只雌狮单独捕猎时，这些动物通常可以逃脱掉。

幼仔被大家
庭照顾着
后腿站立有利于
蒙哥发现敌情

在群体中小象
安全地成长

▲由雌性统领的群体

在非洲草原上，雌性草原象和它们的孩子共同生活在大约有20头个体的密切结合的群体中。这个群体由最有经验的雌性带领，称为女首领，它带领大家觅食和寻找水源。当有小象出生时，所有雌象将帮助抚养和保护它，在很小的时候，幼象不会离开母亲一个象鼻的长度。

雄性的特征是它的体
型和颈部环状毛发

▲由雄性统治的群体

阿拉伯狒狒生活在大的雌雄个体混合的群体中，一般大约由50只成员组成。这个群体由具有统治地位的雄性狒狒统领，它可以优先吃食物并具有交配的选择权。它首先通过打败对手建立它的统治地位，用犬齿恐吓，然后摆出攻击的架势。如上图所示，种群成员之间的联系和阶层划分可以通过梳理毛发得以体现。

▲变化的领袖

大多数鹿群居生活于开阔地区，种群在一年的多数时间里都是单一性别。紧密组织的雌性群体通常被具有统治地位的雌鹿领导，而雄性群体间的联系较松散。在生殖季节，雄鹿争夺雌性群体的统治权，胜利者随后开始繁殖。交配后，雄鹿再重新聚合为一群。

▲防御圈

在北极，麝香牛以15～20只个体的混合群居生活。群体生活还为幼仔们提供一个安全之地，可以躲避狼这样的捕食者。当狼群靠近时，牛群就会形成一个圈，将小牛围在里面。成年牛面朝外，长而卷曲的角时刻准备着应战。如果一只牛离开群体对付袭击者，其他牛会更加紧密排列，填补空隙。

交流

同种动物之间的交流使哺乳动物找到配偶并繁殖后代。群体生活的哺乳动物相互交流协作捕猎，传递危险的信号。社会性哺乳动物如狼、黑猩猩和海豚使用一系列复杂的信号与群体其他成员进行交流。各种哺乳动物的感觉器官能够精密地接收不同的信息，如视觉信号、身体语言、气味、触觉和声音。

◀危险信号
可视信号和声音能够保护种群免受危险。图中这些驴羚正在吃水生植物，如果受到惊吓，它们就会跑进更深的水中，尾巴向上竖起，露出它们白色的臀部作为警告群体其他成员的信号。其他的哺乳动物，如白尾鹿和兔子在遇到危险时都会使用相似的方法发出警报。

面部表情

恐惧
黑猩猩是群居生活，群体中成员等级从年长至年幼划分非常严格。它们用一系列面部表情传达其在群体中的地位。年幼的黑猩猩受到年长者的威胁显示出恐惧的表情，嘴唇张开，咬紧牙齿。

顺从
年幼的黑猩猩在与年长者争吵后非常平静，用一种表情表示屈服或顺从。其嘴角半开，像一个噘嘴的微笑，这意味着“请不要伤害我”。这个表情很像人类的苦笑。

激动
有的黑猩猩在玩耍时会张开大嘴露出牙齿，但看起来很轻松，这是在显示激动和兴奋。小家伙可以在放声大笑的同时发出哼哼声，黑猩猩可以使用面部表情和 30 多种声音与其他同伴交流，包括尖叫、咆哮和嘶吼。

身体语言▶
狼生活的种群一般有 8 ～ 20 只成员，具有年长和年幼动物之间的严格管理。等级制度通过身体语言和声音（如嚎叫和呜呜声）得以强化。等级高的狼通过抬高头和翘起尾巴展示它的地位。年幼的通过把耳朵缩起摆平和将尾巴夹在两腿之间表示顺从。它们通过咆哮和露出牙齿向对手展示它的攻击性。

颈部的毛发竖起，使自己看起来更令人恐怖

年幼的小狼将耳朵放后面发出咆哮声，这是发起攻击的信号

等级较高的狼耳朵竖起，尾巴翘高，宣布它的统治地位

◀**接触交流**

接触是近距离交流的一种好方法。在朋友之间经常相互梳理毛发，这是一种完全的社会行为，图中的斑马互相感到放松，它能增进成员间的联系。站着交头贴尾地放松的好处是它们可以环顾四周寻找捕食者。

海豚的交谈▶

海豚属于社会性哺乳动物，生活和捕食都是 20 只左右个体成群进行。群体成员利用一系列声音，包括口哨声、尖叫声、叹息声和嘀嗒声，通过回声定位的方法去发现和捕捉食物，并且用这些声音彼此交流。每只海豚都有它自己的信号哨声，它用这种信号向其他海豚证实自己及其行踪。由于海豚缺少声带，人们认为它在鼻腔内利用空气囊产生声音。

▲**臭味信号**

马达加斯加卷尾狐猴生活的群体是由 20 ～ 40 只个体组成。它们利用带斑纹的尾巴给群体成员发送各种信息，这些可视信号经常用气味补充。雄性狐猴从尾巴上部的皮肤腺中放出气味，警告敌人远离。然后挥动尾巴使气味飘向敌人。这些臭味可以持续一小时或更久。狐猴也会利用气味标记领地的分界线，图中这只动物就正在这样做。

雌性长尾猴斥责它的孩子，咆哮着显露出牙齿

小长尾猴卷缩并收起牙齿，表示顺从

▲**复杂的交流**

长尾猴是非洲丛林和草原的社会性灵长类动物。科学家发现这些哺乳动物不仅会用多种叫声表示它们的感觉和意图，而且会警告不同的威胁。如果一只长尾猴发现了一只美洲豹正在草丛中向它们靠近，它就会发出警示信号，使其他家庭成员都爬到树上。如果发现危险来自空中，如一只盘旋的鹰，它就给出另一种信号，使全体成员都躲到地面上。

领地

许多不同种类的哺乳动物都拥有自己的领地——私有地盘，它们保卫自己的领地防止同种其他个体侵入。这些区域为动物提供一块私有空间，用来觅食或交配、休息。哺乳动物的领地大小各异，有些是群体拥有，另一些是繁殖的双方共有，或者仅个体拥有。鹿、羚羊和其他物种，都是雄性在繁殖季节建立领地，用特殊的气味、声音和视觉信号驱逐其他雄性竞争者。

领地之争▶

雄性河马具有很强烈的领地占有性，每只成为父亲的河马都会保卫一块河岸的领地，这块领地中有一群雌性河马和它们的孩子。当两只雄性河马相遇时，每只都试图威胁对方，通过张开嘴巴，展示它的巨大犬齿。如果两只河马都不退缩的话，战争就要发生了。两只彼此刺杀、嚎叫和撕咬。这些激烈的对峙可能最后导致受伤甚至死亡。

宽大张开的嘴巴展示它的进攻性

犬齿可达50厘米长，能够造成很深的伤口

▲对外叫喊

在南美洲的热带雨林里，吼猴以小群体生活，由1个雄性和几个雌性组成。每个群体宣布占有森林的一块区域，在这里动物可以采集食物。猴子们用大声叫喊驱赶竞争群体，声音可穿过森林远达3千米。雄性吼猴的叫声是所有陆地动物声音最大的，声音通过它的大喉咙得到扩大。

▲展示领地

非洲水羚属于在繁殖季节建立领地的哺乳动物。每一只雄性水羚都会宣布一块特殊的领地，称为“择偶场”，在这里它将向雌性水羚示爱。非洲水羚的择偶场仅有 15 米宽。雄性之间为最好的领地搏斗，它们把角紧扣在一起，用力推，这些搏斗很少会造成严重伤害。雌性水羚漫步经过择偶区域，选择胜利者作为配偶。

◀气味标记

印度豹和许多其他肉食动物用气味标记它们领地的界线，这些气味会在它们走之后保留很长时间。印度豹背靠着一棵树，喷出带有臭味的尿液。其他的印度豹能够从它的气味信号中分辨出动物的性别、年龄和生殖条件。印度豹有时也通过将脸颊和下巴在树和岩石之间摩擦，留下唾液作为气味信号。

◀繁殖时期的海滩

在繁殖季节，海狮、海熊和海象寻找偏僻的海滩繁殖。雄性竞争同一块海滩，一群雌性动物会在此生活，任何雄性的靠近都会被驱逐。在赢得领地之后，雌性产出它们小幼仔，几天之后再次交配。图中这只雄性海狮正在吼叫，喘着气试图迫使雌性与它交配。

◀捕食领地

在印度森林中，每只雌性老虎都有一片足够大的领地用于捕猎。这些捕食领地根据其间包含的食物多少和猎物的类型，范围有所不同。每一只雌虎都坚决保护它们的地盘不受其他雌虎的入侵，但是允许雄虎进入。和其他猫科动物一样，老虎用气味很浓的尿液标记它们领地的界线。

家园

很多哺乳动物都有它们各式各样的隐蔽的居所。有的结构简单，有的是用植物材料编织的复杂球体，有的是深埋在地底下相互交错的洞穴。哺乳动物的家园为其提供防御捕食者和其他成员入侵的保护之所。有些种类建造特殊的“保育室”供它的孩子出生和抚养时期用。森林和林地哺乳动物经常将巢建在树上，而半数水生物种（如水獭和鸭嘴兽）将它们的家建在河坝上。在开阔的区域，没有植物可供遮挡，这里的哺乳动物如獾和兔子就会将地下洞穴作为它们的保护所。

猩猩的巢穴▶

一些哺乳动物建造持久的家园，而另一些则会修筑暂庇所。由于猩猩在东南亚的丛林中不断穿梭，它们晚上睡在用树枝条编织的巢中，如图所示。在非洲丛林中，黑猩猩和大猩猩白天在地面寻找食物，但在黄昏后就爬进树上的巢穴中躲避地面的捕食者。黑猩猩几乎每天晚上都建一个新巢。

▲筑帐蝠的树叶帐篷

筑帐蝠进化出一种躲避敌害的独创性方法。它们一点一点地咬穿长棕榈或香蕉的叶子，叶子枯萎或折叠后形成一个小帐篷。每个这样的建筑可以容纳50多只蝙蝠，它同样可以为居住其中者遮挡雨水和阳光，为蝙蝠休息提供稳定的条件。有些帐篷形状类似管子、圆锥或花瓶，还有些看起来像雨伞，正如图中所示。

粗糙植物材料建造的外层可以防雨

▲松鼠的巢

灰松鼠建造一个球形的巢，通常嵌在大树的树杈间，这样风不能够动摇它。巢的外层由嫩枝和树皮组成，而内部排列着树叶、稻草和绒毛。松鼠一圈一圈地在中心围成一个洞，这很像鸟建巢的方法。夏天松鼠的巢一般很薄，而冬天的巢就会非常结实。春天，这种建筑就成为松鼠的育儿巢。

▲獾的洞穴

獾是在地下躲避敌害和恶劣天气的哺乳动物。獾的家是宽敞的地下网络状洞穴，能够深至地下8米。獾用它们有力的带爪的前肢挖掘地道。挖掘的过程中，它们的耳朵和鼻孔可以闭合，防止泥土进入。连续的几代獾可以生活在相同的洞穴中。

▲北极熊的洞穴

在冰天雪地的北极，大多数北极熊整个冬天都在活动。但是怀孕的雌性北极熊在漫长的极夜临近时，就会在雪堆或地面挖一个洞穴。在11月至1月，1～4只小熊会出生。当春天到来的时候，这个家庭就会离开洞穴，饥饿的雌熊开始捕猎，小熊崽还要再继续跟着妈妈两年时间。

▼兔子的洞穴

兔子生活在网络状洞穴中，由雌性兔子挖掘而成。领袖级别的雌兔和高级别的雌兔生活在主要的洞穴中，低级别的雌兔可以建筑短的洞穴，在这里它们生产后代。在黄昏和黎明，兔子都会离开洞穴去吃草，但并不会远离洞口，可以在发现敌害后迅速钻回洞中。

兔子的洞穴

① 洞穴入口对兔子来讲很宽敞，但是对像狐狸那样的捕食者来说就很狭窄
② 起居室通过向下或向两边延伸的狭窄通道连接起来
③ 兔子的洞穴可通向任何方向，在地下可延伸数十米
④ 在松软的泥土中，树根和石头可以支撑洞穴的墙壁，防止它们坍塌
⑤ 育儿室的洞穴中铺满苔藓、稻草和从母亲胸口脱落的毛发

雄兔在其他兔子觅食时扮演哨兵的角色

迁徙

各种动物都有迁徙的习惯——有规则并且通常是距离较远又很辛苦的旅程，这都是为了避免恶劣的条件，如寒冷、酷暑或缺少食物或水。有些动物的迁徙是为了到达一个舒适的地方生产并抚养后代。和鸟类、爬行类、鱼、两栖类一样，许多哺乳动物也要迁徙，如北美驯鹿、横跨非洲平原的大群斑马和牛羚。蝙蝠利用它们飞行的能力长距离迁徙，许多种类的鲸、海豚和海豹在海洋中可以游走很远的距离。

旅鼠的爆发式迁徙

大多数迁徙发生在每年固定的时间，与季节变化相适应的改变。但是西伯利亚旅鼠迁徙并不规律，称为爆发式迁徙。它是由过度拥挤引起的。一年中，当食物充足时，这些啮齿动物繁殖非常快，致使种群数量过多，食物相对缺乏。然后大量的小旅鼠从山上过度拥挤的地方一涌而出。由于对迁徙的迫切要求，它们将游过宽广的河流去觅食。

▲南北迁徙

许多温带和极地地区的哺乳动物定期进行长距离的南北迁徙，用以逃避恶劣的季节性条件。例如，多达 50 万只北美驯鹿一起迁徙。这些鹿度过漫长的夏季，在很北边的苔原草场吃草，然后在秋天向南方迁徙，在北美针叶森林庇护下过冬。

迁移的牛羚▶

大多数哺乳动物不迁徙，迁徙的哺乳动物仅花费生命的一部分时间用于定期的迁徙。但是大型牛科动物——牛羚花费生命中的大多数时间在迁移。这些食草兽类在一个巨大的横跨非洲草原的环圈中迁移，寻找雨后新生的嫩草。它们可以聚集成千上万只个体的种群一起越过崎岖的山地，跨过蜿蜒的河流。

▲高山中的迁徙

高山上具有非常恶劣的气候——短暂的夏天和漫长寒冷的冬天。高山哺乳动物如山羊和岩羚羊在山上垂直迁徙来躲避最糟糕的气候。夏天，它们在接近顶峰的甘山牧场中吃草和花，这里几乎没有什么捕食者。秋天，它们下山，吃底层山谷中的嫩芽、苔藓和地衣。

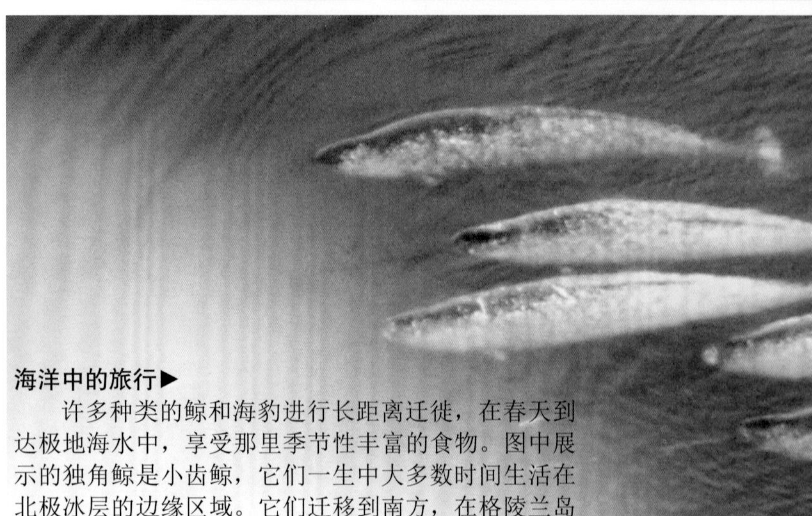

海洋中的旅行▶

许多种类的鲸和海豹进行长距离迁徙，在春天到达极地海水中，享受那里季节性丰富的食物。图中展示的独角鲸是小齿鲸，它们一生中大多数时间生活在北极冰层的边缘区域。它们迁移到南方，在格陵兰岛和斯堪的纳维亚半岛的小港的庇护下繁殖后代。雄性独角鲸因它们矛状长牙而闻名。

◀迁徙中的牛羚

在非洲东部，牛羚为了寻找鲜嫩的牧场，沿巨大的顺时针方向旋转迁徙。它们的迁徙严格根据降水改变着，但是在12月和3月之间，它们通常在东南边的塞伦盖蒂平原产下幼仔。在4月至5月，它们由于雨季朝西走，但当草原变干后，它们向北边马赛马拉迁徙。在7月至9月，开始横越北面壮丽的河流之旅，然后再次朝南迁徙，完成它们的循环旅程。

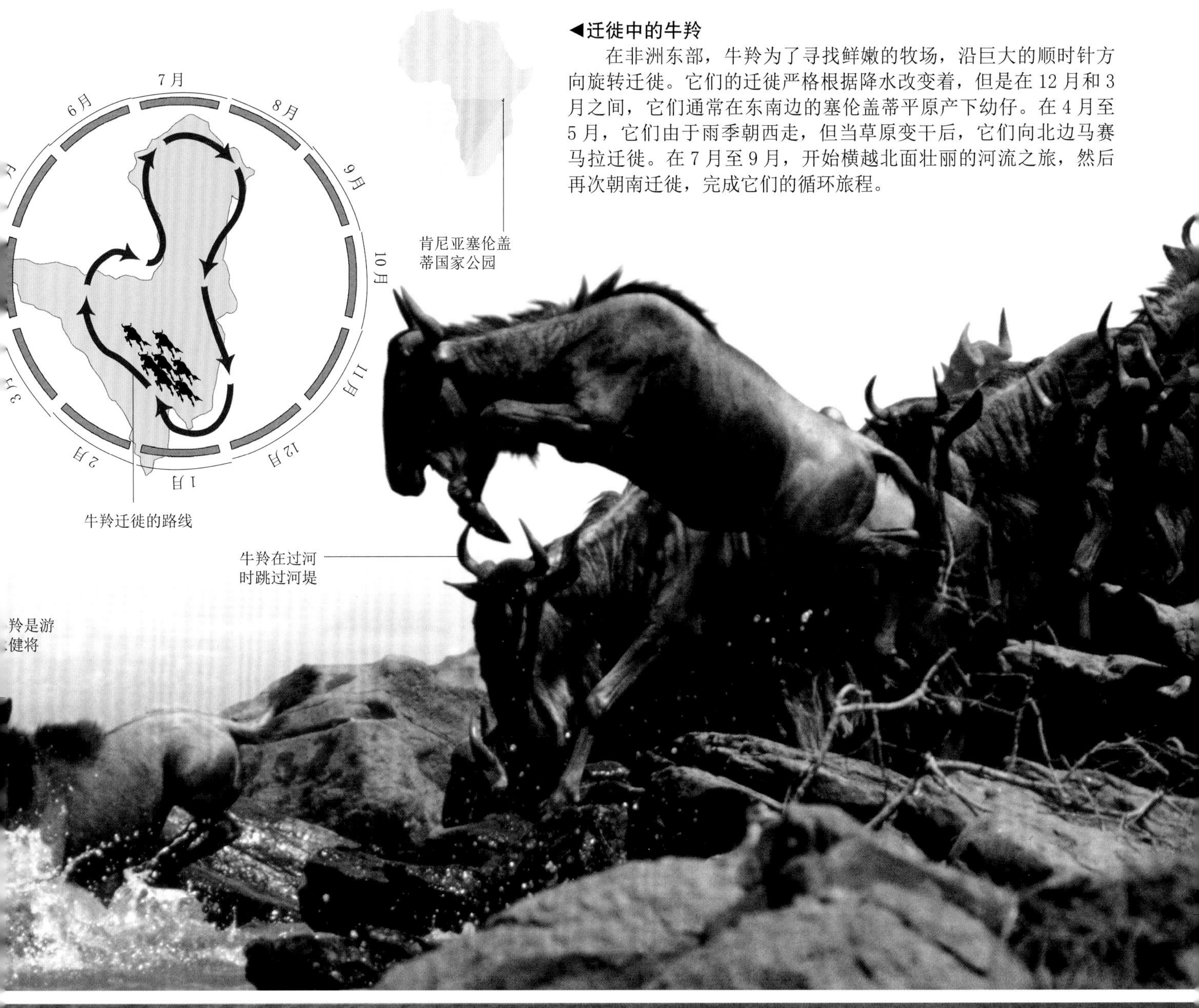

冬眠中的睡鼠触摸起来冰凉

储存的坚果为春天睡鼠醒来时提供能量

睡眠循环

一些哺乳动物为了在冬天恶劣的条件下生存而迁徙，睡鼠、地鼠和许多蝙蝠则有不同的策略。它们待在原处，但是进入深度睡眠状态，称为冬眠。它们会在安全的巢或洞穴中，在完全无意识的状态下度过数月时间，它们很难从这种状态中被唤醒。在寒冷、阴凉的环境中，哺乳动物必须吃大量食物才能存活并保持体温。当很难发现食物时，通过睡眠保持能量的方法就变得非常有效。其他哺乳动物，如熊，在轻度睡眠的状态下度过冬天。

冬眠的处所▶

在温带地区，蝙蝠通过冬眠度过冬季，它们将翅膀折叠覆在身体上，用来保暖和保湿。在隐蔽的栖息地如山洞或树洞中，这些小动物聚集在一起保暖。虽然如此，它们的体温还会下降至周围环境的温度。一些物种可以在0℃以下的环境中生存，而其他的则需要迁徙很长的距离到达一个适宜的地方冬眠。

▲冬眠的睡鼠

如图中所示的睡鼠每年花费 7 个月的时间冬眠。整个冬天，它们都保持不动，也不吃食。但是可以依靠储存在身体的脂肪生存。真正的冬眠者除了睡鼠，还包括鼯鼠、旱獭和许多蝙蝠。所有这些都是相对较小的哺乳动物，表面积相对于整个身体较大，这意味着它们比大型哺乳动物散失热量的速度更快，因此需要更多的能量来保温。

一个真正的冬眠者——睡鼠的身体机能

	冬眠期	活动期
心率	1～10 次 / 分	100～200 次 / 分
体温	2～10℃	35～40℃
无意识	连续的	半天睡觉时
水流失	几乎没有	随排泄物和尿液排出
每分钟呼吸频率	少于 1 次	50～150 次

在冬眠期间，睡鼠的代谢过程放慢来节省能量。脉搏和呼吸都显著下降，产生代谢物的量也显著下降。这个小动物的体温下降到几乎和周围环境一样，所以它摸起来感到冰凉。表面看起来它已经死了，但是它的身体机能还没有完全停止。部分大脑仍然处于警觉状态，如果睡鼠进入冰冻的危险中，一个生存机制将被激发，令其身体脂肪燃烧产生热量。

地鼠在秋天猛吃浆果

◀真正的冬眠者

真正的冬眠者，如图中这只北极地鼠，在秋天增加体重为冬眠做准备。像浆果这样的食物非常丰富，它们不需要走很远去寻找食物，所以这样可以很好地增加体重。外层的脂肪形成绝缘层，这是一种特殊类型，称为褐色脂肪，如果温度过低，可用来维持体温。

▲长颈鹿的睡眠需求

和冬眠的深度睡眠一样，每天的睡觉也可以节省能量。不同的哺乳动物要求的睡眠量不同，这部分取决于它们的饮食。植物含有的营养成分相对较低，所以，大型植食动物如长颈鹿，必须用大量时间进食。长颈鹿每次睡觉仅用几分钟时间。

▲睡着的狮子

食肉动物（如狮子）的食物含有丰富的蛋白质，这些食肉动物每周仅需要进食 1 次或 2 次就可以维持生活。它们用进食以外的大量时间休息，以放松的姿势在地面舒展身体。除人类以外，这些动物的天敌很少，所以它们可以享受比精神紧张的被捕食者更加深度的睡眠。但是，一旦被打扰，它们仍然会迅速苏醒。

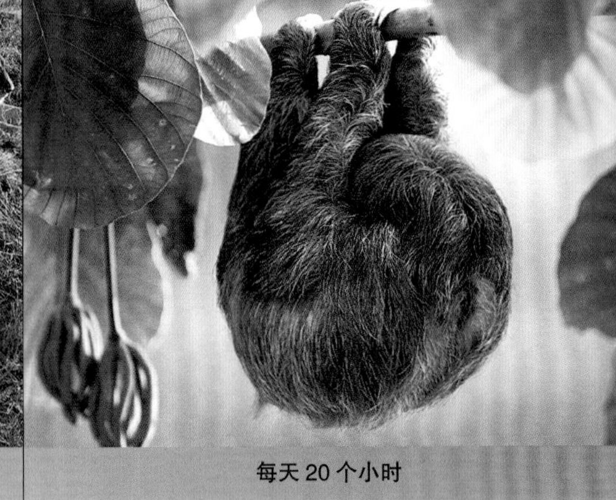

▲睡着的树懒

在南美洲的热带雨林中，树懒在它觅食的树上倒置悬挂着。与一些草食动物不同，它们消耗很少能量觅食。但是它们的食物营养成分低，并且很难消化。树懒仅靠缓慢活动来节省能量，野生环境下树懒每天睡觉时间长达 20 个小时。

◀漫长的冬季睡眠

在寒冷的北方，棕熊整个冬天的时间都在洞穴中打盹。它们每年有长达 6 个月的时间在睡觉，但是大多数科学家并不认为它们是真正的冬眠者。这是因为它们的身体活动并没有降低到那些小型动物如蝙蝠和睡鼠那样。尽管棕熊的心率降到 10 次 / 分，但是体温仅小幅下降，而且很容易被惊醒。这种称为轻度睡眠。

苏醒▶

在春天，那些秋天发生在冬眠动物体内的改变被逆转。呼吸、心率和其他身体活动加快，动物苏醒过来。在很多冬眠动物中，不管非季节性的气候如“温暖的符咒”如何变化，这种改变都发生在每年非常固定的时间。北美花白旱獭（如图所示）就是非常典型的苏醒日期相同（每年 2 月）的动物。

保持活动▶

在北美洲的高山上，鼠兔生活在陡峭的山脚下的碎石堆中。旱獭在其他山上的生活环境与这里非常相似，但是鼠兔全年都保持清醒的活动状态。它们在夏天采集大量食物储存起来度过荒芜的冬天。在冬天其他食物稀缺时，这些储存物已晒干成为有营养的干草。

人类和哺乳动物

2 万年前，所有的哺乳动物都是野生的。人类猎捕哺乳动物，有时候哺乳动物也捕杀人类。但是大约 1 万年前，事情发生了改变。人类发现了如何驯服哺乳动物，如犬、羊和马，人们将它们变成容易管理的动物。通过控制动物间的交配，选择最有利的特征，逐渐形成驯养的品种。今天，驯养的哺乳动物在人类的生活中占据非常重要的地位。我们从饲养的哺乳动物中得到奶、肉和皮毛，并且，世界某些地方还在利用强壮的哺乳动物代替人类做工。另外，哺乳动物也被用于体育运动，某些成为人类的宠物。

犬主人被当作犬群的领袖

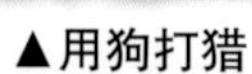

▲用狗打猎

这些来自中东的远古雕刻品展示了一群亚述人带着一群狗出发打猎。捕猎开始时人们将狗全部放出去，令它们追捕鹿和其他猎物。狗是狼的后裔，它们可能是最早被驯化的哺乳动物，大约在 1 万年前。和狼一样，狗有成群生活的本能。它们把主人当作群体的领袖，所以它们相对容易控制。尽管如此，当陌生人靠近它们的领地时，它们还是会表现得很有进攻性，这点和狼一样。

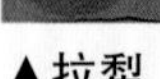

▲拉犁

曾经，全世界的大多数农民都用哺乳动物来拉犁耕地。这张图展示的是 11 世纪的欧洲，一组牛拉着一个木制的犁。牛强壮有力但行动缓慢，不如马有效，马可以长时间工作而不休息。在南亚，水牛是主要的犁地动物。今天，大多数地方，拖拉机已经代替了哺乳动物。

▲沙漠之舟

大夏人的骆驼被系在一起连成一条线，沿着古代贸易的丝绸之路横穿亚洲。骆驼用于载人和货物，还有它们的肉、奶和毛皮。尽管它们没有马跑得快，但是它们能够在没有水和食物的情况下行走多日。有两种骆驼：双峰驼来自中东，有两个驼峰；单峰骆驼来自非洲和中东，它仅有一个驼峰。双峰驼是目前唯一有野生种的骆驼。

◀参加体育运动的哺乳动物

在得克萨斯州的赛场上，骑手驱使着赛马朝终点线奔驰。人类赛马已经有几个世纪的历史了，今天这项运动具有很大的商业性，吸引着全世界的观众。赛马具有特殊的品种要求，需要兼顾耐力和速度。速度上它们需要经过特殊的训练和照料。参加比赛的哺乳动物还包括骆驼和几种狗，如灰猎犬。马和大象也被训练参加群体运动，如马球。

▲繁育的问题

爱尔兰猎狼犬和德国硬毛猎犬并排站着，看起来它们属于完全不同的种，其实和所有狗一样，它们来自相同的祖先——灰狼。几个世纪以前，人们根据不同的特征选育狗，创造出400多个不同的品种。猎狼犬最初是根据它们的体型和速度进行繁育的。腊肠犬则是为了捕猎獾和便于在地下追逐它们而繁育的。

沉重的运输工作▶

大象是被驯化哺乳动物中最大也是最聪明的。在南亚，几个世纪以来它们被当作运载人和沉重货物的工具。森林居民使用亚洲象，有很多是用于仪式，穿着精美的长袍。非洲象也能够被驯化。在古罗马时期，它们被用在战场上，这样的攻击对在步行作战的士兵带来威胁。但是与亚洲象不同，没有用于工作的非洲象。

科学研究中的哺乳动物

1996年，科学家宣布多莉羊的诞生。与通常从受精卵发育的方法不同，多莉是从单一体细胞中克隆而来的。克隆可以创造出生物的精确复制体，所以，克隆不会彻底改变农业，但是它正在通过干细胞技术彻底改变医学。哺乳动物也用于其他的科学目的，尤其是测试新药。许多人反对这种研究，因为它给动物带来了伤害。但是一旦成功，它可以拯救无数人类的生命。

▲动物孤儿

在东南亚，猩猩面对双重威胁。它们的森林家园被砍伐，还被抓到当宠物出售。在加里曼丹岛的猩猩孤儿院里，被救出的猩猩孤儿逐渐得到恢复，这使它们很快可以重返自然。这项工作很困难，因为猩猩孤儿们必须学会自己觅食，而不是依靠人类。

保护

如今繁忙的世界中，许多野生哺乳动物在生存斗争中面临巨大挑战。一些成为非法捕猎的牺牲品，一些受到森林砍伐和其他类型的栖息地改变的影响。四分之一的哺乳动物已经濒临灭绝，随着时间推移，全球变暖和人口不断增长意味着更多的动物将加入濒危的名单中。一些物种已经从濒危的边缘被拯救过来。

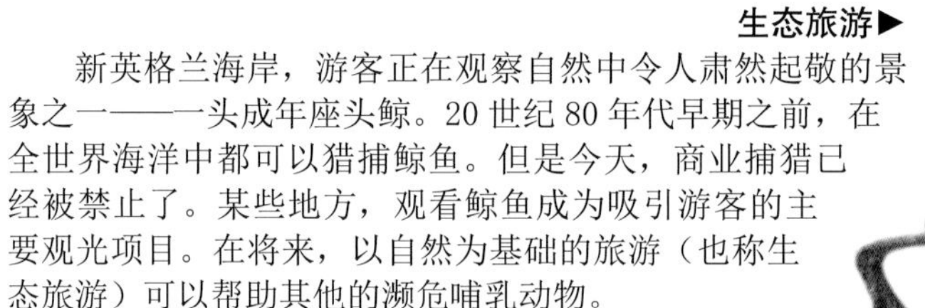

生态旅游▶

新英格兰海岸，游客正在观察自然中令人肃然起敬的景象之一——一头成年座头鲸。20 世纪 80 年代早期之前，在全世界海洋中都可以猎捕鲸鱼。但是今天，商业捕猎已经被禁止了。某些地方，观看鲸鱼成为吸引游客的主要观光项目。在将来，以自然为基础的旅游（也称生态旅游）可以帮助其他的濒危哺乳动物。

游客现在能够有幸看到自然生活状态下的鲸鱼

回归自然

普氏野马

20 世纪 60 年代以前，这些野马生活在草原上，然而，数量逐渐减少，渐渐地，这种野生种群灭绝了。在这之前，人们圈养繁育了一些个体。目前，它的数量已经超过 2000 匹。截至 2019 年，中国新疆和甘肃两地普氏野马总量达 593 匹。

麋鹿

这些麋鹿来自中国。1939 年，野生环境中的麋鹿灭绝了。在这之前，法国传教士阿尔芒·大卫将一些麋鹿带到了欧洲。20 世纪 80 年代后期，麋鹿再次被运送到中国，现已将它们在野生环境中重新培育起来，野生种群共 600 头。

阿拉伯羚羊

这种沙漠羚羊具有优美的角和鲜美的肉，在野生环境中已经被捕杀灭绝了。在 20 世纪 50 年代，圈养群体已经在中东、美国和欧洲建立起来。如今，已经有 5280 只的圈养个体和 1220 多只生活在阿曼和约旦野外的阿拉伯羚羊。

▲反偷猎措施

1989 年 7 月，肯尼亚野生动物主席理查德·利基（Richard Leakey）组织了一次大规模销毁象牙的运动。这些象牙都是从偷猎者手中缴获的。如果它们通过非法交易售出，至少价值 300 万美元。这次的销毁活动成为全世界的头号新闻，引起人们对非洲象受到伤害的重视，而这些伤害则来自象牙贸易。如今，象牙贸易已经被禁止，遗憾的是，在一些地方，偷猎仍在继续。

濒临灭绝的物种

金狮猴

这种跟松鼠一样大的猴子具有火焰般颜色的毛皮，是南美最濒危的灵长类之一。它的家在巴西的大西洋森林中，这片栖息地已经缩减了 90% 以上，森林变成了农田和城市。现在，金狮猴仅剩 1000 只左右，有一半是被圈养的，繁育它们是为了将来放归自然中。

西印度海牛

海牛看起来像漂浮着的带鳍的水桶。它们沿着海岸和河流生存，以水下植物为食。海牛反应迟钝，船只会给它们带来危险。许多成年海牛都有很深的伤疤，这些伤疤是被螺旋桨叶击伤后留下的。西印度海牛被划为易危物种，这意味着它在野生环境中灭绝的危险非常大。

追溯过去

随着现代科技和繁育技术的发展，重新创造灭绝的动物已经成为可能。尽管这一可能还未实现，但是科学家已经开始对一种叫斑驴的动物进行研究。斑驴是生活在南非平原的斑马的亚种。被捕猎多年后，最后一头斑驴在 1883 年死去了。现在，繁育者正试图通过选择平原斑马的斑驴样特征（尤其是斑驴黑棕斑纹的特征），重新创造斑驴。在不久的将来，从死亡很久的动物中提取的 DNA 可能让已灭绝的哺乳动物复活。但是，想要恢复一个物种，科学家也必须要恢复它的栖息环境和生活方式——这在现今的世界中是非常困难的。

哺乳动物分类

原兽亚纲　卵生哺乳动物

分类	常见名	科	种	分布	主要特点
单孔目	单孔类动物	2	5	澳大利亚和巴布亚新几内亚	世界上唯一的卵生哺乳动物。其中4种针鼹鼠，生活在陆地上，具有短的四肢和长长的吻，身体覆盖尖刺。第5种称为鸭嘴兽，属于半水生动物。它具有流线型的身体、带蹼的脚和坚韧的鸭状喙。

后兽亚纲　有袋哺乳动物

分类	常见名	科	种	分布	主要特点
负鼠目	美洲负鼠	1	78	美洲	美洲负鼠分布最为广泛，北至加拿大北部。美洲负鼠主要生活在森林和树丛中。其中一种——蹼足负鼠是唯一生活在水中的有袋哺乳动物。
鼩负鼠目	鼩负鼠	1	6	南美洲	鼩负鼠分布在安第斯山脉的草原和灌木丛中。和真正的鼩鼹一样，它们吃昆虫和其他小动物，视力不好，但是具有触觉灵敏的胡须和敏锐的嗅觉。
智鲁负鼠目	智鲁负鼠	1	1	智利	老鼠一样的有袋哺乳动物。具有短的吻部、大眼睛和粗壮的卷尾。它是此目中唯一现存的物种，没有它整个目就灭绝了。
袋鼬目	袋鼬和其近缘种	3	88	澳大利亚和巴布亚新几内亚	各种食肉性有袋类包括袋鼬、袋鼩、袋食蚁兽和袋獾。它们的栖息地多样，都在夜间觅食。
袋鼹目	袋鼹	1	2	澳大利亚	穴居有袋哺乳动物和鼹鼠有显著的相似之处，它们都生活在沙质土地中，以昆虫和小的爬行动物为食。
袋狸目	袋狸	2	22	澳大利亚和巴布亚新几内亚	这种有袋类动物很像老鼠，具有修长的身体、尖尖的吻和长长的尾巴。袋狸生活环境广阔，从沙漠到森林，以动物和植物为食。
袋鼠目	袋鼠和其近缘种	8	136	澳大利亚和巴布亚新几内亚以及周边岛屿	这是有袋类动物中种群最大，分布最广的一类，包括袋鼠、沙袋鼠、树袋熊、袋熊、袋鼯和袋貂等。大多数以植物为食，将它们的幼仔装在发育完好的育儿袋中。

真兽亚纲　胎盘哺乳动物

分类	常见名	科	种	分布	主要特点
食肉目	食肉动物	11	283	除南极以外的广大地区，引入澳大利亚	具有牙齿的哺乳动物是为了抓捕猎物、切割肉块逐渐进化而来。大多数是捕食者，但是这里也包括熊和浣熊，它们属于杂食动物或者具有植食性的生活方式。
鳍脚目	海豹、海狮和海象	3	35	世界各地	这类哺乳动物具有流线型的身体和鳍状足，它们与陆地肉食动物的亲缘关系很近。海豹和海狮在水下捕食，但是在陆地休息和繁育后代。
鲸目	鲸、海豚和鼠海豚	11	84	世界各地	这类哺乳动物无下肢，完全适应水中的生活。与海豹不同，鲸和海豚的头顶有鼻孔，并且具有单独的一对上肢。齿鲸独自猎捕食物，须鲸则是从海水中滤取食物。
海牛目	儒艮和海牛	2	4	热带海岸和河流	这类哺乳动物成桶状，所有时间都生活在水里，以水下植物为食。它们具有一个巨大的鼻子、一对独立的鳍和一条水平的尾巴。
灵长目	灵长类动物	10	375	除澳大利亚以外的热带和亚热带各地	这类哺乳动物四肢修长，眼朝前方，具有指（趾），这个特征最开始是由爬树逐渐进化而来的。它们包括杂食动物和植食性动物，还有一些主要以昆虫为食的动物。
树鼩目	树鼩	1	19	亚洲南部和东南部	这类哺乳动物身材像小松鼠，具有尖尖的吻和浓密的尾巴。树鼩生活在树上或地面的巢穴中，主要以昆虫为食，用手抓握它们的食物。

分类	常见名	科	种	分布	主要特点
皮翼目	猫猴	1	2	东南亚	植食性的哺乳动物，可以用弹性皮肤形成的翼在树间滑翔。猫猴可以滑行50米以上，当它们在树上着陆后，用来滑行的皮肤膜就折叠于身体两侧。
长鼻目	大象	1	3	非洲和南亚	世界上最大的陆生哺乳动物，具有柱状的腿、宽大的耳朵和能够卷曲的鼻子。大象是植食性动物，用它们的鼻子（有时也用长牙）收集食物。近年来，非洲热带草原和森林里的大象已经成为分散生活的物种。
蹄兔目	蹄兔	1	6	非洲和中东	类似于啮齿动物的一种小型哺乳类，具有短而粗硬的脚趾和很小的耳朵。蹄兔是个攀登高手，它们生活在森林里或岩石较多的地方。它们具有较高的社会化，过家庭群居生活。
管齿目	土豚	1	1	非洲撒哈拉沙漠南部	大型草原哺乳动物，体形似猪，耳朵长，吻部前突呈长方形。土豚是夜行性动物，用利爪抓破蚁丘，以蚂蚁和白蚁为食。
奇蹄目	奇蹄类哺乳动物	3	20	非洲、亚洲、热带美洲	食草类哺乳动物，通常每蹄具有一个或三个趾。这类动物包括马、斑马、驴、貘、犀牛等。
偶蹄目	偶蹄类哺乳动物	10	228	除南极以外的广大地区，引入澳大利亚	食草类哺乳动物，通常每蹄具有两个或四个趾。这类动物包括野猪、河马、骆驼和鹿，以及牛科动物（包括牛、羚羊、山羊和绵羊等）。此类动物中很多是群居生活，依赖于敏锐的感觉器官和快速逃生的能力。很多动物都具有角。
啮齿目	啮齿动物	24	2105	除南极以外的广大地区，引入澳大利亚	哺乳动物最大的一个类群，包括松鼠、大鼠、小鼠、豪猪以及许多其他物种。啮齿动物通常体型较小，门牙尖锐，能够咬断食物和其他的材料。
兔形目	野兔、家兔和鼠兔	2	83	除南极以外的广大地区，引入澳大利亚	植食性哺乳动物，与啮齿类相似，通常具有宽大的耳朵和全方位的视觉能力，这有助于它们发现敌情。具有代表性的野兔和家兔生活在开阔的地方，如苔原、草原和沙漠。
象鼩目	象鼩	1	15	非洲	外形似鼩鼠，腿长，跳跃式行走，吻尖，形似缩小的象鼻。象鼩生活在宽阔地区和林地。
食虫目	食虫类动物	6	451	除南极和澳大利亚以外的广大地区	小型哺乳动物，吻窄小，以昆虫、蚯蚓和其他小动物为食。包括猬、鼩鼠、鼹鼠、沟齿鼠等。
翼手目	蝙蝠	18	1033	除南极以外的地区	飞行类哺乳动物，具有皮肤形成的坚韧的翼。大蝙蝠——飞狐的视力很好，主要以水果为食。其余的主要靠回声定位的方法捕食昆虫。蝙蝠通常是群居性的，在岩洞和树洞里栖息、繁殖。
贫齿目	食蚁动物、树懒和犰狳	5	31	美洲北部和南部、非洲、南亚	此类哺乳动物具有特殊的脊柱，这是原始时期为了适应挖掘而进化而来的。现代的贫齿目动物犰狳具有覆盖在身体上的骨板，树懒以树叶为食，生活在树上。
鳞甲目	穿山甲	1	7	非洲撒哈拉沙漠南部、南亚	这类哺乳动物躯体覆鳞片，尾部具缠绕性，吻长，舌有黏性。穿山甲可用利爪抓破蚁丘，主要以蚂蚁和白蚁为食。

词汇表

爆发式迁徙

指旅鼠等哺乳动物由于严酷的环境或过度拥挤的原因，而采取的不规则的旅程。

臂力摆荡

是树栖灵长类的一种运动方式，就是用手臂从一个树枝荡到另一个树枝。

表皮

哺乳动物皮肤的外层。

捕食者

指猎捕其他动物作为食物的动物。

超声波

指那些音调太高，超出人类听觉范围的声音。

次声

指低于人耳能听到音调的声音。

伺机性动物

能够改变饮食习惯，食用能够找到的各种食物。

大腿骨

哺乳动物大腿部位的骨头。

单孔类动物

是后兽亚纲哺乳动物的分支之一，产卵。这一类群包括针鼹和鸭嘴兽。

冬眠

指睡鼠这样的哺乳动物为了在寒冷的季节里存活而进入深度睡眠的状态。进入真正冬眠后，哺乳动物的体温、心率和呼吸都显著减慢，很难被唤醒。

反刍

指把消化一半的食物又调出来，加快消化的过程，或将未消化的食物喂给幼仔。

反刍动物

偶蹄哺乳动物的胃具有很多室，胃内含有微生物，能够消化坚韧的植物性物质。

分类系统

一种鉴别和划分生物群体的方法。

孵卵

单孔类动物和鸟类在这期间，母亲用体温温暖卵。

浮游生物

指微小的植物或动物，它们漂浮在海洋或湖泊的表面，是包括某些海洋哺乳动物在内的很多动物的食物。

腐肉

死亡动物的残余尸体，是食腐哺乳动物的部分食物。

腹部

哺乳动物身体的一部分，包含心脏和肺之外的所有器官。

纲

在科学的分类系统中，一个大的动物群体包括一个或几个纲。

共生关系

指两个不同物种间彼此从对方获利的关系。

骨盆

指多块融合在一起的骨头组合体，与后腿大腿骨结合的脊柱相连。

海牛目

哺乳动物的一个目，包括儒艮和海牛。

海生

指动物生活在海水里。

恒温

动物能够控制自己的体温，并保持其在高于周围环境的水平。哺乳动物和鸟类都是恒温的或温血的。

呼吸系统

指用来使动物吸收氧气进入血液的身体系统，这是细胞加工食物、获得能量所必需的。

花蜜

由花分泌的带糖的液体，是很多哺乳动物的食品。

化石

是指超过1万年前的过去生命的印记。化石包括动物和植物残骸、足迹，甚至是粪便。

怀孕

指交配和出生之间的时期，哺乳动物的幼儿在母亲的子宫内发育。

回声定位法

蝙蝠、海豚等哺乳动物探路、定位猎物时运用的一种技术。哺乳动物发射一束高音调的声波，然后收听被弹回的回声。

激素

指循环在哺乳动物血液中的一种化学物质，用于调节某个身体进程。激素由腺体分泌。

脊髓

是脊椎动物体内的主要神经，在脊椎内走行，连接大脑和遍布全身的小型神经。

脊椎动物

指具有包括脊柱在内的内部骨骼的动物。哺乳类、鸟类、鱼类、爬行类、两栖类都属于脊椎动物。

寄生动物

指一种动物生活在另一种动物（宿主）的体表或体内。寄生动物从中获利，而宿主无利可图。

角蛋白

指在哺乳动物的头发、指甲、角中存在的一种坚韧的蛋白质。

界

是生物分类学中生物划分的第一级也是最大一级。所有地球上的生命分为五界：动物界、植物界、真菌界、原生生物界和原核生物界。

进化

这是所有有机体为更好地适应环境逐渐改变的过程。进化世代发生，而不是在某个动物的生命中发生的。

经脉

神经纤维束，能够从大脑中传递信息。能够协调运动并从感觉器官收集信息。

鲸类动物

此类哺乳动物由须鲸和齿鲸组成，包括海豚和鼠海豚。

鲸须

悬在鲸嘴里的须状角质板，如蓝鲸和座头鲸的鲸须用来从海水中过滤食物。

鲸脂

许多生活在寒冷气候下的哺乳动物的皮肤之下都有一层脂肪，具有隔冷的作用。水栖哺乳动物，如鲸、海豹和北极熊，有一厚层鲸脂。

科

在科学的分类系统中，科是亲缘关系较近的种群集合体。

滥交的

指在繁殖季节，某些哺乳动物与很多配偶交配。

两栖动物

指一部分时间生活在水中而另一部分时间生活在陆地的哺乳动物或其他动物。

两足动物

依靠两条腿走路的哺乳动物。

猎物

指被其他动物猎捕作为食物的动物。

裂齿

与臼齿相对，位于食肉动物的上下颚，作用类似于剪刀，可以切断肉和骨头。

林层

指森林中的垂直生长层。

林下层

指森林或树林中的草木层，位于树冠层以下、地面层以上。

灵长类动物

哺乳动物一个目的成员，包括猿、猴子和人类。

领地

指某只或某群哺乳动物用来喂养或繁殖后代的区域，这里严格防护，禁止同种类的其他成员进入。

鹿角

鹿头部生长的骨质结构。

卵巢

雌性哺乳动物繁殖器官的一部分，能够产生卵子。

脉络膜层

指位于许多夜行性动物眼睛后方的一个反射层，有助于在昏暗的光线下看清物体。

门

在科学的分类系统中，门是一个主要的动物集群，是界的一部分，包含一个或几个纲。

门牙

位于口前方的牙齿，用于咬、啃和装饰。

灭绝

指一个物种的所有个体都死亡了，也就是说没有此物种存活。

目

在科学的分类系统中，目是一个较大的动物集群，包含一个或几个科，形成纲的一部分。

内骨骼

哺乳动物等脊椎动物的内在的骨骼，哺乳动物的内骨骼由多数的骨和少数软骨组成。

啮齿动物

是哺乳动物最大一个目的成员，包括小鼠和大鼠等。

偶蹄

如猪、山羊、牛或鹿的分离的蹄是由两个中间趾组成。

栖息地

指哺乳动物或其他动物生活的一类特殊环境。沙漠和丛林都是典型的栖息地。

栖息所

指飞行动物休息的场所。

脐带

指子宫内连接未出生的胎盘哺乳动物和血液丰富的胎盘之间的结构。

鳍状肢

桨状肢，具有推进作用。

鳍足目

哺乳动物的一个目，包括真海豹、突耳海豹和海狮。

气孔

鲸的鼻孔开放成气孔，位于头顶部。有的物种具有单一鼻孔，另一些则有一对。

器官

是主要身体部件，具有不同的功能，如心脏、肝或脑。

迁徙

驯鹿、非洲大羚和许多鲸类进行的有规律的季节性旅程。哺乳动物和其他的动物迁徙以躲避严酷的条件、觅食或到达良好的位置繁殖和抚养后代。

犬齿

许多哺乳动物颚部前侧的尖牙，用于戳入或抓住猎物，犬科动物也有此类牙。

群居

指哺乳动物或其他动物与本种类的其他成员共同生活。

热带草原

指热带地区的草原。

乳腺

指雌性动物乳汁分泌器官，位于胸部或腹部，用来养育幼仔。

软骨组织

坚韧、有弹性的组织，位于哺乳动物的关节部位（气管、鼻子和正在生长中的骨头）。

肾

身体中的器官，用于过滤血液中产生的废物。

生物群落

由相同物种生活在一起的动物组成的种群，可以共同承担如觅食、喂养后代等工作。

生物有机体

指所有有生命的物质，如一株植物或一只动物。

食草动物

主要以草为食的植食性动物。

食虫动物

食虫的一类哺乳动物，也包括其他吃昆虫的动物。

食腐动物

指以死亡动物的残骸为食的哺乳动物或其他动物。

食叶动物

以树和灌木的枝叶为食的植食动物，与食草动物相对。

食肉动物

食肉类哺乳动物，也包括任何主要吃肉的动物。

适应

帮助动物在环境中生存的特性。

适于抓握的

是用来描述某些动物（如猴子）的尾巴或大象的鼻子等，它们能够抓住树干，就像是另一只手臂一样。

树栖

指动物生活在树上。

双目视觉

视觉的一种类型，两只眼睛朝向前方，有一个重叠的视觉区域。这有助于哺乳动物如灵长类很好地判断深度和距离。

水栖

指动物生活在水中。

四足动物

指靠四肢行走的动物。

胎儿

在子宫中发育的未出生的哺乳动物的幼儿。

胎盘

指在许多怀孕的雌性哺乳动物的子宫内发育形成的临时器官，用以孕育未出生的胎儿。

苔原

指位于北半球高纬度地区的贫瘠无树的低地。

兔形目动物

哺乳动物的一个类群，包括家兔、野兔和鼠兔。

脱落性

指树在秋天脱落叶子保持能量，并会在来年春天萌发新叶。另外，也指哺乳动物的第一批牙齿，然后长出持久的齿系。

伪装

哺乳动物皮肤上的颜色和图案为它们提供保护，帮助它们混杂在周围环境中很好地躲避敌害。

窝产

指一只雌性哺乳动物一次同时产下一窝幼仔。

细胞

组成生命体的微小单元之一，某些简单的有机体仅仅由一个细胞组成，不如动物的机体是由无数细胞组成的。

夏蛰

一种深度睡眠的状态，使某些哺乳动物能够在干旱或炎热的气候条件下生存。针鼹和花金鼠是夏蛰动物的代表。

纤维素

形成植物细胞壁的坚硬物质，哺乳动物无法消化它。

腺体

指身体中能够产生激素等物质的器官，具有特殊作用。

胸腔

指哺乳动物躯体的胸部区域，位于腹部以上，胸腔受到胸廓保护。

休眠

指一段静止休息时期。

夜行性

白天休息，夜间活动的哺乳动物或其他动物。

一雄多雌

指一个哺乳动物的社会群体是由一只雄性和至少两只雌性组成。某些哺乳动物仅在繁殖季节才形成这种一雄多雌现象。

有袋类动物

哺乳动物一个类群——后兽亚纲的俗称。有袋哺乳动物在一个短暂的怀孕期后产下幼仔，然后幼仔在母亲的育儿袋中吮吸乳头，逐渐发育。

杂食动物

能够吃各种食物（包括植物性和动物性食物）的动物。

择偶场

指雄性哺乳动物（如羚羊）在繁育季节展示自己的公共区域，它们在这里努力打败竞争对手，赢得交配。

蛰伏

指一种不活动的类似于睡觉的状态，某些动物在恶劣条件下身体机能减慢，用以保存能量。许多蝙蝠白天的时候就进入蛰伏状态。

针毛

指位于许多哺乳动物毛皮中的长而粗糙的毛发，具有防御作用。

针叶林带

指松类森林的宽阔地带，位于北半球高纬度地区的。

真哺乳亚纲

胎盘哺乳动物的一个大型亚纲，绝大多数哺乳动物都属于其中。

植食性动物

指以植物为食的动物。

趾行

一种靠趾走路的运动方式，脚后跟并不着地。

种

指生物的一个类群，它们彼此相似，能够在一起繁殖，并产下具有繁殖能力的后代。

昼行

指动物在白天活动，夜间睡觉。

子宫

指雌性哺乳动物体内，后代未出生前发育的地方。胎盘哺乳动物的幼仔就在子宫发育至完全后出生。

自然选择

指进化中的一个过程。动物适应环境的能力越强，越容易生存和繁衍后代。随着时间流逝，很多优秀的特征逐渐保留下来并得到普及。

组织

指动物体中某些细胞的集合体，能够执行相同的功能。

致 谢

Dorling Kindersley would like to thank Andy Bridge for proof-reading and Hilary Bird for the index; Margaret Parrish for Americanization; and Niki Foreman for editorial support.

Picture Credits

The publisher would like to thank the following for their kind permission to reproduce their photographs:

(Abbreviations key: t=top, b=below, r=right, l=left, c=centre, a = above)

2: Auscape/John & Lorraine Carnemolla; 3: Nature Picture Library/Ron O'Connor; 4-5: OSF/photolibrary.com/Daniel Cox; 6: Ardea/Masahiro Iijima (bl); 6-7: N.H.P.A/Andy Rouse (c), Seapics.com (b); 8: Getty Images/Paul Nicklen (b); 9: Nature Picture Library/Anup Shah (bl), N.H.P.A/Martin Harvey (cl), (tr), Science Photo Library/GE Medical Systems (tl); 11: Associated Press/Carnegie Museum of Natural History/Mark A. Klingler (cl); 12: National Geographic Image Collection/Jonathan Blair (cl); 14: Nature Picture Library/Dave Watts (cr), N.H.P.A/Ken Griffiths (cb); 14-15: N.H.P.A/Nigel J. Dennis (b); 15: Ardea/Ferrero-Labat (cl), M. Watson (tr), N.H.P.A/Nigel J Dennis (cr); 16: Nature Picture Library/Bernard Castelein (bc); 17: Nature Picture Library/E.A. Kuttapan (cb); 18: Ardea/Francois Gohier (bc), OSF/photolibrary.com/Mark Hamblin (t); 19: Nature Picture Library/Gertrud & Helmut Denzau (br); 20: Ardea/Francois Gohier (tr); 21: Corbis/Joe McDonald (br); 22: Corbis/Michael & Patricia Fogden (tl), Nature Picture Library/Dave Watts (br); 23: FLPA/Frans Lanting (cr), Jurgen & Christine Sohns (bl); Nature Picture Library/Anup Shah (tl), Bernard Walton (cl); 24: Ardea/M. Watson (tr), N.H.P.A/Rich Kirchner (b); 25: Ardea/Masahiro Iijima (r); N.H.P.A/Manfred Danegger (tl); 26: Ardea/Ferrero-Labat (cl), Ardea/Chris Knights (b), Natural Visions/Richard Coomber (c); 27: Auscape/John & Lorraine Carnemolla (tc), Nature Picture Library/Barrie Britton (cr), Nature Picture Library/Tony Heald (bl); 28: Alamy/Martin Ruegner (t), Getty Images/G.K & Vicky Hart (cr), (cra), (bl), Getty Images/Wayne Eastep (crb), Science Photo Library/Peter Chadwick (cl); 29: Corbis/Ralph A. Clevenger (br), Corbis/Michael & Patricia Fogden (bcl), Corbis/Lester Lefkowitz (t), Corbis/Joe McDonald (bl); 30: Ardea/Sid Roberts (bc), Ardea/M. Watson (br), Corbis/Dan Guravich (t), N.H.P.A/T. Kitchin & V. Hurst (bl); 31: Ardea/Eric Dragesco (br); 32: Alamy/Stephen Frink Collection/Masa Ushioda (tr), FLPA/Mitsuaki Iwago/Minden Pictures (bc); 33: Alamy/Stephen Frink Collection/Masa Ushioda (tr), Bryan And Cherry Alexander Photography (bc); 34: N.H.P.A/Stephen Dalton (bl); 34-35: Corbis/Tom Brakefield; 35: Ardea/John Swedberg (tl), Corbis (bl), Nature Picture Library/Dave Watts (cr), Nature Picture Library/Doug Perrine (cra), N.H.P.A/Rich Kirchner (tr), OSF/photolibrary.com/Daniel Cox (crb); 36: Corbis/Steve Kaufman (tl), Nature Picture Library/Bruce Davidson (bl), N.H.P.A/ANT Photo Library (bc); 37: Science Photo Library/Merlin Tuttle (br); 38: Ardea/Mary Clay (bc), Nature Picture Library/T. J. Rich (tr); 39: Natural Visions/Richard Coomber (bl); 40: Ardea/Paul Germain (bl),OSF/photolibrary.com/Daniel Cox (r); 41: Nature Picture Library/Peter Blackwell (bl), Nature Picture Library/Tony Heald (tr); 42: Corbis/Carl & Ann Purcell (tr), Natural Visions/C. Andrew Henley (br); 43: Ardea/Andrey Zvoznikov (cal), (cca), Ardea/Dennis Avon (tcl), DK Images/Jerry Young (tr), Nature Picture Library/Jim Clare (cl), Nature Picture Library/Brandon Cole (b), OSF/photolibrary.com/Alan & Sandy Carey (cr); 46: DK Images/Natural History Museum (bc), FLPA/Gerry Ellis/Minden Pictures (cla), The Natural History Museum, London (br), OSF/photolibrary.com/Steve Turner (ca); 46-47: OSF/photolibrary.com/Hilary Pooley; 47: Alamy/John Morgan (br); 48: Ardea /Elizabeth Bomford (cl), FLPA/Michael & Patricia Fogden/Minden Pictures (b); 49: Ardea/Pat Morris (tl), Corbis/Tom Brakefield (r), Nature Picture Library/Pete Oxford (cla), N.H.P.A./John Hartley (bl), Still Pictures/A. & J. Visage (cl); 50: Nature Picture Library/Doug Allan (b), T. J. Rich (c), OSF/photolibrary.com/Nick Gordon (tl); 51: Corbis/Raymond Gehman (cra), FLPA/Gerard Lacz (cr), FLPA/Mitsuaki Iwago/Minden Pictures (tr), Nature Picture Library/Bruce Davidson (b); 52: Nature Picture Library/Mark Payne Gill (tl); 53: Ardea/Chris Harvey (cl), OSF/photolibrary.com/Daniel Cox (tr), Still Pictures/Martin Harvey (bc); 54: FLPA/Minden Pictures (tl), National Geographic Image Collection/Warren Marr/Panoramic Images (bl), Nature Picture Library/Thomas D. Mangelsen (c); OSF/photolibrary.com/M Leach (br); 55: Ardea/Clem Haagner (tl), Corbis/Jeffrey L.Rotman (tr), OSF/photolibrary.com/Tim Jackson (bc); 56: Ardea/Chris Harvey (cr), FLPA/Gerard Laoz (l), FLPA/Philip Perry (br); 57: Ardea/Francois Gohier (t), N.H.P.A/Kevin Schaefer (c); 58: OSF/photolibrary.com/Martyn Colbeck (bc), (bl), (br); 59: Ardea/Augusto Stanzani (bl), (br), Corbis/Rod Patterson/Gallo Images (c), DK Images/Barrie Watts (tr); 60: Auscape/Jean-Paul Ferrero (bc), Auscape/David Parer & Elizabeth Parer-Cook (bl), (br), Natural Visions/C. Andrew Henley (tr); 61: Auscape/Mike Gillam (br), OSF/photolibrary.com/Farneti Foster Carol (tr), Still Pictures/John Cancalosi (tl); 62: Auscape/David Parer & Elizabeth Parer-Cook (bc), (cr), Nature Picture Library/Dave Watts (c); 63: Ardea.com/D. Parer & E. Parer-Cook (tl), Auscape/Jean-Paul Ferrero (cr), Steven David Miller (br), Nature Picture Library/Dave Watts (tr); 64: Corbis/Marko Modic (br), Nature Picture Library/Jeff Rotman (tr); 65: Corbis/Tom Brakefield (bl); 66: Nature Picture Library/ T.J. Rich (cb), Nature Picture Library/Anup Shah (r), N.H.P.A/Jonathan & Angela Scott (ca); 66-67: Corbis/ John Conrad (b); 67: Ardea /Jean Michel Labat (cl); 68: Ardea/Francois Gohier (cl), Nature Picture Library/Anup Shah (bl), Photovault/Wernher Krutein (tr); 69: Ardea/Ian Beames (r), Corbis/ABC Basin Ajansi (bl), Nature Picture Library/Neil Lucas (tl); 70: DK Images/University College London (bcl), Nature Picture Library/Pete Oxford (bcr); 71: Ardea/M. Watson (crb), Corbis/Gallo Images (tr), Corbis/Jeffrey L. Rotman (cra), Nature Picture Library/Anup Shah (bl), (br); 72: Corbis/Yann Arthus-Bertrand (bl); 72-73: Corbis/Clem Haagner/Gallo Images (bl); 73: Ardea/Stefan Meyers (bl), FLPA/Foto Natura Stock (cr), Nature Picture Library/Staffan Widstrand (br); 74: Corbis/John Conrad (b), Nature Picture Library/Christophe Courteau (cl), Art Wolfe/Gavriel Jecan (cr), (cra), (tr); 75: DK Images/Jerry Young (b), Nature Picture Library/Pete Oxford (tr), Nature Picture Library/Doug Perrine (ca); 76-77: Nature Picture Library/Anup Shah; 77: Corbis/John Francis (cb), Nature Picture Library/Pete Oxford (ca), Nature Picture Library/Anup Shah (bc), Nature Picture Library/Bruce Davidson (tc); 78: Ardea/Jean Paul Ferrero (bl); 79: Getty Images/National Geographic/Norbert Rosing (tr), Nature Picture Library/Andrew Cooper (tl); 80: Corbis/Kennan Ward (cl), Nature Picture Library/Ingo Arndt (bl), Solvin Zankl (tr); 80-81: Nature Picture Library/Doc White (b), Corbis/Yann Arthus-Bertrand (c); 82: Ardea/John Mason (cr), Corbis/Roy Corral (br), Corbis/George McCarthy (tl); 83: Getty Images/National Geographic/Beverly Joubert (tl), FLPA/Michael & Patricia Fogden/Minden Pictures (tr), FLPA/Frans Lanting/Minden Pictures (tc), FLPA/S & D & K Maslowski (bc), Nature Picture Library/John Cancalosi (br), N.H.P.A./John Shaw (c); 84: Corbis/Archivo Iconografico, S.A (tl), Mary Evans Picture Library (cr); 84-85: Corbis/Keren Su (b); 85: Corbis/© Lucy Nicholson/Reuters (tl), Corbis/Najlah Feanny (br), DK Images/Christopher & Sally Gable (c); 86: Ardea/Kenneth W. Fink (ccr), OSF/photolibrary.com/Konrad Wothe (tl); 86-87: Ardea/Francois Gohier; 87: Corbis/Kevin Schafer (c), FLPA/Norbert Wu/Minden Pictures (cr), N.H.P.A/Martin Harvey (bc), OSF/photolibrary.com/Steve Turner (tr).

For further information see:
www.dkimages.com

图书在版编目（CIP）数据

斑斓昆虫 /（英）戴维・伯尼著；吴佳瑶译 . --
北京：科学普及出版社，2022.1（2023.8重印）
（DK 探索百科）
书名原文：E.EXPLORE DK ONLINE : INSECT
ISBN 978-7-110-10349-4

Ⅰ. ①斑… Ⅱ. ①戴… ②吴… Ⅲ. ①昆虫—青少年读物 Ⅳ. ① Q96-49

中国版本图书馆 CIP 数据核字（2021）第 202098 号

总 策 划： 秦德继
策划编辑： 王 菡 许 英
责任编辑： 高立波
责任校对： 张晓莉
责任印制： 李晓霖
正文排版： 中文天地
封面设计： 书心瞬意

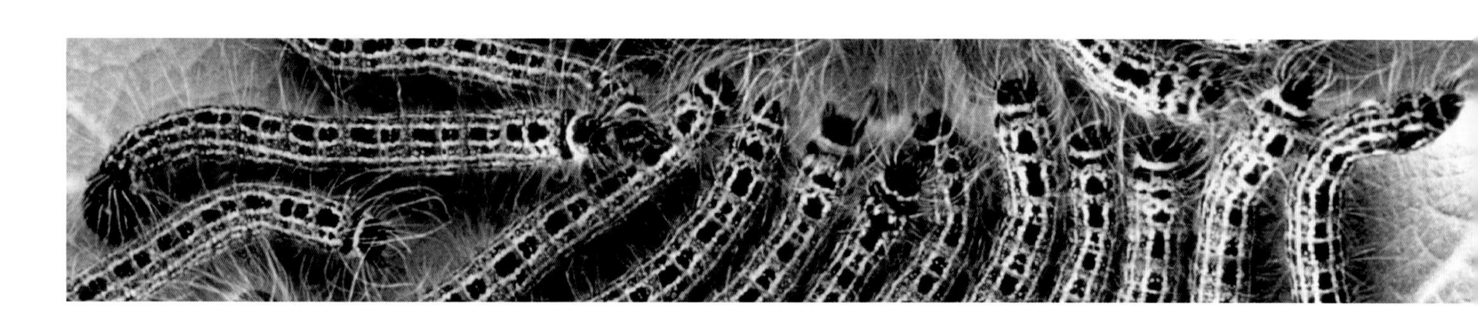

著作权合同登记号：01-2021-5818

www.dk.com

科学普及出版社出版
北京市海淀区中关村南大街 16 号
邮政编码：100081
电话：010-62173865 传真：010-62173081
http://www.cspbooks.com.cn
中国科学技术出版社有限公司发行部发行
北京华联印刷有限公司承印
开本：889 毫米 ×1194 毫米 1/16
印张：6 字数：200 千字
2022 年 1 月第 1 版 2023 年 8 月第 5 次印刷
定价：49.80 元
ISBN 978-7-110-10349-4/Q・269

DK 探索百科

斑斓昆虫

[英] 戴维·伯尼／著
吴佳瑶／译
林静怡／审校

科学普及出版社
·北 京·

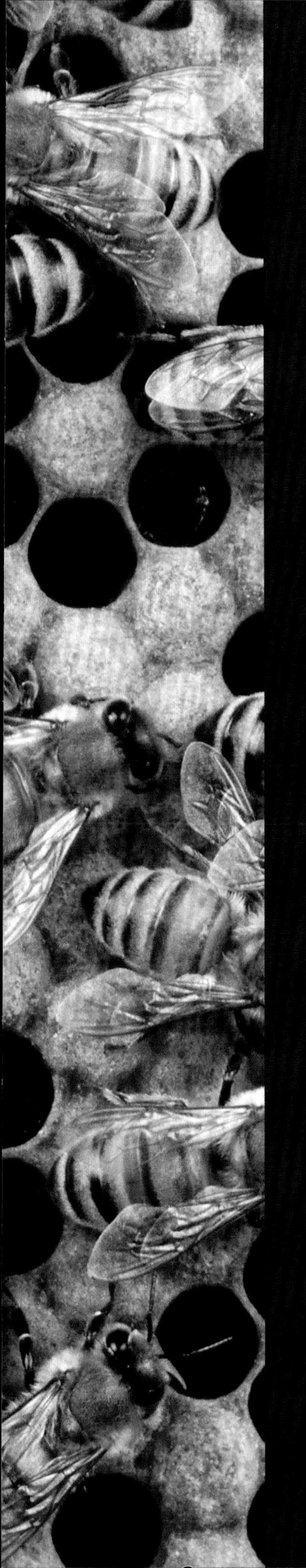

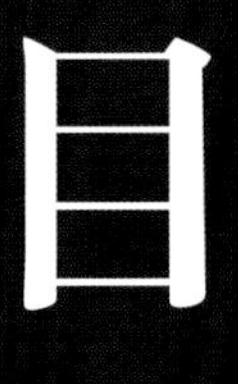

蝴蝶典型的棒状触须

昆虫世界

昆虫的成功令人诧异。它们在数量上超过人类 10 亿倍，占地球上所有生物种类的一半以上。迄今为止，科学家已经确认了超过 100 万种昆虫，而且还将发现更多新的种类。科学家将昆虫分成若干大类，称之为目。在每个目中的昆虫拥有相同的特征。7 个主要的目分别为：膜翅目（蜜蜂、黄蜂和蚂蚁），双翅目（苍蝇），鞘翅目（甲虫），鳞翅目（蝴蝶和蛾子），蜻蜓目（蜻蜓和豆娘），直翅目（蟋蟀和蚱蜢）以及半翅目（蝽类）。

单独一对翅膀

▲双翅目（苍蝇）

双翅目昆虫，包括家蝇在内，与大多数飞行昆虫不同，它们仅有一双翅膀。由一对平衡棒代替后翅，用以保持飞行平稳。更多有关双翅目的内容请见第 38 和 39 页。

前翅和后翅间由一排极小的钩子连在一起
发达的眼睛
如同毛发的鳞片有助于保持体温

▲膜翅目（蜜蜂）

膜翅目昆虫（蜜蜂、黄蜂和蚂蚁）都有细窄的腰和两对极薄的翅膀，有的带有蜇刺。这些昆虫大多数是独居的，但绝大多数会构成固定的种群，称之集群。蜜蜂在自然界从事极为重要的活动——为花授粉。如果没有它们，许多植物就无法结出种子。更多有关膜翅目的内容请见第 74 和 75 页。

雄性用以争斗的颌
翅鞘（坚硬的前翅）在背上的中缝处会合
强壮的腿用来攀爬
钩状脚用来爬树

▲鞘翅目（甲虫）

这一类有多达 40 多万个不的种，因而成为昆虫中最大的个目。它们大小各异，但都有为翅鞘的一对坚硬前翅，像罩一样盖在后翅上。这一目中有鹿角甲虫这样的大家伙，它们备有一双吓人的角。更多有关翅目的内容请见第 22 和 23 页。

昆虫成功的秘密

外壳坚硬 昆虫没有骨头（内骨骼），但有外骨骼（甲壳）。以它们的体型大小而言，甲壳使它们更加强壮，并可以防止失去水分。这就是说，昆虫可以存活在地球上某些最干旱的地方。

体型小 通常而言，相比脊椎动物（有脊柱的动物），昆虫实在太小了。这使它们可以生活在各种大型动物无法生存的地方。体型小的生物吃得也少，因此当食物缺乏时，昆虫更容易存活。

飞行能力 大部分昆虫成年后都会飞。飞行是昆虫的巨大优势，因为飞行的昆虫更容易找到食物和拓展生活空间。虽然大部分昆虫飞不远，但有的种类为了繁殖可以飞很远的距离。

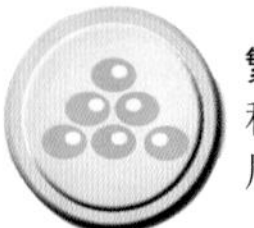

繁殖迅速 相较哺乳动物，昆虫繁殖十分迅速，而且通常种群巨大。当气候适宜，食物充分，它们的数量在仅仅几周之内会增加千倍。

食物来源多样 昆虫通常只吃一种食物。但总体而言，它们几乎摄食任何东西，从活着的植物、动物到死去的尸体。多样的食物来源使昆虫有许多进食的机会。

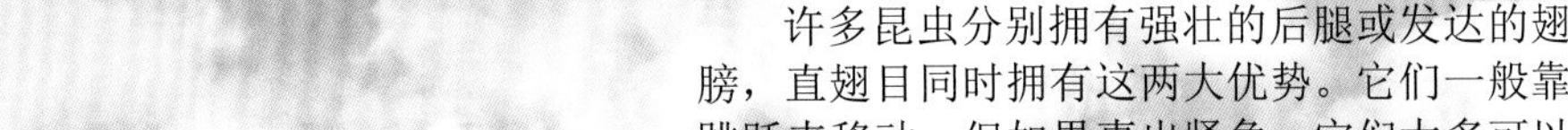

直翅目（蚱蜢）▶

许多昆虫分别拥有强壮的后腿或发达的翅膀，直翅目同时拥有这两大优势。它们一般靠跳跃来移动，但如果事出紧急，它们大多可以飞行。它们皮革一样的前翅很窄，后翅很薄，并可以像扇子一样张开。更多有关直翅目的内容请见第 54 和 55 页。

翅膀表面覆盖着彩色的鳞片

前翅比后翅宽大

后翅提供绝大部分的飞行动力

前翅通常带有保护性的标记

宽大的胸部包含了飞行肌

◀鳞翅目（蝴蝶）

这一大类包含了一些世界上最美丽的昆虫，如这只欧洲凤尾蝶。鳞翅目在外形和颜色上大相径庭，但它们的一个共同特征是身体和翅膀上都覆盖有微小的鳞片。更多有关鳞翅目的内容请见第 66 和 67 页。

半翅目（蝽）▶

蝉属于半翅目，对于科学家而言，它们是拥有穿刺性口器和两对翅膀的特殊昆虫。更多有关这类昆虫和它们多种多样的生活方式请见第 46 和 47 页。

蜻蜓目（蜻蜓）▶

这类昆虫有细长的身体和坚硬的翅膀，它们可以在水上和开阔的空间寻找食物。它们视力极好，掠食其他昆虫，用长满刚毛的腿抓取猎物。更多有关这种最古老的昆虫请见第 28 和 29 页。

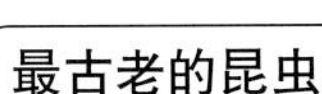

长棒状流线型的腹部

其他昆虫目

蜚蠊目（蟑螂）

这种夜行食腐昆虫取食死尸和腐败的食物，大部分在热带雨林过着无害的生活。但少数种类出没于住宅中给人们带来麻烦。大多数蟑螂有翅膀，但数量最大的种类，如这只马达加斯加（嘶嘶）蟑螂，是没有翅膀的。

革翅目（蠼螋，又称地蜈）

蠼螋（qú sōu）以其独特的大螯成为世界上最著名的花园昆虫。它们会飞，但当爬行时，它们扇形的后翅就折叠并隐蔽起来。它们的大螯用来自卫以及捕获诸如蚜虫、螨、跳蚤之类的猎物。

脉翅目（草蜻蛉，又名纺织娘）

这类昆虫的得名显而易见。它们的翅膀大出身体许多，其上娇嫩的翅脉构成了网状的结构。草蜻蛉营夜行生活，常在明亮的光源周围翻飞。它们的颌很小，喜欢掠食蚜虫或者其他小型昆虫。

最古老的昆虫

约 3 亿年前，最早的飞行昆虫出现了。这些史前的飞行者中就有巨型的蜻蜓，比如在石灰石中变成化石的这一只。有的史前蜻蜓翼展可达 75 厘米，是有史以来最大的昆虫。最早的类昆虫生物推断距今 4 亿年。这种昆虫的亲缘种没有翅膀，看起来非常像现在的跳虫。

什么是昆虫？

世界上随处可见长着许多条腿到处跑的小动物。它们被称为节肢动物，包括所有的昆虫以及很多看起来像昆虫的小动物。除非你知道如何区分昆虫的特性，否则很容易混淆。昆虫的成虫由头、胸、腹三部分组成，通常有 6 条腿。它们也是节肢动物中唯一有翅膀的。因为身体会随着生长改变形状，这使昆虫的幼虫很难辨认。这种变化称为变态。

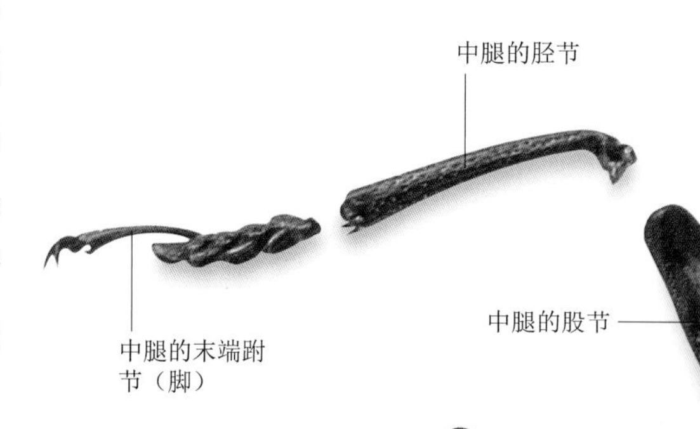

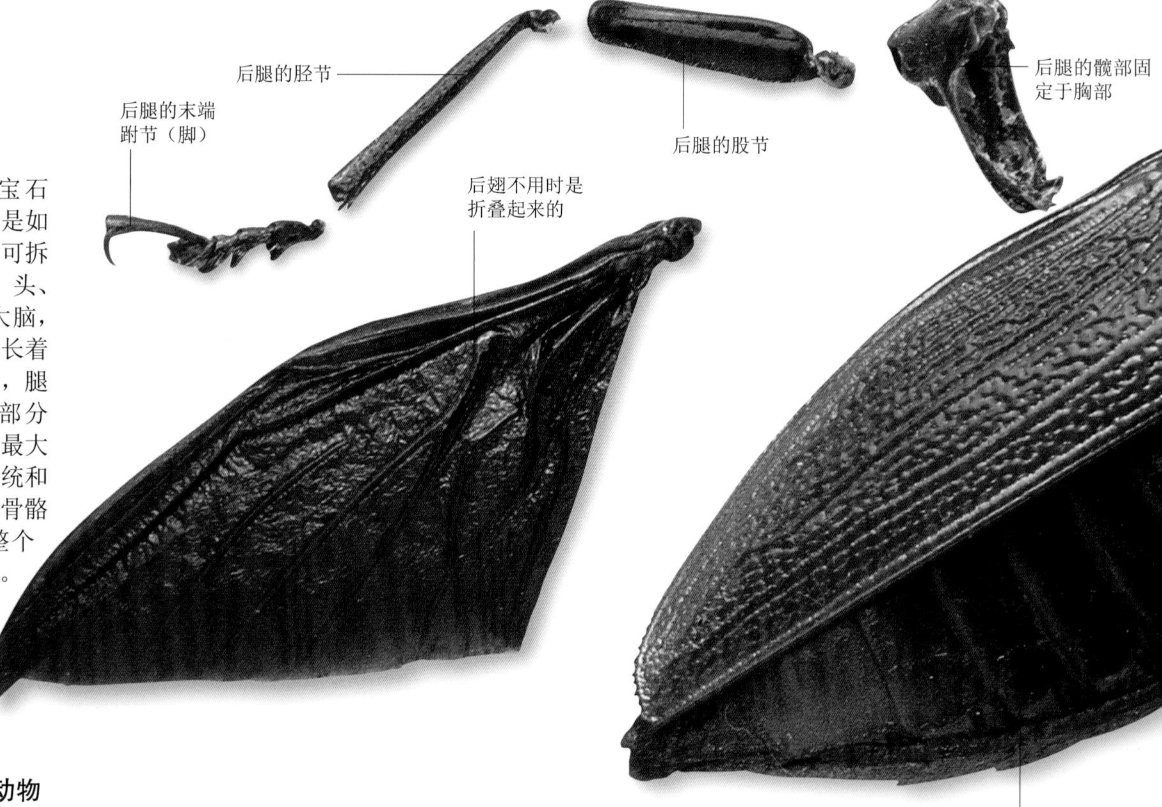

分解开的昆虫▶

这只拆解开的宝石甲虫是用来显示虫体是如何组成的。它的身体可拆成三个主要的区域：头、胸、腹。头部包含大脑，还有一对复眼。腹部长着甲虫活动所需的肌肉，腿和翅膀也长在这一部分上。腹部是三部分中最大的。它包含着生殖系统和甲虫的肠道。称作外骨骼的坚硬甲壳覆盖着整个虫体，包括眼睛在内。

与昆虫相似的节肢动物

蜘蛛

与昆虫不同，蜘蛛有 8 条腿。但身体只有两部分，称为头胸和背部（或称腹部）。蜘蛛以及其他节肢动物都有外骨骼，但通常很轻薄，并覆盖着轻柔的毛。在其生长过程中，身体形状也不发生改变。

扁虱

扁虱和蜘蛛亲缘关系很近，也有 8 条腿。它们爬到动物身上吸食血液。图上的这只由于吃得太饱身体胀了起来。螨和扁虱一样属于小型节肢动物，只是身形更小，通常只有显微镜下才能看见。

土鳖（潮虫）

土鳖是地球上数量最少的甲壳类生物。甲壳类包括蟹和虾，它们大部分生活在淡水和海洋中。甲壳类的名字源自它们装备的沉重外壳，像个盔甲一样扣在身上。与昆虫不同，它们常常有 12 对以上的腿。

蜈蚣

蜈蚣的身体有许多节，每节都长有一对腿。虽然个别种类长有 300 多条腿，但大部分种类的腿并没有那么多。蜈蚣身体扁平，因而可以蜿蜒于缝隙中寻找猎物。它用头两侧长着有毒的爪来杀死猎物。

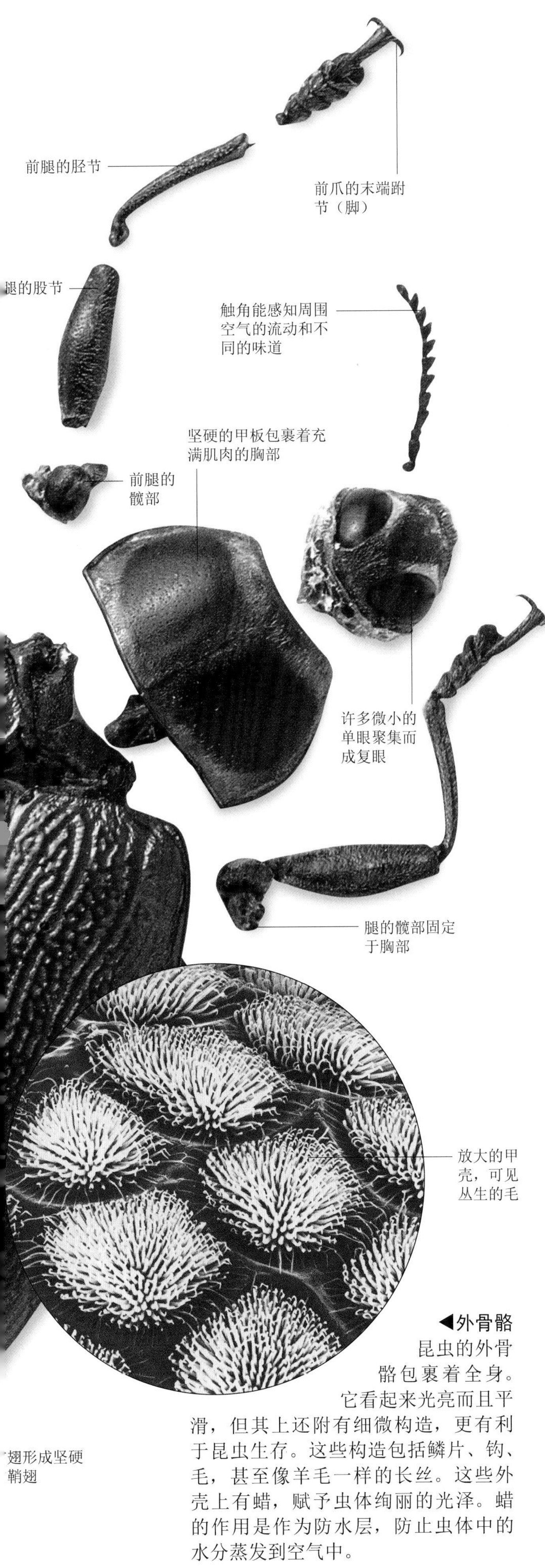

◀**外骨骼**

昆虫的外骨骼包裹着全身。它看起来光亮而且平滑，但其上还附有细微构造，更有利于昆虫生存。这些构造包括鳞片、钩、毛，甚至像羊毛一样的长丝。这些外壳上有蜡，赋予虫体绚丽的光泽。蜡的作用是作为防水层，防止虫体中的水分蒸发到空气中。

▲**蠹虫的幼虫**

绝大多数昆虫长大后身体会变形。这种变形发生在身体因为增长而蜕皮的时候。大多数昆虫在固定次数的蜕皮后，身体就不再长大。而这种叫作蠹虫的原始昆虫就是为数不多的反例之一。它们终生都在蜕皮，但身体形状几乎完全不变。它们没有翅膀，但包被有银色的鳞片。它们最早出现于约 3.5 亿年前，此后几乎就没有发生过变化。

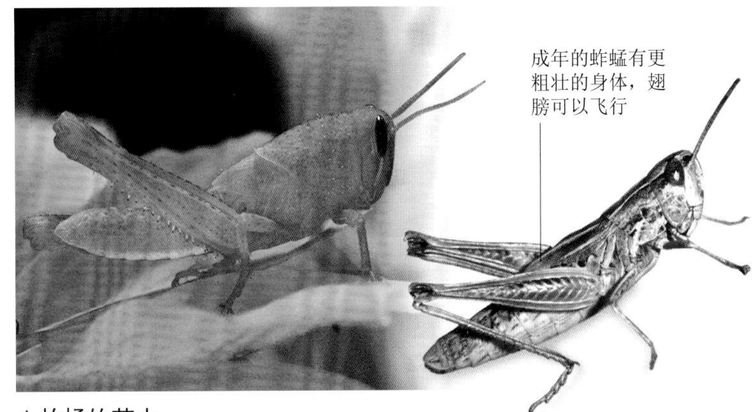

成年的蚱蜢有更粗壮的身体，翅膀可以飞行

▲**蚱蜢的若虫**

蚱蜢的身体在生长过程中逐步发生变形。幼年的蚱蜢与成虫看起来很像，主要差别在于它没有成熟的生殖系统或翅膀。每次蜕皮后，它都会更加接近成虫。最后一次蜕皮后，它的翅膀完全成熟，并做好了繁殖的准备。这种变化称不完全变态。

▲**大蚊的幼虫**

大蚊的幼虫没有腿，与成虫完全不同。它经过几个月的吃吃喝喝，外貌几乎不变，这之后就发生剧烈的变化。它会进入称为蛹的休眠阶段，不吃不喝。这一时期，原有的身体构造被打破，成虫的形态由此构建。一旦成虫做好准备，就会破茧而出，准备繁殖。这种变化称为完全变态。

昆虫的栖息地

世界任何地方，都可以发现昆虫的存在。从热带雾气弥漫的雨林到黑暗而静谧的洞穴，它们生活在所有类型的陆地栖息地上。许多昆虫在淡水中生长，并且在那里消磨全部的成年时光。有些昆虫沿海滨生活，少数甚至可以在波浪上滑行。唯一完全没有昆虫的栖息地是海洋深处。

▲海岸和海洋

对于昆虫，海岸算不上优良的栖息地。它们大多生存于沙中或峭壁上的草丛中。在含盐的泡沫能飞溅到的地方，则很少昆虫能生存下来。海岸昆虫包括游弋在岩石中的衣鱼。水黾的很长，是唯一可以生存在开阔海域的昆虫。

昆虫栖息地

极地
草原
温带
热带森林
沙漠
湿地

这张地图展示了世界各地的生态体系。生态体系是拥有特定植被组合的生物群落。例如，沙漠中的植物善于在干旱中生存。反之，雨林里的是生长迅速的常绿植物。植物为生态体系中的各种动物提供食物。例如草原，就是以哺育偶蹄哺乳动物而闻名。如果没有草，它们就不能存活。

昆虫能在从热带到极地附近的大陆等所有的生态体系中生存。热带常年温暖，因而昆虫终年忙碌。再往南和往北，昆虫的生命来来去去。它们在春夏活动，当秋冬到来时，只有很少的种类还在活动。

▲草原

草原上数量最多的昆虫是白蚁和蚂蚁。它们穿行于地表寻找食物，收集种子和树叶，并带回到巢穴。蜣螂在这种栖息地有着非凡的作用，它们能清理食草哺乳动物留下的粪便。

▼温带落叶林

每到春季，温带落叶林蓬勃而出的树叶，为昆虫创造了一场盛宴。毛虫对着美食不停地大吃大嚼。同时，像大黄蜂这样的肉食昆虫，则可以捕获到大量的毛虫和其他幼虫来喂养自己的幼虫。

室内昆虫

有些昆虫通常生活在室外，但有时会进入室内寻找食物。这些不受欢迎的客人中就包括家蝇。它们停留在任何含糖的东西上，用海绵一样的口器逐个扫荡。蚂蚁对有甜味的东西也很感兴趣。如果一只蚂蚁发现了含糖的食物，它会即刻散播消息。很快，就会有数百只蚂蚁过来把食物带走。

许多昆虫都是在无意间闯进室内后，才把温暖而且食物充沛的室内当成永久的栖息地。几乎全世界的房屋里都生活有蠹虫，它们昼伏夜出，取食淀粉类食物。蟑螂就更令人头疼，它们的食谱更广，而且在温暖环境中繁殖迅速，这些都使它们难以被人类消灭。

多刺的前肢能
紧紧抓住猎物
田鳖
扁平的后腿起
着桨的作用

淡水▶

在湖泊、河流、池塘和溪流中充斥着大量的昆虫。孑孓（蚊子的幼虫或蛹）的食物都是显微镜下才能看见的斑斑点点的微生物。某些淡水昆虫个头很大，例如大龙虱，它们能捕食蝌蚪甚至小鱼。水黾会猛然扑向迫降在水面上的虫子，在它们有机会飞走之前将它们抓住。

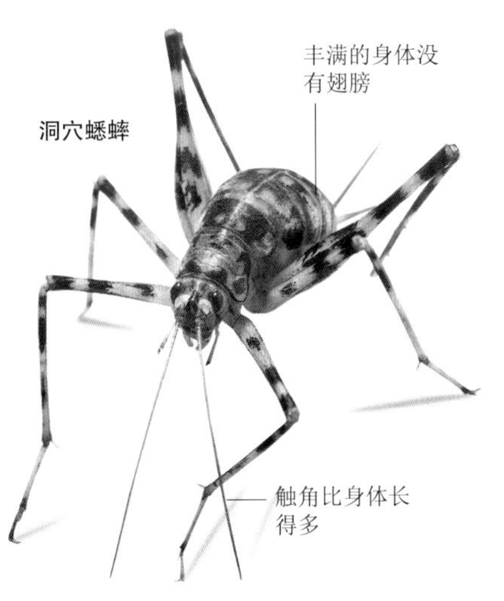
丰满的身体没
有翅膀
洞穴蟋蟀
触角比身体长
得多

洞穴和山脉▶

洞穴中居住着一些与众不同的昆虫。洞穴蟋蟀基本上就是个瞎子，它们用极长的触角在黑暗中探路。山上通常是很寒冷的，时常狂风大作，但是许多昆虫仍然能在此安家。甲虫在岩缝中寻找食物，而蝴蝶和蜜蜂则给花授粉。在雪线以上，没有翅膀的蝎蛉就游荡在雪层之下。

纳米布
黑暗虫

苍白的翅鞘可
以反射阳光

◀沙漠

与其他动物相比，昆虫更适合在沙漠中生活。它们有些在白天觅食，但大多数会等到天黑。沙漠昆虫包括鹰蛾、蚁狮（蚁蛉的幼虫）、巨蟋蟀，还有许多种陆生甲虫。它们有些从不喝水。来自纳米布沙漠的这只黑暗虫，能从海洋上涌来的雾气中收集小水滴。

非常大的前翅带
有翠绿色斑纹
绿鸟翼凤蝶

◀热带雨林

生活在热带雨林中的昆虫种类，比以上所有栖息地中生活着的加起来还多。从显微级别的黄蜂到巨大的蝴蝶都在其列，例如这只凤蝶，翅展长达 28 厘米。在热带雨林中，许多蜜蜂和苍蝇以花朵为食，而白蚁和甲虫更喜爱腐烂的木头。当行军蚁的大军从地面上蜂拥而过时，能制服挡在路上的所有昆虫。

甲壳下的生命

人和老鼠之间看起来差别很大，但有一个很重要的共同点——骨骼。人的骨骼（称之内骨骼）由骨头组成，位于身体的内部。这些骨头由柔韧灵活的关节连接起来，由肌肉带动。而昆虫的构造方式则完全不同。昆虫也有关节，但是骨骼长在身体的外面，像一个轻便的盔甲。这层甲壳由弯曲的壳板和管腔组成，从外部支撑着昆虫的身体。它被称作外骨骼。

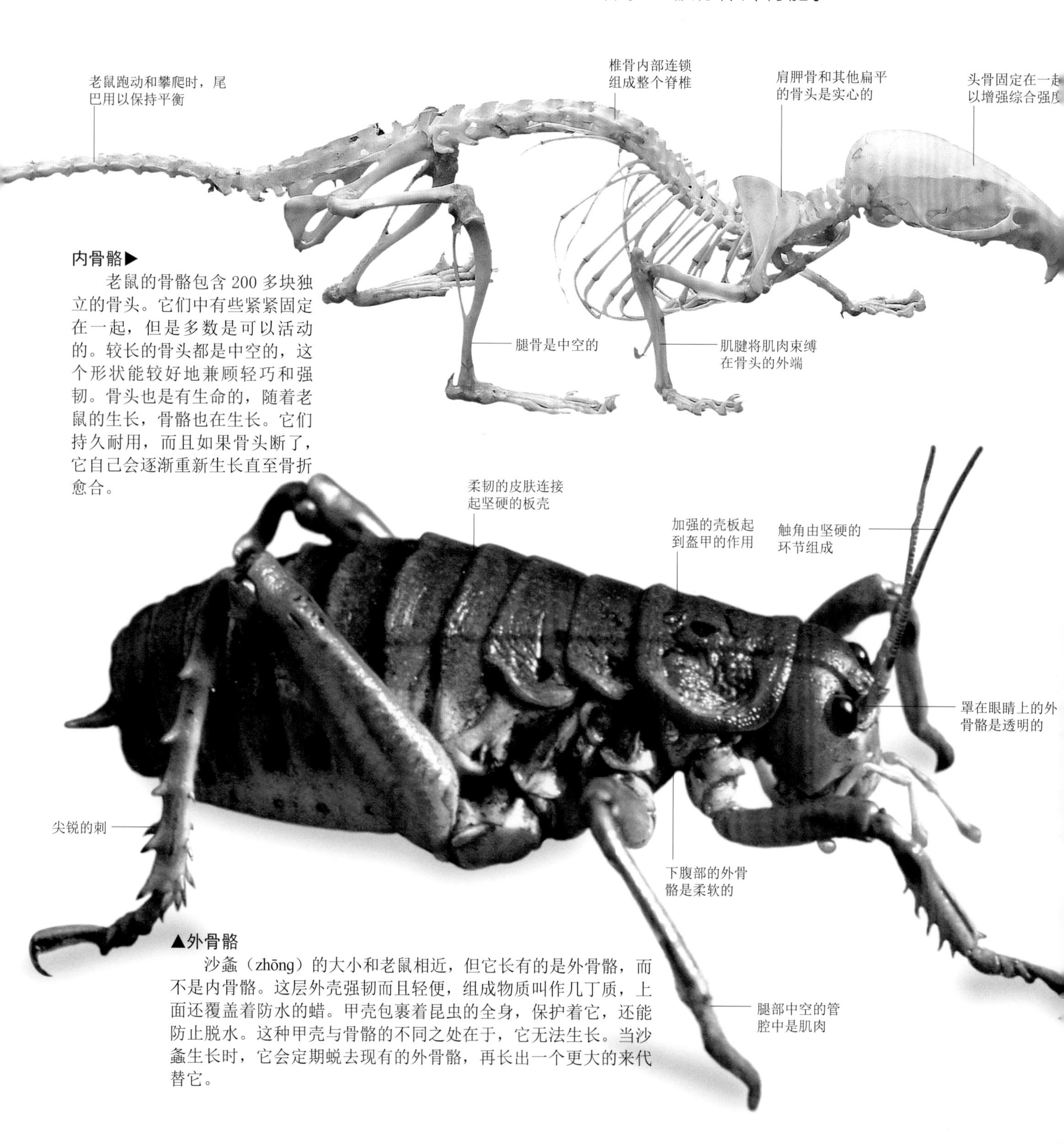
老鼠跑动和攀爬时，尾巴用以保持平衡
椎骨内部连锁组成整个脊椎
肩胛骨和其他扁平的骨头是实心的
头骨固定在一
以增强综合强
腿骨是中空的
肌腱将肌肉束缚在骨头的外端
柔韧的皮肤连接起坚硬的板壳
加强的壳板起到盔甲的作用
触角由坚硬的环节组成
罩在眼睛上的外骨骼是透明的
尖锐的刺
下腹部的外骨骼是柔软的
腿部中空的管腔中是肌肉

内骨骼▶

老鼠的骨骼包含200多块独立的骨头。它们中有些紧紧固定在一起，但是多数是可以活动的。较长的骨头都是中空的，这个形状能较好地兼顾轻巧和强韧。骨头也是有生命的，随着老鼠的生长，骨骼也在生长。它们持久耐用，而且如果骨头断了，它自己会逐渐重新生长直至骨折愈合。

▲外骨骼

沙螽（zhōng）的大小和老鼠相近，但它长有的是外骨骼，而不是内骨骼。这层外壳强韧而且轻便，组成物质叫作几丁质，上面还覆盖着防水的蜡。甲壳包裹着昆虫的全身，保护着它，还能防止脱水。这种甲壳与骨骼的不同之处在于，它无法生长。当沙螽生长时，它会定期蜕去现有的外骨骼，再长出一个更大的来代替它。

肉鼓鼓的昆虫▶

毛虫的外骨骼十分薄，这就是为什么它们摸起来柔软而有弹性。这些昆虫在压力作用下才能保持身体形状，活像一串会动的气球。它流质的身体向外紧压着外壳，将外壳展开并保持紧绷。毛虫外壳最坚硬的部分是下颌，那是因为它需要不停地啃食植物。

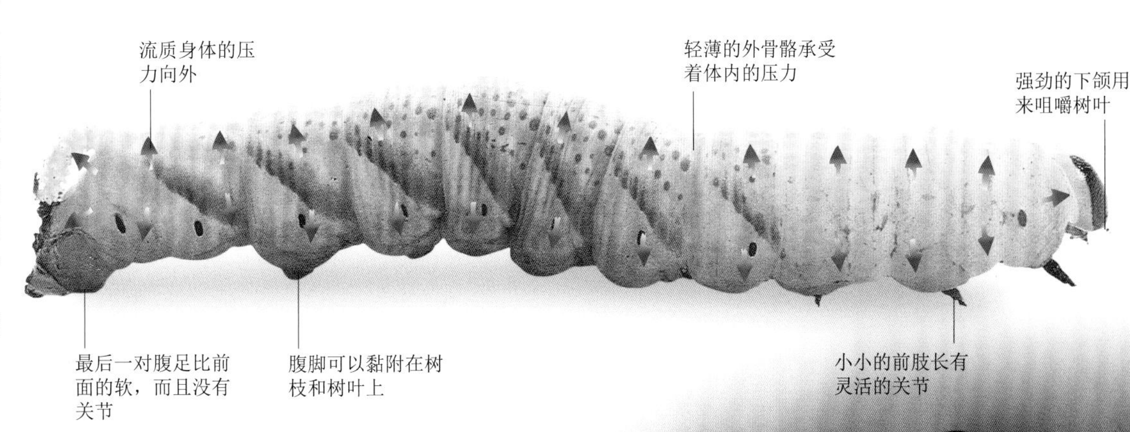
流质身体的压力向外
轻薄的外骨骼承受着体内的压力
强劲的下颌用来咀嚼树叶
最后一对腹足比前面的软，而且没有关节
腹脚可以黏附在树枝和树叶上
小小的前肢长有灵活的关节

黑色和黄色是典型的警戒色
伸出的触角散发出强烈的刺激性气味

▲化学色

昆虫的颜色通常显现在外壳上，或者紧挨着外壳下的身体上。这只凤尾蝶的毛虫全身充满明亮的警戒色，用来警告鸟类和其他掠食者：“我吃起来味道并不怎么样。”这些颜色是由化学色素（存在于植物和动物中的物质）产生的。毛虫和其他昆虫通常从所吃的植物中获得色素。

斑斓的色彩▶

闪蝶的蓝色源自翅膀上微小的颜脊。当阳光照到上面，会以一种特别的方式被反射回来。光线经过衍射，蓝色的部分显得格外突出。这种颜色被称为彩虹色。与颜料色不同，如果从不同角度看过去，彩虹色会发生改变。在暗淡的光线下看起来则完全是黑的。

翅膀鳞片上的颜脊反射太阳光中的蓝光
闪蝶的颜色随翅膀的扇动而改变

▲鳞片和绒毛

大部分昆虫身体表面平滑、光亮，但蝴蝶和蛾子全身包裹着微小的鳞片。它们翅膀上的鳞片像屋顶上的瓦片一样相互交叠，而且通常是鳞片上的色素使它们拥有鲜艳的色彩。昆虫并没有真正意义上的毛发，但它们长有绒毛，看起来很像毛发和皮毛。毛虫用身上的绒毛保护自己。

▲蜡质的外罩

放大 30 多倍后，这只蚜虫仿佛被一层雪覆盖着。这层“雪”实际上是虫蜡，由蚜虫外骨骼上极细小的腺体分泌。这种蜡还能使寄生虫难以附着在上面。所有昆虫的体外，都有这样一件蜡质的外罩。

额外的保护

蓑蛾的幼虫躲在树叶做成的口袋里，挂在细小的树枝下面。这个袋子可以起到额外皮肤的作用，保护蓑蛾的毛虫和它柔软的外骨骼。雄性的蛾为了交配会从里面出来，但雌性蛾会待在里面产卵。

蓑蛾的幼虫并不是唯一会制作保护罩保护自己的昆虫。石蚕（石蛾的幼虫）也会为自己建造活动房，并且带着它在水下移动。

昆虫内部

昆虫的内部器官和人体器官的功能相同，只是方式不同。例如，昆虫没有肺。取而代之，氧气会进入遍布全身的微小空管，称之气管。昆虫的心脏形状狭长，就在背部下面运转、工作。昆虫的血液与人体不同，并不携带氧气，不是红色的而是黄绿色的。昆虫的大脑位于头部，但身体的其他部位也有微型大脑。这就是为什么昆虫被捕食者吃了一大半之后，还能挣扎的原因。

机体系统▶

右图为大黄蜂的剖面图，向我们展示了保持机体运转的主要系统。神经系统支配着肌肉，搜集来自眼睛和其他感觉器官的信息。循环系统储存水分和抵抗感染。呼吸系统输送氧气。消化系统分解食物，吸收养分为蜜蜂提供能量。

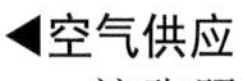

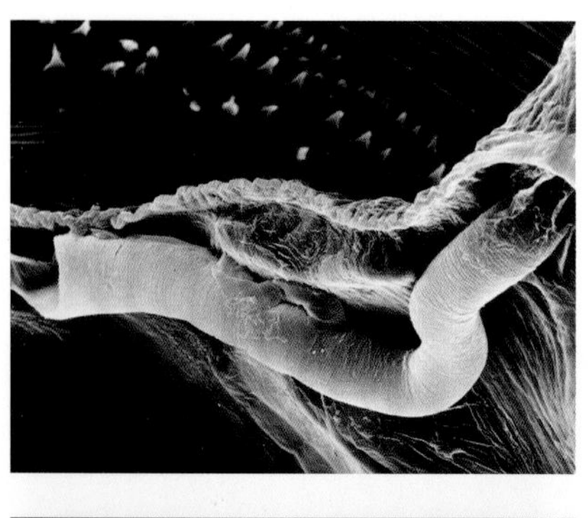

◀空气供应

这张照片是一根放大上千倍之后的气管。气管开始时都是单根的管子，之后便分化出高度发达的分支，深入昆虫身体内部。通过气管将空气中的氧气输送到昆虫的细胞中，同时，将二氧化碳等废气输出。有些大型昆虫会挤压自己的身体以帮助空气前进。

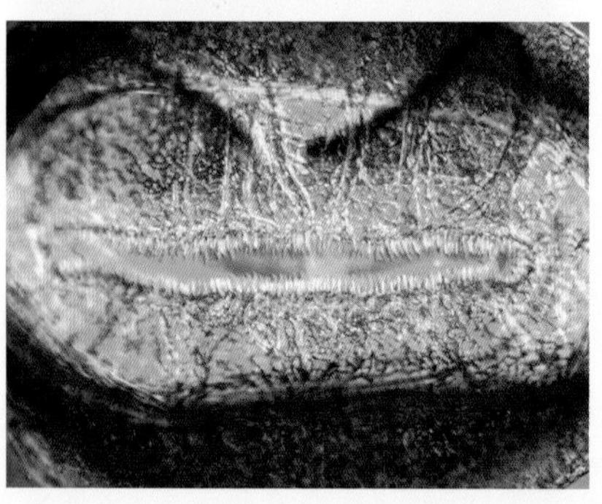

◀气孔

所有气管都有一头开口被叫作气门，另一头则在昆虫体内。这张图片展示的是蚕的某个气孔。实际上蚕的气孔的大小还不到1毫米，很像一个舷窗，上面的肌肉就像控制开关。当昆虫飞翔或剧烈活动时，气管会打开气孔，让大量氧气到达肌肉。当它静止不动时，气孔基本是关闭的。

大黄蜂的内部

神经系统

① 脑：接受来自感觉器官的信号，引发肌肉运动。

② 神经索：这两条神经索在脑和身体其他部位间传递信息。

③ 神经中枢：这个迷你脑独立运作，控制着身体不同部分的肌肉。

循环系统

④ 血淋巴：昆虫的血液流经身体的间隙，而不是动脉和静脉。

⑤ 心脏：这个强健的空管将血液向前泵入头部。瓣膜防止血液回流。

呼吸系统

⑥ 气管：这些带分支的管子将氧气带入身体，然后运出二氧化碳。

消化系统

⑦ 嗉囊：储存在这里的花蜜将会反刍到蜂巢的蜂房里，并在那里酿熟成为蜂蜜。

⑧ 中肠：食物再次降解，成为单质，被身体吸收。

⑨ 后肠：吸收水分和盐分，排泄身体废物。

防御系统

⑩ 毒囊：蜜蜂和其他蜇刺昆虫，将毒素储存在这里，保持备用。

⑪ 蜇刺：它将毒液注射进猎物的身体。

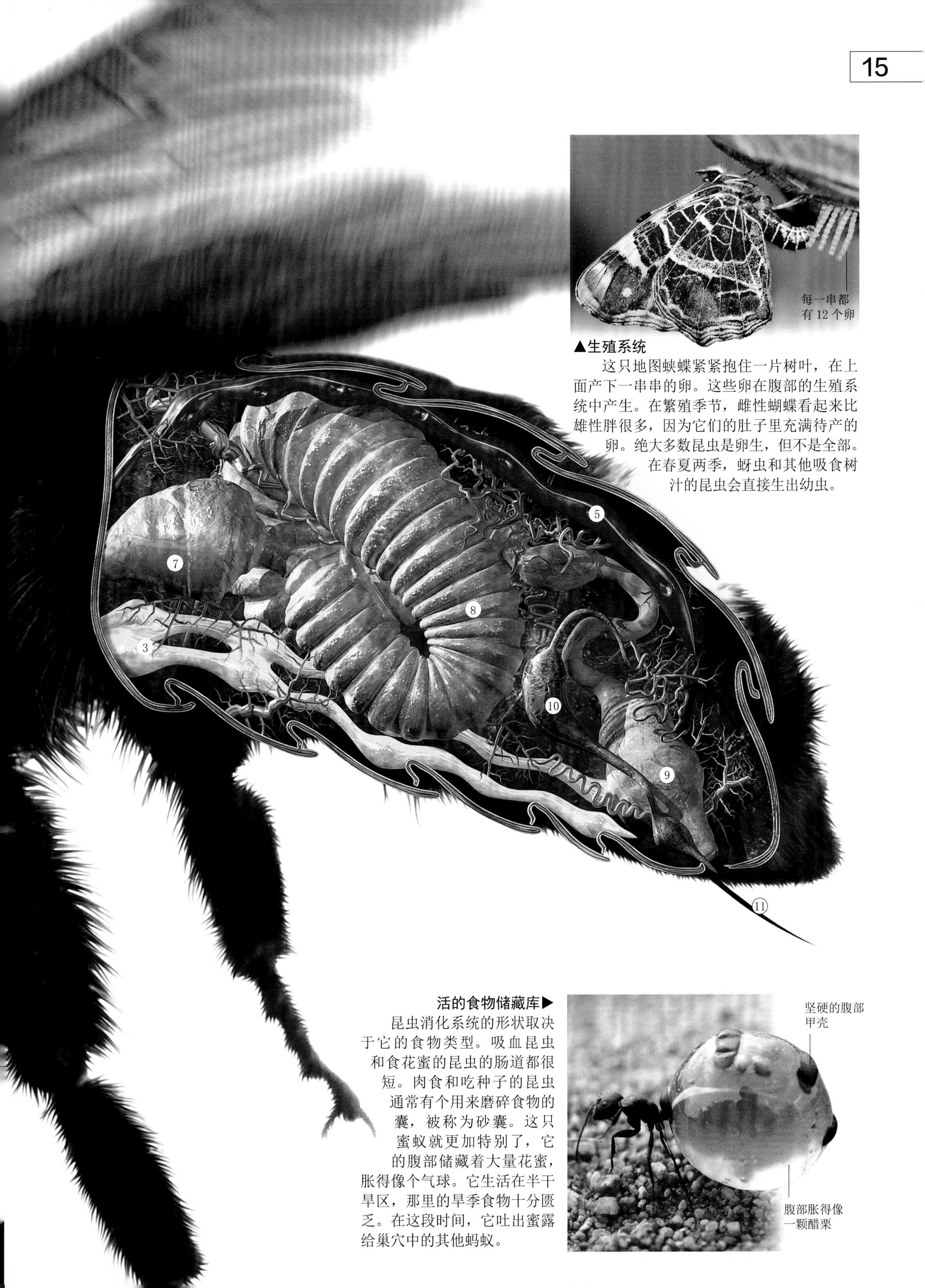

▲生殖系统

这只地图蛱蝶紧紧抱住一片树叶，在上面产下一串串的卵。这些卵在腹部的生殖系统中产生。在繁殖季节，雌性蝴蝶看起来比雄性胖很多，因为它们的肚子里充满待产的卵。绝大多数昆虫是卵生，但不是全部。在春夏两季，蚜虫和其他吸食树汁的昆虫会直接生出幼虫。

活的食物储藏库▶

昆虫消化系统的形状取决于它的食物类型。吸血昆虫和食花蜜的昆虫的肠道都很短。肉食和吃种子的昆虫通常有个用来磨碎食物的囊，被称为砂囊。这只蜜蚁就更加特别了，它的腹部储藏着大量花蜜，胀得像个气球。它生活在半干旱区，那里的旱季食物十分匮乏。在这段时间，它吐出蜜露给巢穴中的其他蚂蚁。

昆虫感官

如果把昆虫放大成和我们差不多大小，那它们的眼睛就会像足球一样大，触须则足有 2 米长。幸运的是它们永远长不了那么大，但感官确实对它们的生存极其重要。视力是我们最重要的感官，对许多昆虫也是如此。此外，有些昆虫还具有极灵敏的嗅觉，有的昆虫则能听到 1 千米外的声音。昆虫靠这些感官来寻找食物，追寻配偶以及躲避捕食者。

◀复眼

昆虫与脊椎动物（有椎骨的物）的不同之处在于，它们拥有是复眼。每只复眼都可以分成许小眼面，每个都有自己的晶体。每面的作用类似于一小型眼睛，只能收集来景物光线中的某一小分。某些昆虫每只复中只有几个小眼面，是牛虻和蜻蜓却有千个小眼面。这使们能更清楚地看到围景物，但是还是如人类能看到的清晰

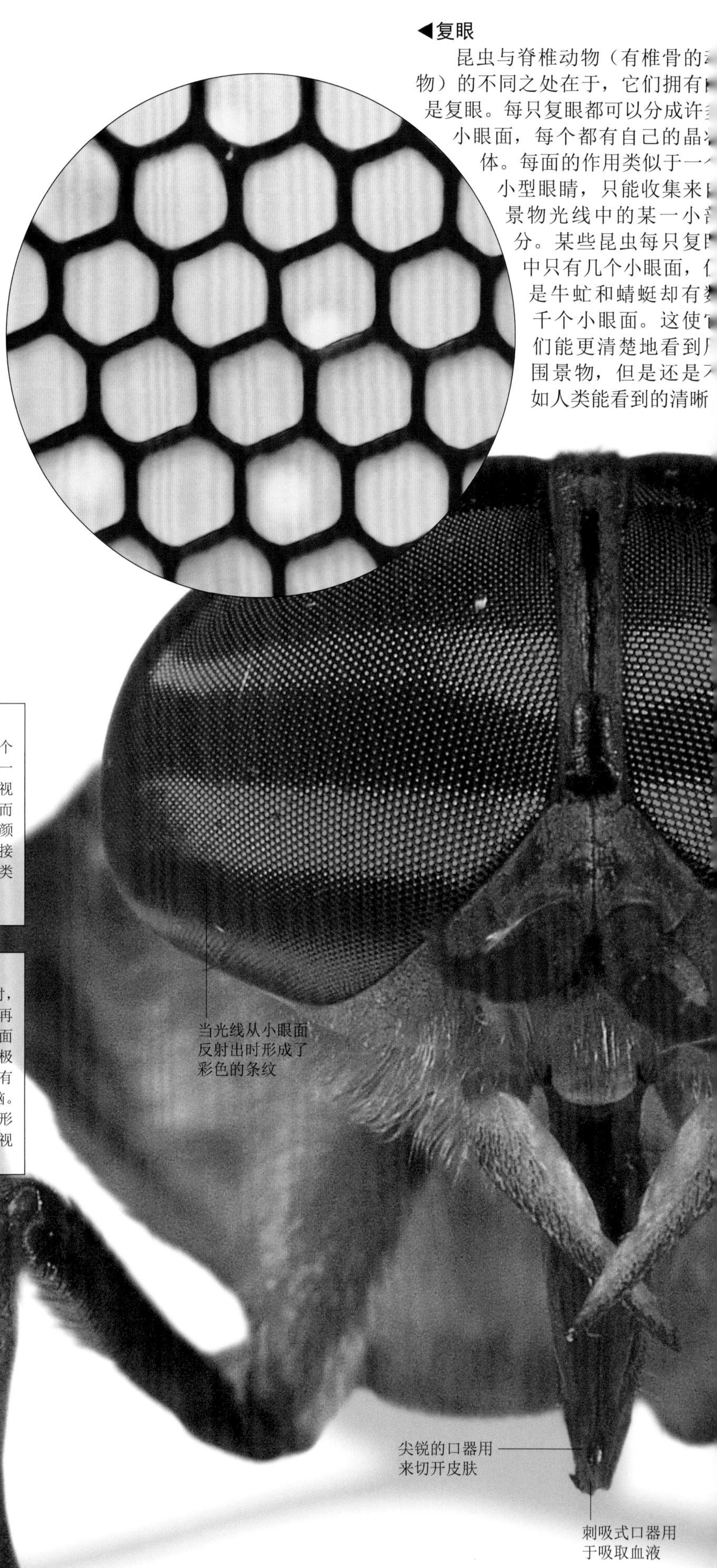
当光线从小眼面反射出时形成了彩色的条纹
尖锐的口器用来切开皮肤
刺吸式口器用于吸取血液

昆虫所见的景象

人类的视野

人的每只眼睛中只有一个晶状体，它像电影院的放映机一样，将光线聚焦在视网膜上。视网膜由百万个感官细胞组装而成。它们能感知不同的光线和颜色，并向大脑传送信号。大脑接下来会处理这些信号，形成人类看到的景象。

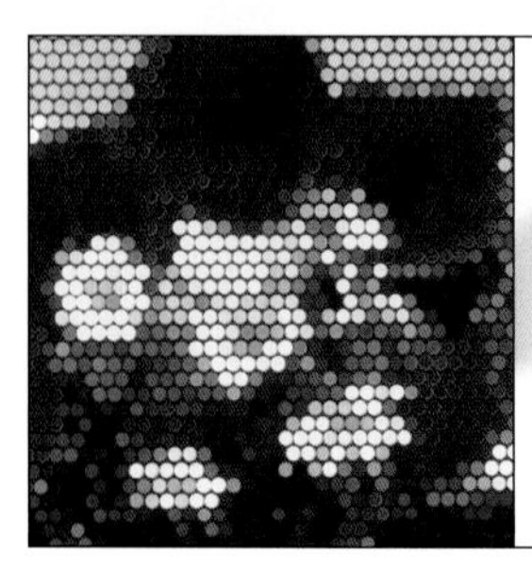

昆虫的视野

当昆虫注视着同个景物时，它会以完全不同的方式将其再现。它们复眼中的每个小眼面（单位）能看到的都是景物中极有限的一部分。接着，来自所有小眼面的信号就会传达给大脑。在此，大脑将信息叠加起来，形成对外界的合成图像。昆虫的视力并没有人类的那么精细。

威胁的凝视▶

这只牛虻的复眼占了它面部的绝大部分。与我们的眼睛不同，昆虫的眼睛是不能转动的。但是眼睛向前凸出，因此对四周有着很好的视野。许多昆虫不仅有复眼，还在头顶长着另外三只小眼睛，或者叫作单眼。这几只眼睛有自己的晶状体。它们能感受光线的强弱水平，但并不用来形成图像。

指示蜜源▶

昆虫能看到的颜色比我们少，比如说它们对红色就不怎么敏感。然而，许多昆虫能感觉到我们看不见的紫外线。植物常常用紫外线标志将昆虫吸引到花朵上来。这种标志称为指示蜜源。这些标志将昆虫吸引到花朵的中心，从而让昆虫吸食花蜜，接着带着花粉从一朵飞到另一朵。

在紫外线下显露出的蜜源指示

在可见光下，蜜源指示是看不见的

运动视觉

人类的视野

人类的大脑很发达，因此我们可以很好地分析看到的景象。一只飞行中的黄蜂立即就能吸引到我们的注意力，并且我们同时还能看到背景中静止的景物，比如黄蜂背后的花草。即使昆虫保持完全静止，我们仍能认出它的轮廓，知道它在哪里。

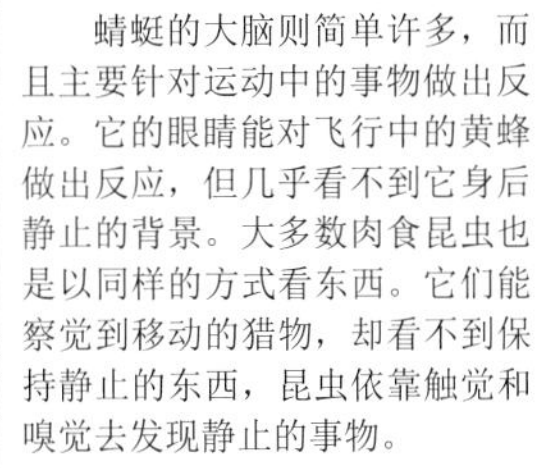

蜻蜓的视野

蜻蜓的大脑则简单许多，而且主要针对运动中的事物做出反应。它的眼睛能对飞行中的黄蜂做出反应，但几乎看不到它身后静止的背景。大多数肉食昆虫也是以同样的方式看东西。它们能察觉到移动的猎物，却看不到保持静止的东西，昆虫依靠触觉和嗅觉去发现静止的事物。

耳朵和触角▶

许多昆虫靠声音交流，但它们的耳朵并不都长在头上。蟋蟀的耳朵就长在腿上，而蚱蜢和蛾子的耳朵则长在腹部的两侧。蛾子将耳朵当作预警系统，借此留心它们的敌人，例如飞行中的蝙蝠。昆虫的触角（触须）是多重感觉器官，包括嗅觉、触觉和味觉，还能感知空气振动。

一连串的环节组成的触角十分灵活

整个蟋蟀的身体都散布着敏锐的触觉绒毛

耳朵就在膝关节下面的隐窝中

触角的类型

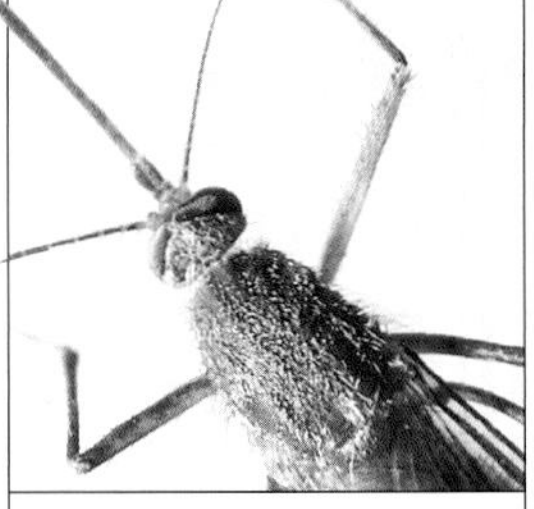

蚊子

触角随着昆虫的种类不同而不同，也随着性别不同而改变。这只雌蚊用细长的触角追踪自己的下一顿美餐。雄蚊的触角则像毛刷一样。它们可以用触角感觉雌蚊翅膀的振动，因而能在黑暗中发现雌蚊。

金龟子

金龟子短而粗壮的触角可以像扇子一样张开。它由许多独立分隔的薄片组成，可从空气中截取化学物质。这种触角相当坚固，很适合像甲虫这种长时间在树上和地上攀爬的昆虫。

天蚕蛾

某些雄蛾拥有昆虫世界最灵敏的触角。触角的形状像是羽毛，覆盖有发达的细丝，能感觉到空气中的化学信号。雄蛾用它来获取雌蛾的气味。它们能发觉数千米外的上风处有一只雌蛾。

昆虫的行为

与人类相比，昆虫的神经系统十分简单，通常它们的大脑不如一个句号大。尽管如此，它们仍反应迅速，习性常常十分复杂。所有昆虫都知道如何觅食、如何躲避危险以及如何找到配偶。某些昆虫的本领能给人留下极深的印象，例如在一望无际的沙漠上导航，或者建造极精致的巢穴。昆虫的习性主要取决于本能。本能就像是装在昆虫大脑中的计算机程序。它通常都能告诉昆虫该做些什么、怎么做以及什么时候做。

快速反应▶

家蝇一旦感觉到危险，就会立即采取紧急行动，飞到空中。它依赖神经系统的快速反应做到这一点。通常当苍蝇侦察到上方有动静时，便立即起飞。特殊的神经会将来自眼睛的信号迅速传输到飞行肌，为翅膀提供动力。同时，苍蝇收起口器，腿向上蹬。现在，开始拍动翅膀，不到一秒的时间之内，它已经飞在空中了。

眼睛察觉到上方的动静
0.0 秒，苍蝇察觉到了动静
苍蝇取食时，口器是伸出的

▼脑和迷你脑

像所有的昆虫一样，下图的蟑螂在头部有一个大脑，还有一个神经索在身体远端运转。神经索的作用就像是数据同步传输电缆。它将感觉器官的信号搜集起来送到大脑，并从大脑将信号传到肌肉。神经索同样长有一系列神经中枢（迷你脑）控制身体的不同区域，因此身体的各部分就可以自我运转。尽管如此，蟑螂还是由大脑支配全身。

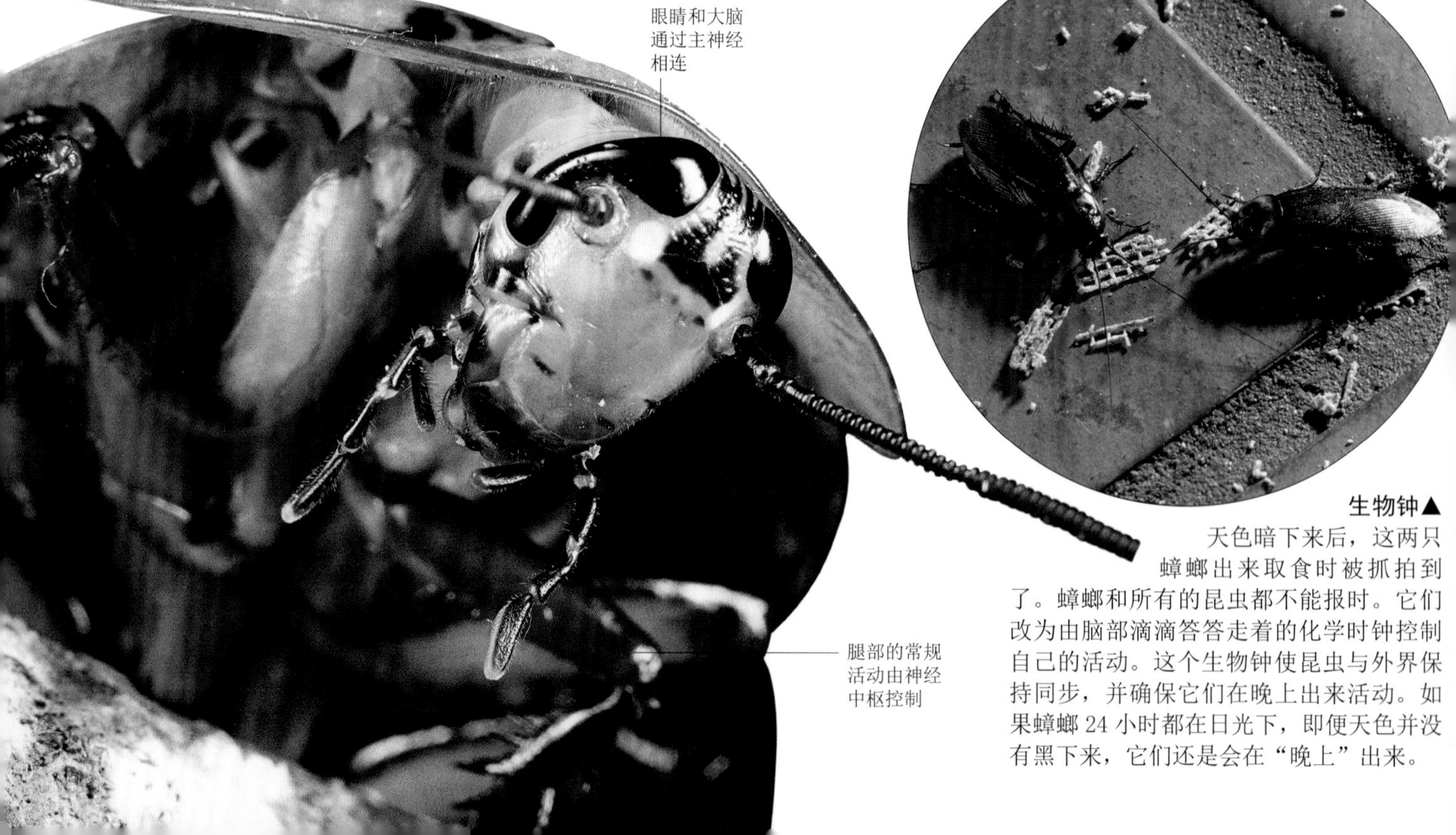
眼睛和大脑通过主神经相连
腿部的常规活动由神经中枢控制

生物钟▲

天色暗下来后，这两只蟑螂出来取食时被抓拍到了。蟑螂和所有的昆虫都不能报时。它们改为由脑部滴滴答答走着的化学时钟控制自己的活动。这个生物钟使昆虫与外界保持同步，并确保它们在晚上出来活动。如果蟑螂 24 小时都在日光下，即便天色并没有黑下来，它们还是会在“晚上”出来。

翅膀立即开始
拍打
苍蝇朝光线飞
去，逃离危险
0.2 秒，苍蝇起飞
口器缩
了回来
腿蹬向地面，
帮助起飞
0.1 秒，紧急
逃逸开始

找到回家的路

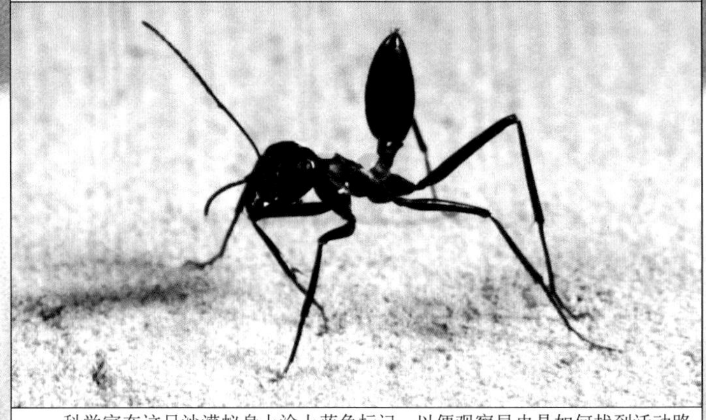

科学家在这只沙漠蚁身上涂上蓝色标记，以便观察昆虫是如何找到活动路线的。这种蚂蚁的巢是在沙地上的，它们可以步行 200 米寻找食物。它离开巢穴时，沿"之"字路线行走。回程中，即使离巢穴太远无法看到，它仍能径直返回。

蚂蚁是如何做到这一点的？最大的可能是，它们将空中的偏振光当作罗盘使用，这样能最快指出它们回去的路。

鲜亮的色彩提醒敌
人：这只幼虫的味
道不怎么样

▲昆虫的条件反射

这两只紧紧抱住马铃薯茎的科罗拉多甲虫的幼虫，很容易被食虫鸟类当作目标。幼虫并没有翅膀，腿也很短小，所以没法逃跑。但是一旦有任何东西碰到它们，它们会耍一种简单但十分有效的把戏——松开枝条，落到地上。等到周围确认安全，它们再慢慢爬回到植物上。这种行为称为条件反射。昆虫可以因此逃过一劫，而且几乎不需要费任何脑力。

▲昆虫智力

这只雌性泥蜂正用下颌拾起一颗小石子封锁自己巢穴的入口。这是个不寻常的举动，因为会使用工具的昆虫几乎不为人所知。直到发现巢穴已密封好，泥蜂才会将石子放回地面。使用工具的能力使泥蜂看起来很聪明。但事实上，它们并不聪明。当泥蜂拾起一颗小石子时，它仅仅遵从自己的本能。与人类和黑猩猩不同，它并不明白工具是如何起作用的。

昆虫的运动

蝗虫后腿用力一蹬，可以向上跳出 2 米。这是个很令人佩服的本领，也是有效的逃生手段。许多昆虫都会跳跃，但更多的昆虫是依次移动 6 条腿，在地上急速逃走。比起人类，昆虫的体重很轻，这也决定了它们移动的方式。它们可以直接启动或停止，而且爬上坡和爬下坡一样容易。它们娇小的身材还有另一个好处——如果重重地摔下来或落到地上，几乎不会受伤。

无腿移动

因为没有腿，许多昆虫的幼虫靠蠕动前行。这只长得像蠕虫一样的动物是跳蚤的幼虫。与成虫不同，幼虫在脱落的皮屑和毛发中生存，取食干燥的血迹和皮肤碎屑。其他没有腿的幼虫则在自己的食物中钻洞。它们包括蛆（苍蝇的幼虫），还有在木头中钻洞的甲虫和叶蜂。对于这些幼虫，没有长腿其实是它们的优势，因为腿会碍事。

运转中的肌肉▶

这张图显示了蝗虫的腿部强壮有力的肌肉。蝗虫的肌肉长在腿的内部，牵动外骨骼活动。它们通常成对地发挥作用，右图中蓝色的肌肉用来弯曲腿关节，而红色的肌肉能使它伸直。昆虫的肌肉在温暖的环境下能发挥最大作用。温度高时，它们活动迅速；温度低时，它们往往休眠。

起跳时翅膀保持闭合

完全弯曲的膝部决定了脚的位置指向身体的前端

较低的腿（胫节）充分伸展

身体两侧膝关节之下的弹簧

翅膀折叠起来

◀准备跳跃

在蝗虫起跳之前，它已经做好了准备。它折起后腿，把脚塞到身子底下。因此它伸直腿的时候，就能最大限度发挥优势。蝗虫的后腿在膝部有一个弹簧和弹性十足的肌腱。当它的后腿折叠收起时，由膝盖内一个特殊的钩状结构固定就位。当腿部肌肉收缩时，钩状结构松开，随着爆发性的一蹬，腿瞬间伸直，将蝗虫发射到空中。

▼起跳

当蝗虫跳起时，它的后腿伸直，同时将其他腿向后折起，使身体更符合流线型。一旦蝗虫腾空，它或是展开翅膀飞走，或是落回到地面上。后腿保持流线型，但是前腿在蝗虫再次落地时却是展开的。这一跳的距离有它体长的 40 倍。

短小的触须

尖锐的下颌用于咀嚼植物

前腿回转向后

昆虫的腿

划蝽

划蝽和其他淡水昆虫一样，把腿当成桨来使用。它的后腿特别适合这项任务，形状像是船桨，并有一排毛用以帮助划水。这样的腿不在水中就没什么用了，因此划蝽靠飞行在池塘间移动，而不是爬行。

蝼蛄

它一生中大部分时光都待在地下，在土壤中推进，以植物的根部为食。与蟋蟀不同，它们没有强壮有力的后腿。它们可以爬行或者飞行，但不会跳跃。

竹节虫

竹节虫的腿又细又长，而且足端由钩状的爪子提供了很好的握力。竹节虫依靠它的伪装性的外骨骼来提供保护，当然腿也有部分保护功能。当竹节虫行动时，它的身体通常来回摆动。这使它看起来像植物的一部分，随风轻轻摆动。

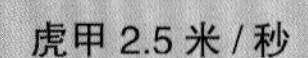

虎甲 2.5 米 / 秒

蟑螂 1.5 米 / 秒

蟋蟀 0.15 米 / 秒

行军蚁 0.05 米 / 秒

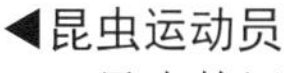

◀昆虫运动员

昆虫的运动速度是很难测算的，因为它们很少奔跑较长的距离。然而，冠军应属于食肉虎甲——它们爆发速度可达到 2.5 米 / 秒，和人类轻柔的慢跑一样。蟑螂可没有这么快，但它们的瞬时速度极快。在刻度尺的另一端，行军蚁的速度只有 0.05 米 / 秒。即使以这种速度，行军蚁群仍然可以赶上许多种昆虫。

足松开，身体部向前伸

前足（真正的足）紧紧抓住地面

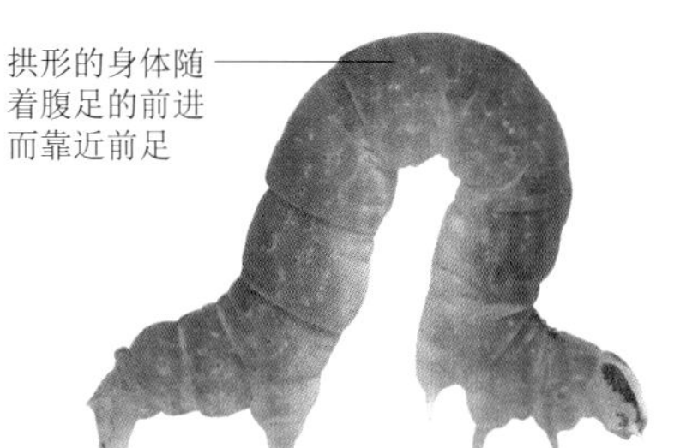

拱形的身体随着腹足的前进而靠近前足
在前进后，腹足将自己紧紧锚住

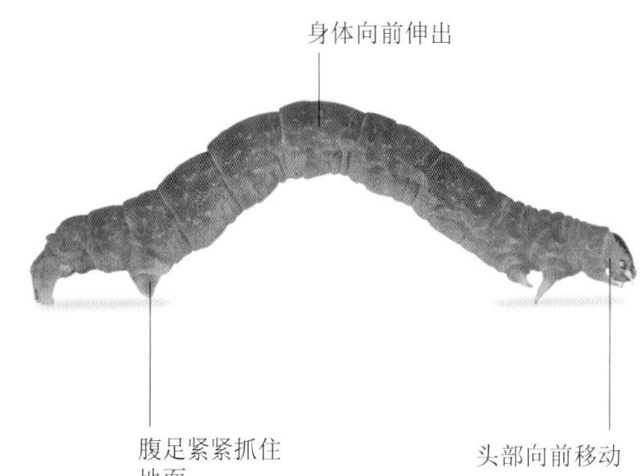

身体向前伸出
腹足紧紧抓住地面
头部向前移动

▲拱步行走

毛虫的 6 条真正的足在身体的前部，后部的腹节上有几对吸盘似的腹足。上图中的尺蛾（或叫作尺蠖），两种足相互之间的距离很远，使得毛虫可以以一种与众不同的方式行走。首先，它的腹足牢牢抓紧，同时身体尽量向前伸。接着松开腹足，然后身体蜷曲成拱形。

鞘翅目（甲虫）

甲虫是世界上最成功的昆虫，它的数量很多，在地上随意地拾起一只昆虫，有很大概率是甲虫。目前为止，科学家已经确认了近 40 万种不同的甲虫——其中小到肉眼勉强可见的，大到可以和成人的手掌一样大。成年甲虫有极其坚硬的身体和强壮的腿，但它们最重要的特征是硬化的前翅，将后翅罩在其中。在这种特殊的保护之下，它们能在任何物体表面攀爬寻找食物。

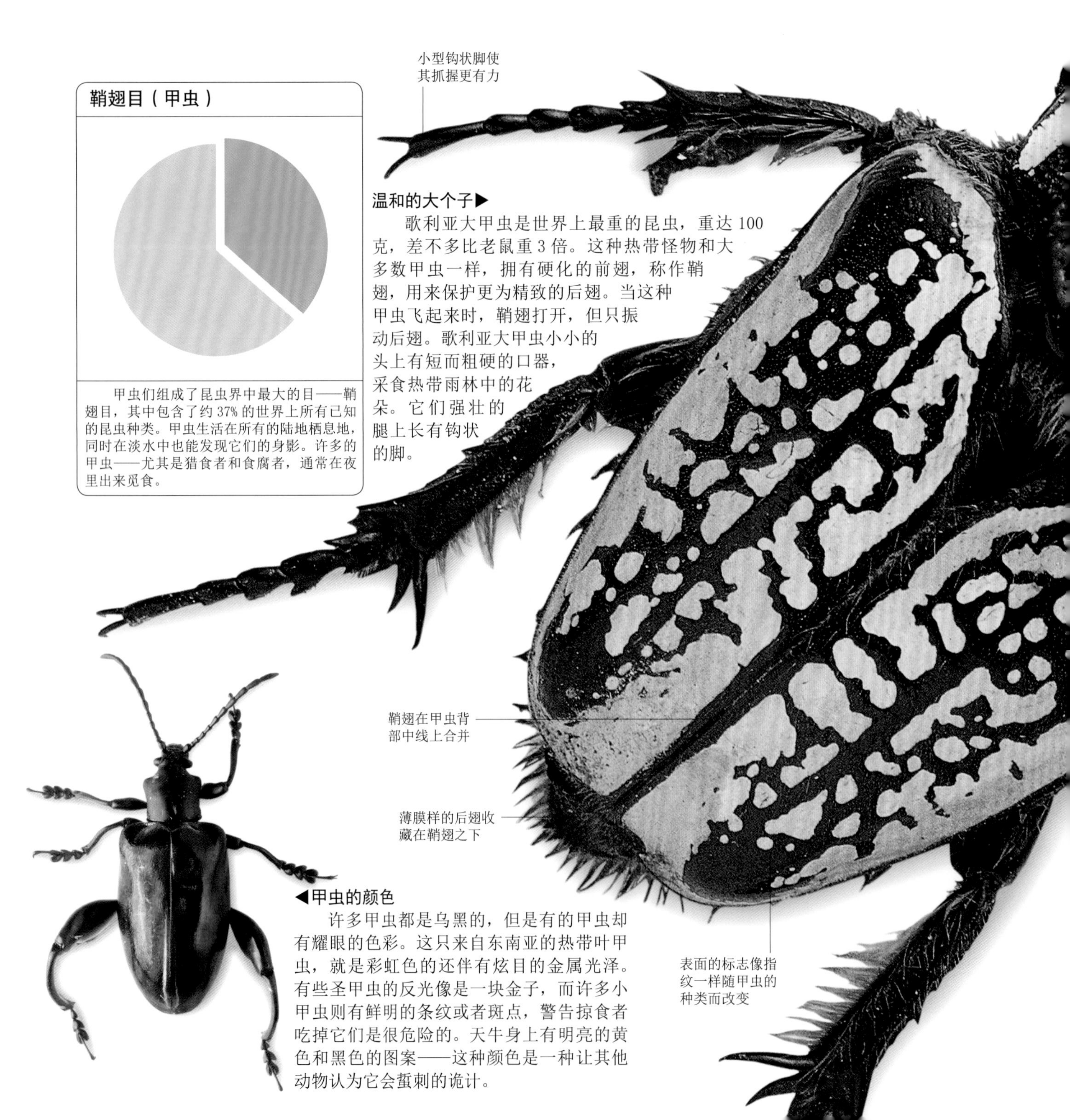
小型钩状脚使其抓握更有力
鞘翅在甲虫背部中线上合并
薄膜样的后翅收藏在鞘翅之下
表面的标志像指纹一样随甲虫的种类而改变

鞘翅目（甲虫）

甲虫们组成了昆虫界中最大的目——鞘翅目，其中包含了约 37% 的世界上所有已知的昆虫种类。甲虫生活在所有的陆地栖息地，同时在淡水中也能发现它们的身影。许多的甲虫——尤其是猎食者和食腐者，通常在夜里出来觅食。

温和的大个子▶

歌利亚大甲虫是世界上最重的昆虫，重达 100 克，差不多比老鼠重 3 倍。这种热带怪物和大多数甲虫一样，拥有硬化的前翅，称作鞘翅，用来保护更为精致的后翅。当这种甲虫飞起来时，鞘翅打开，但只振动后翅。歌利亚大甲虫小小的头上有短而粗硬的口器，采食热带雨林中的花朵。它们强壮的腿上长有钩状的脚。

◀甲虫的颜色

许多甲虫都是乌黑的，但是有的甲虫却有耀眼的色彩。这只来自东南亚的热带叶甲虫，就是彩虹色的还伴有炫目的金属光泽。有些圣甲虫的反光像是一块金子，而许多小甲虫则有鲜明的条纹或者斑点，警告掠食者吃掉它们是很危险的。天牛身上有明亮的黄色和黑色的图案——这种颜色是一种让其他动物认为它会蜇刺的诡计。

▲肉食性甲虫

瓢虫和许多甲虫一样，捕食活着的猎物。它们捕食蚜虫和螨虫，而且每天都要吃很多。瓢虫的颌很小却十分尖锐，可将食物变成食糜。蚜虫行动缓慢，因此瓢虫很容易抓住它们。其他肉食性甲虫还包括土鳖，它们猎物的速度比蚜虫快，所以它们需要比瓢虫速度快。某些肉食甲虫是世界上跑得最快的昆虫，速度可以达到 9 千米 / 时。

▲食腐昆虫

墓地甲虫是一种典型的食腐者，天黑之后出来觅食。它主要以动物尸体、植物的残体为主食，当然还有那些自己送上门的小动物。食腐甲虫能清理所有的自然废料，有助于营养物降解，使植物对其加以重复利用。但这些甲虫一旦进入家里就会引起麻烦，因为它们会吃掉储藏好的食物。

甲板覆盖了头部的前端

扁平的腿上有防御性的棘刺

复眼

短小的触角是棒状的

长长的口器可深深探入食物中

全身伪装有短毛

素食昆虫▶

这只象鼻虫的长长的口器顶端长有颌，可以在坚果中钻洞。它们是世界上数千种以植物为食的甲虫之一。有些甲虫从外部攻击植物，但更多的甲虫的幼虫则是钻洞，这样它们就能被食物所包围。取食植物的昆虫并不总有害于植物。许多甲虫都会造访花朵，同时传播花粉，帮助花朵结出种子。

腿上的丝毛

瓢虫的发育阶段

卵

甲虫都是全变态发育，这意味着它们的身体会随着发育而完全改变形态。像大多数甲虫一样，瓢虫的生命始于卵。图中这一批虫卵只有几天大。幼虫刚能透过卵壳看到，但很快它们就会做好孵化而出的准备。

破壳而出

当一只甲虫的幼虫孵化后，它们的第一餐往往是自己的卵壳。这一阶段的幼虫很孱弱，不过很快它们就开始进食并不停生长。甲虫的幼虫是很多样的。瓢虫的幼虫长有强壮的颌和粗短的腿，但是象鼻虫的幼虫通常是没有腿的，它靠从食物中挖洞来移动。

生长期

当瓢虫两周大时，幼虫们胃口很大，绝大多数的时间都在进食。在这一阶段，它们的模样和自己的父母们完全不一样。经过几次蜕皮后，幼虫就会停止进食变成蛹。在蛹的内部，幼虫完全打破身体结构，而逐渐变成成虫形态。

成虫期

当身体完全成形后，瓢虫的成虫就会从蛹中破壳而出。像所有的成年甲虫一样，瓢虫有功能完备的翅膀。当食物短缺时，它们就可以飞到其他地方去寻找食物并繁殖。与其他甲虫相比，成年瓢虫是很长寿的，可以存活超过一年。

翅膀

昆虫是最早拥有可拍动的翅膀的动物。尽管翅膀很小，但是它们效力惊人，陆地上几乎没什么地方是昆虫飞不到的。大多数昆虫有两对翅膀，但真正的苍蝇例外，它只有一对翅膀。昆虫的翅膀通常轻薄而且透明。有些昆虫，比如甲虫，它们的前翅厚而强健。一旦昆虫的翅膀发育成熟，它们就不会再长大了。如果翅膀遭到了任何方式的破坏，就不能修复了。

雄性金龟子的触角像扇子一样张开

鞘翅紧紧罩着腹部

当金龟子准备好起飞后，鞘翅向上并向外张开

▼起飞

昆虫的翅膀通常轻薄而且透明。有些昆虫，比如甲虫，它们的前翅厚而强健。前翅，也就是鞘翅，和硬塑料一样坚硬，像罩子一样保护后翅。在起飞之前，金龟子必须先张开鞘翅并将它们旋转着分开。一旦准备好了，它就张开鞘翅，飞到空中。

在飞行中鞘翅并不拍打

腹部的表面通常被翅膀覆盖

当翅膀合上时，腹部的尖就会伸出

后翅展开至全长

昆虫翅膀的类型

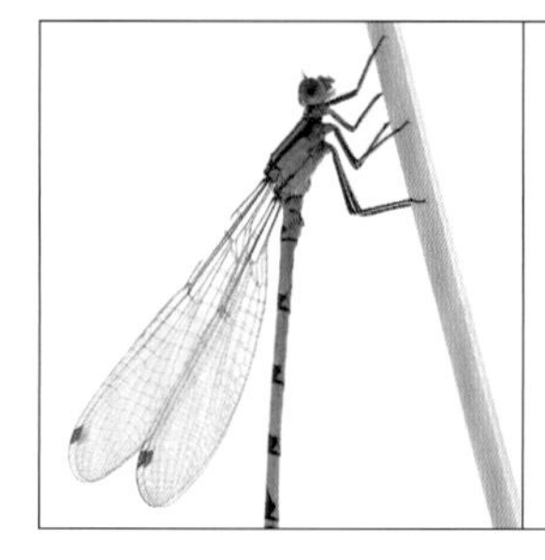

蓝色蜻蛉（豆娘）

蜻蛉长有两对几乎完全一样的翅膀，而且细长轻薄，休息时翅膀向后折叠在背部。蜻蛉飞得并不快，但两对翅膀却可同时以不同的方向拍打。这意味着它可绕着一点盘旋，或在半空中倒退。

家蝇

家蝇只长有一对流线型的翅膀。它们的翅膀比蜻蛉的翅膀短得多，但振动更快，能在空中迅速飞行。当家蝇着陆后，翅膀折叠在后面，并且很快就可以张开，这对紧急逃跑而言太完美了。

普通黄蜂

黄蜂长有两对薄膜样的翅膀。前翅长度比后翅长很多，但当黄蜂飞起时，前翅和后翅会一起拍打，因为它们是由一排小钩子连在一起的。折起来时，黄蜂的翅膀看起来很窄。为了保护它们，冬眠中的黄蜂会将翅膀蜷在腿下面。

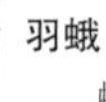

羽蛾

蛾子和蝴蝶有两对翅膀，上面覆盖有极微小的鳞片。它们的翅膀通常是宽大而平坦，但是羽蛾的翅膀是分为羽毛状的一丛丛的。羽蛾着陆时，翅膀像扇子一样折起来，但同时从身体两侧伸出，使身体看起来像字母“T”。

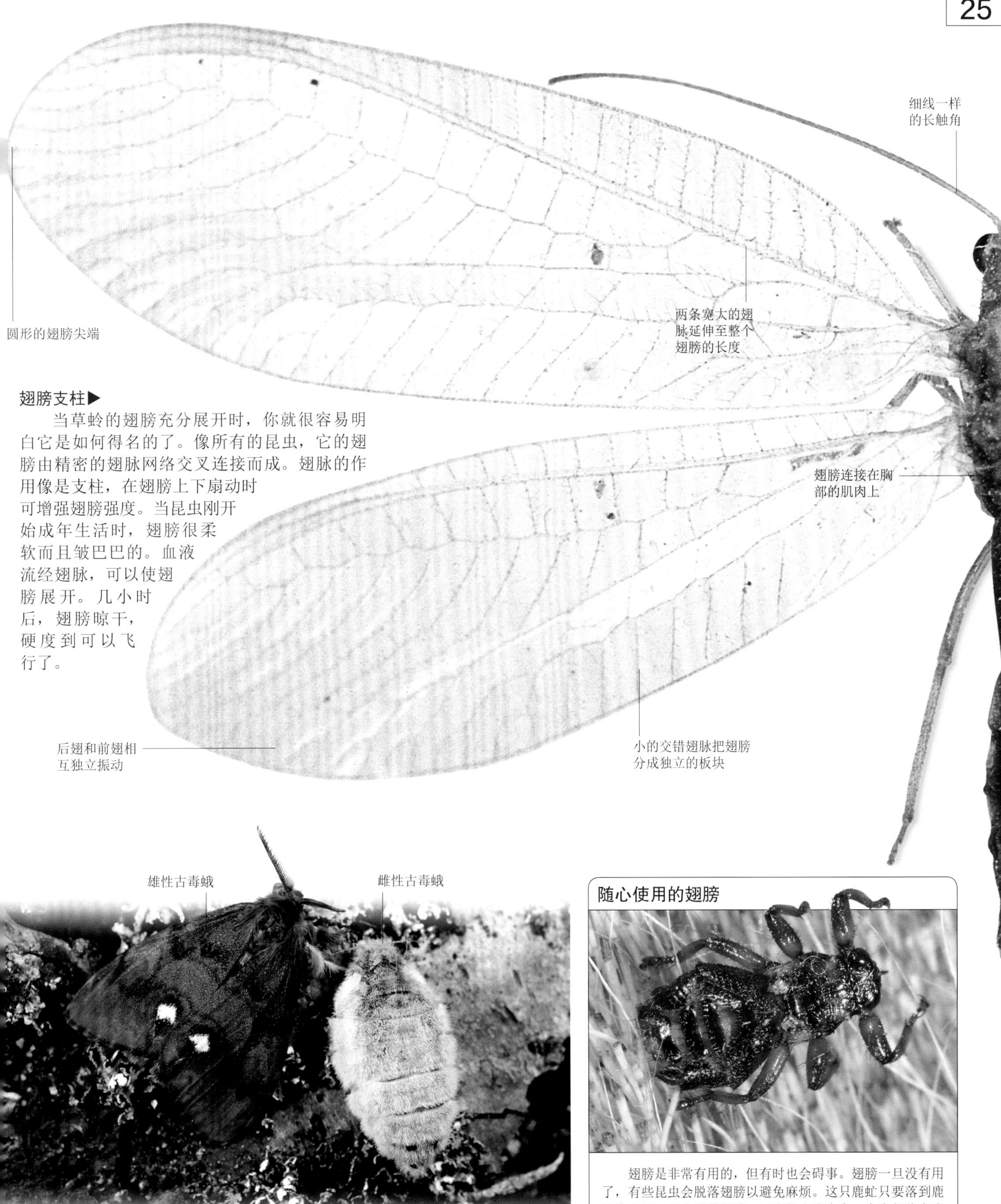
细线一样的长触角
圆形的翅膀尖端
两条宽大的翅脉延伸至整个翅膀的长度
翅膀连接在胸部的肌肉上
后翅和前翅相互独立振动
小的交错翅脉把翅膀分成独立的板块
雄性古毒蛾
雌性古毒蛾

翅膀支柱▶

当草蛉的翅膀充分展开时，你就很容易明白它是如何得名的了。像所有的昆虫，它的翅膀由精密的翅脉网络交叉连接而成。翅脉的作用像是支柱，在翅膀上下扇动时可增强翅膀强度。当昆虫刚开始成年生活时，翅膀很柔软而且皱巴巴的。血液流经翅脉，可以使翅膀展开。几小时后，翅膀晾干，硬度到可以飞行了。

▲无翅昆虫

世界上最原始的昆虫，例如衣鱼，历来就没有翅膀。而许多其他的昆虫在数百万年前就已经失去了飞行的能力，包括某些蝴蝶和蛾子。这张照片上的就是一对雄性和雌性古毒蛾。雄性长有翅膀，但雌性则没有翅膀只能爬行，使它看起来更像是一只毛茸茸的肥硕幼虫。雌性直到交配之后，才会离开它的蛹壳，它们产卵并死在卵的旁边。雄性则需要用翅膀去寻找雌性古毒蛾。

随心使用的翅膀

翅膀是非常有用的，但有时也会碍事。翅膀一旦没有用了，有些昆虫会脱落翅膀以避免麻烦。这只鹿虻只要落到鹿的身上后，就会脱落翅膀，以鹿的血液为食，余生都将在鹿的皮毛中爬来爬去。

其他脱落翅膀的昆虫还包括会飞的蚂蚁和白蚁。它们飞不远，通常只是为了建立一个属于新蚁后的新巢穴。当它们到达新的筑巢地点，就会咬掉翅膀。没有翅膀，它们更容易开始筑巢。

昆虫的飞行

体型娇小的昆虫是世界上最令人惊叹的飞行者。蜻蜓在空中飞奔追逐猎物，蜜蜂在原野和花园中飞驰寻找花朵。食蚜蝇可以在半空中悬停，而蝴蝶迁徙可以飞越整个大陆。昆虫以特殊肌肉来为翅膀提供动力，才能做到这样的飞行。这些肌肉都聚集在胸部，可以连续工作数小时不需要休息。大蝴蝶缓慢地拍打翅膀，每一次振翅都清晰可见。许多昆虫每秒钟可振翅数百次，使身形模糊成一个点。当翅膀快速移动时，会使空气振动，发出嗡嗡或呜呜的声音。

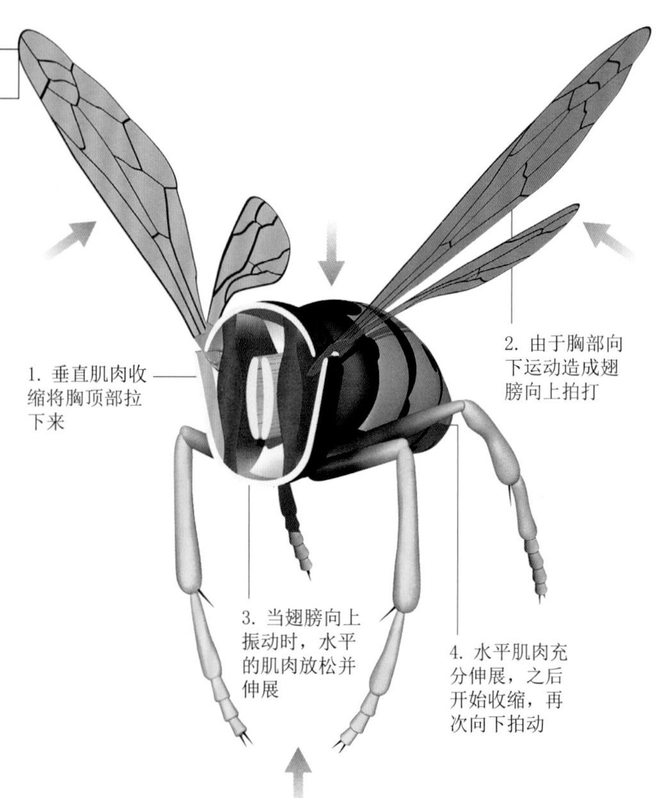
1. 垂直肌肉收缩将胸顶部拉下来
2. 由于胸部向下运动造成翅膀向上拍打
3. 当翅膀向上振动时，水平的肌肉放松并伸展
4. 水平肌肉充分伸展，之后开始收缩，再次向下拍动

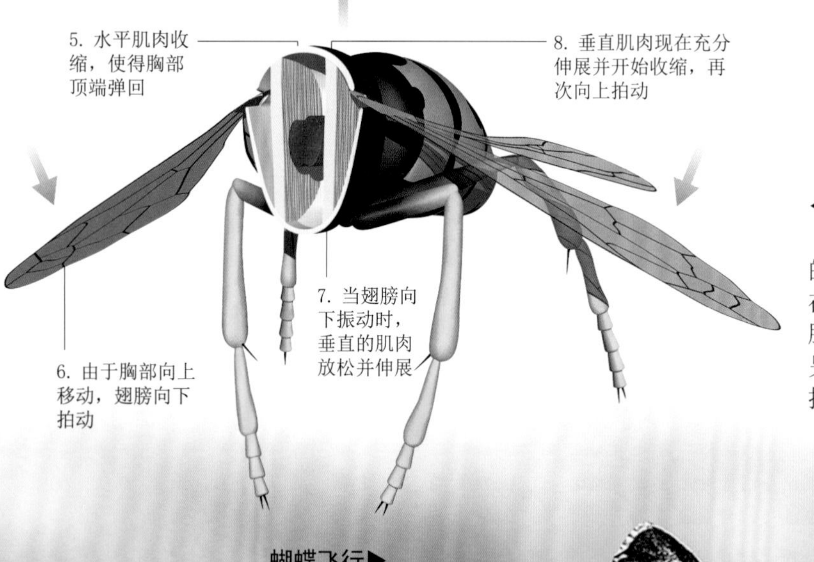
5. 水平肌肉收缩，使得胸部顶端弹回
8. 垂直肌肉现在充分伸展并开始收缩，再次向上拍动
7. 当翅膀向下振动时，垂直的肌肉放松并伸展
6. 由于胸部向上移动，翅膀向下拍动

◀行动力

某些昆虫，包括蜻蜓在内，都长有直接连在翅膀上的飞行肌。但更高级的飞行者，例如黄蜂，飞行肌是连在胸部上的。这些肌肉靠胸部变形发挥作用。其中一组肌肉垂直拉伸，使胸部顶端下移。此时，翅膀向上拍动。另一组肌肉则水平拉伸，使得翅膀回落。一旦翅膀开始拍打，肌肉会自动持续拉伸，直到昆虫决定着陆。

上行冲程结束时翅膀相互接触
翅膀再次分开，降低的空气将蝴蝶推起
下行冲程将蝴蝶向上向前推动
下行冲程结束时的前翅
0
0.3 秒
0.5 秒
0.7 秒

蝴蝶飞行▶

这个慢速拍摄序列展示了一只蝴蝶在空中的快速飞行。图下的时间栏显示了每次振翅持续的时间。蝴蝶有两对翅膀，但是它们像一对翅膀一样的振动。大多数动力来自翅膀向下拍打，但由于翅膀轻微转换，当向上拍打时产生更多的推动力。在有风的天气里，蝴蝶很容易被吹翻，因此它们总是紧贴地面飞行。

◀**热身**

昆虫的飞行肌在温暖时能发挥最好的功效。当气温降到10℃，许多昆虫就会因为太冷而无法起飞。但不是所有的昆虫都是这样的，大黄蜂通过振动给飞行肌热身——几分钟后它们的飞行肌就能达到20℃，比外界空气热得多。这只北极大黄蜂以格陵兰岛上的花朵为食，那里距离寒冷的北极点不到750千米。

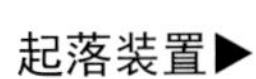

起落装置▶

许多飞行昆虫靠腿起飞。蝎蛉用力一蹬就可以起飞。蝎蛉飞行能力不强，因此它们会选择一个制高点起飞。蟋蟀和蚱蜢的推力更大，一旦进入空中，就张开翅膀飞走了。飞行过程中，某些昆虫会把腿收起来，但还有许多会把腿伸开。这样有助于它们保持身体平衡，而且更容易着陆。

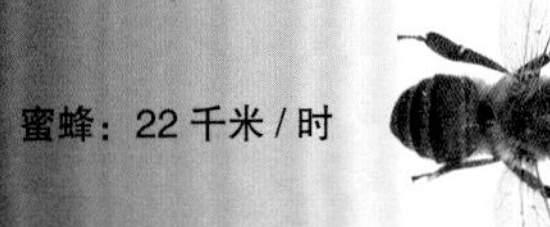

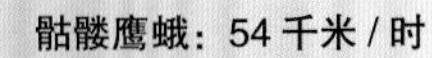

▲**飞行速度**

昆虫总是短距离爆发式飞行，所以很难计算它们的飞行速度。许多昆虫平时都只是慢慢地游荡着，一旦有危险或在追逐猎物时才会加速。上图显示了不同昆虫的速度。蜻蜓飞行速度58千米 / 时可以胜过绝大多数昆虫，甚至一些鸟类。但是由于昆虫身体会过热，最高速度飞行难以长久保持。

蜻蜓目（蜻蜓和蜻蛉）

蜻蜓整日在原野和池塘上空迅速地飞来飞去，它们是昆虫世界速度最快的猎手之一。它们猎食其他昆虫，抓住猎物并带到半空中。世界上大约有 5500 种不同的蜻蜓和蜻蛉（豆娘），它们都有大大的眼睛、细长的身体和两对透明的翅膀。蜻蜓通常伸开翅膀休息，而蜻蛉休息时却将翅膀收在背后。蜻蜓若虫和蜻蛉若虫生活在淡水中，需要 3 年时间发育成熟。它们在水下的发育期间，靠下颌闪电般迅速的一击，捕食猎物。

蜻蜓目

蜻蜓目昆虫占所有昆虫种类的 0.5%。大多数蜻蜓和蜻蛉都住在淡水附近或湿润的栖息地。蜻蜓通常比蜻蛉大，热带雨林中的蜻蜓拥有最大的翅展——从翅尖到对侧翅尖 19 厘米。

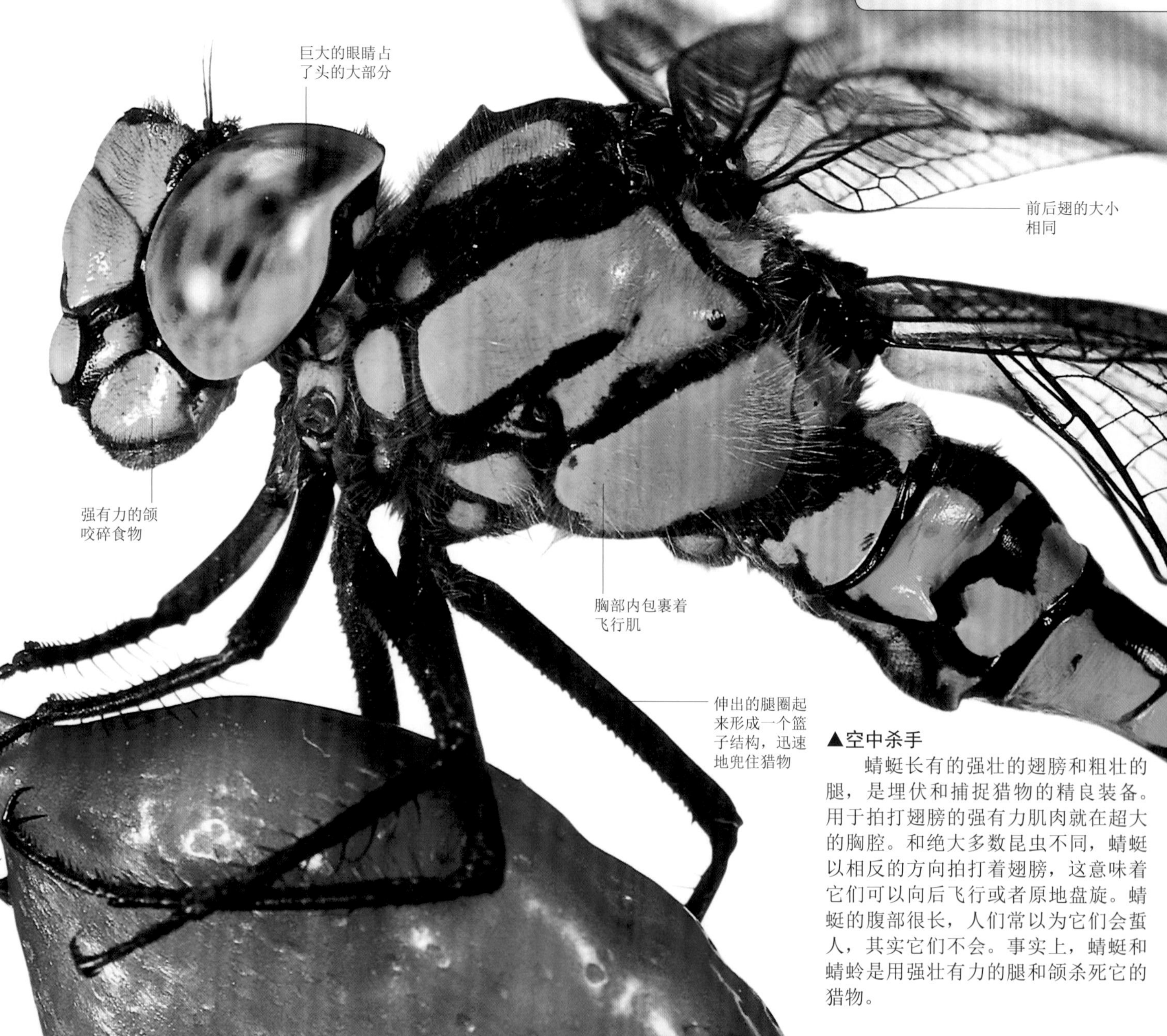
巨大的眼睛占了头的大部分
前后翅的大小相同
强有力的颌咬碎食物
胸部内包裹着飞行肌
伸出的腿圈起来形成一个篮子结构，迅速地兜住猎物

▲空中杀手

蜻蜓长有的强壮的翅膀和粗壮的腿，是埋伏和捕捉猎物的精良装备。用于拍打翅膀的强有力肌肉就在超大的胸腔。和绝大多数昆虫不同，蜻蜓以相反的方向拍打着翅膀，这意味着它们可以向后飞行或者原地盘旋。蜻蜓的腹部很长，人们常以为它们会蜇人，其实它们不会。事实上，蜻蜓和蜻蛉是用强壮有力的腿和颌杀死它的猎物。

▲水下狩猎

这只蜻蜓若虫刚刚捕获了一只棘鱼。它靠突然袭击、潜伏和跟踪来捕获猎物。当距离猎物足够近时，蜻蜓若虫就会射出一列带铰链的口器，像面具一样，称为脸盖。脸盖的尖端是长钉似的颌，就像渔叉一样，扎进猎物然后拉到面前。蜻蛉若虫没有那么强壮，只能猎食小一点的水生动物。

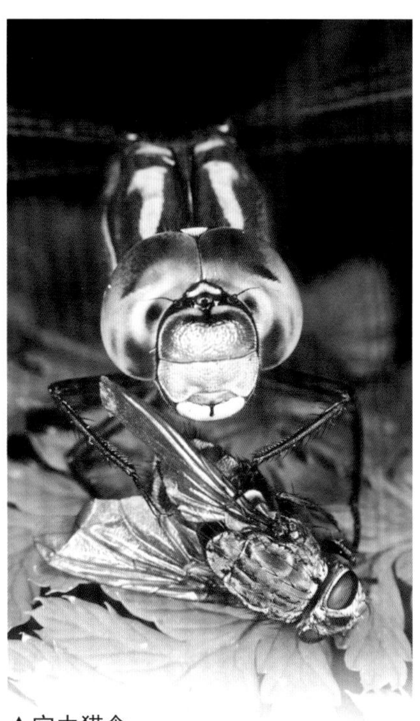

▲空中猎食

成年的蜻蜓在空中到处游弋寻找猎物。这只蜻蜓刚刚为自己抓到了一顿美餐，并停下来准备进食。它用腿抓住猎物，在吃的时候压制住猎物。蜻蛉成虫则使用完全不同的技巧——它们要么坐等昆虫从面前经过，要么从水生植物上抓起猎物。

帝王伟蜓发育过程

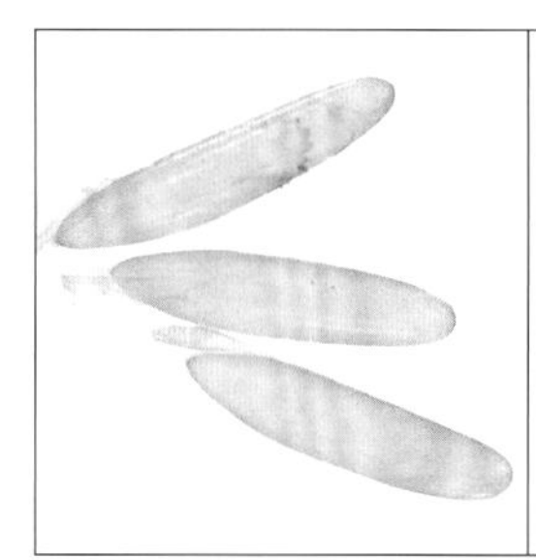

卵

蜻蜓和蜻蛉为不完全变态，意思是它们的身体随生长而逐渐改变形态。成虫将卵产在水中。许多蜻蜓仅仅是将卵产在水面上，但蜻蛉通常自己会爬进水里。

低龄若虫

幼年蜻蜓和蜻蛉被称为若虫。从卵刚孵化出时，它们已经具有发育良好的腿和眼睛，以及尖锐的颌。它们通过一排鳃呼吸。若虫通常伪装得很好。它们潜伏在小溪和池塘的底部，攻击所有在袭击范围内的小动物。

成熟若虫

在若虫水下生活期间，会蜕几次皮。每次蜕皮后，若虫都会长大一些，翼芽也进一步发育。最终，若虫在春夏季会爬出水面并最后一次蜕皮。它的外皮裂开，一只成年的蜻蜓从中慢慢爬出。

成虫

成虫的翅膀功能完备。它们的眼睛比若虫大，而且专为空中飞行而设计。成虫的颜色也更丰富。许多蜻蜓的腹部都有明亮的金属条纹，或者在翅膀上长有烟斑。这种标记雌雄不同，很容易区分。

透明的翅膀上有突出的翅脉
状的腹部是
线型的

交配▶

蜻蜓和蜻蛉有着与众不同的交配方式——从这两只蜻蛉就能看出。左边的是雄性，它用尾部的一对特殊抱握器，从头部后面按住雌性。与此同时，雌性的尾部向前伸出接触雄性，以此给卵受精。雌雄虫可以用这个姿势飞行，在雌性产卵期间，它们经常保持配对。

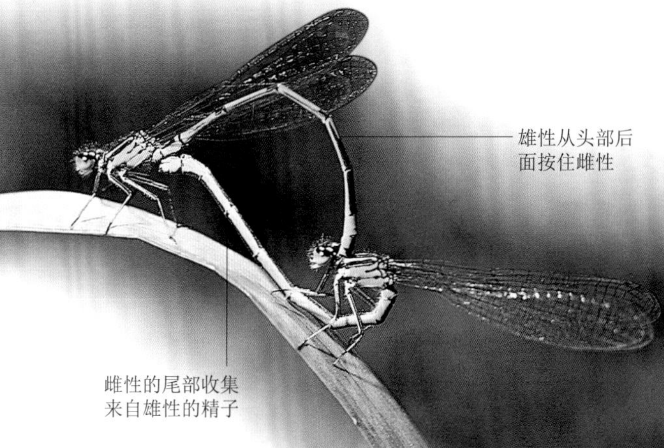
雄性从头部后面按住雌性
雌性的尾部收集来自雄性的精子

昆虫捕食者

昆虫有许多天敌，但最致命的威胁通常是来自其他昆虫。有些昆虫从正面袭击猎物，而有些偏爱伏击，给猎物意外的一击。有些昆虫直到猎物死了才吃，但螳螂则是在猎物仍然挣扎着逃脱就直接开始进食了。食肉性昆虫猎捕许多种类的小型动物，包括其他昆虫、蜘蛛、螨虫、鱼以及青蛙，其中的昆虫许多都是很难消灭的害虫，因此肉食昆虫对控制害虫很有益处。

▲群体狩猎

当肉食昆虫一起捕猎时，它们就可以捕获比自身大许多的猎物。行军蚁就是这么做的，这只毛虫身上爬满了行军蚁。行军蚁生活在热带雨林，像狼群一样扫荡地面，制服所有速度太慢而没法逃跑的动物。这种蚂蚁仅一群就有包含超过100万只，行进中队伍可宽达15米。蚂蚁的眼睛极小，因此，它们靠触觉寻找猎物。

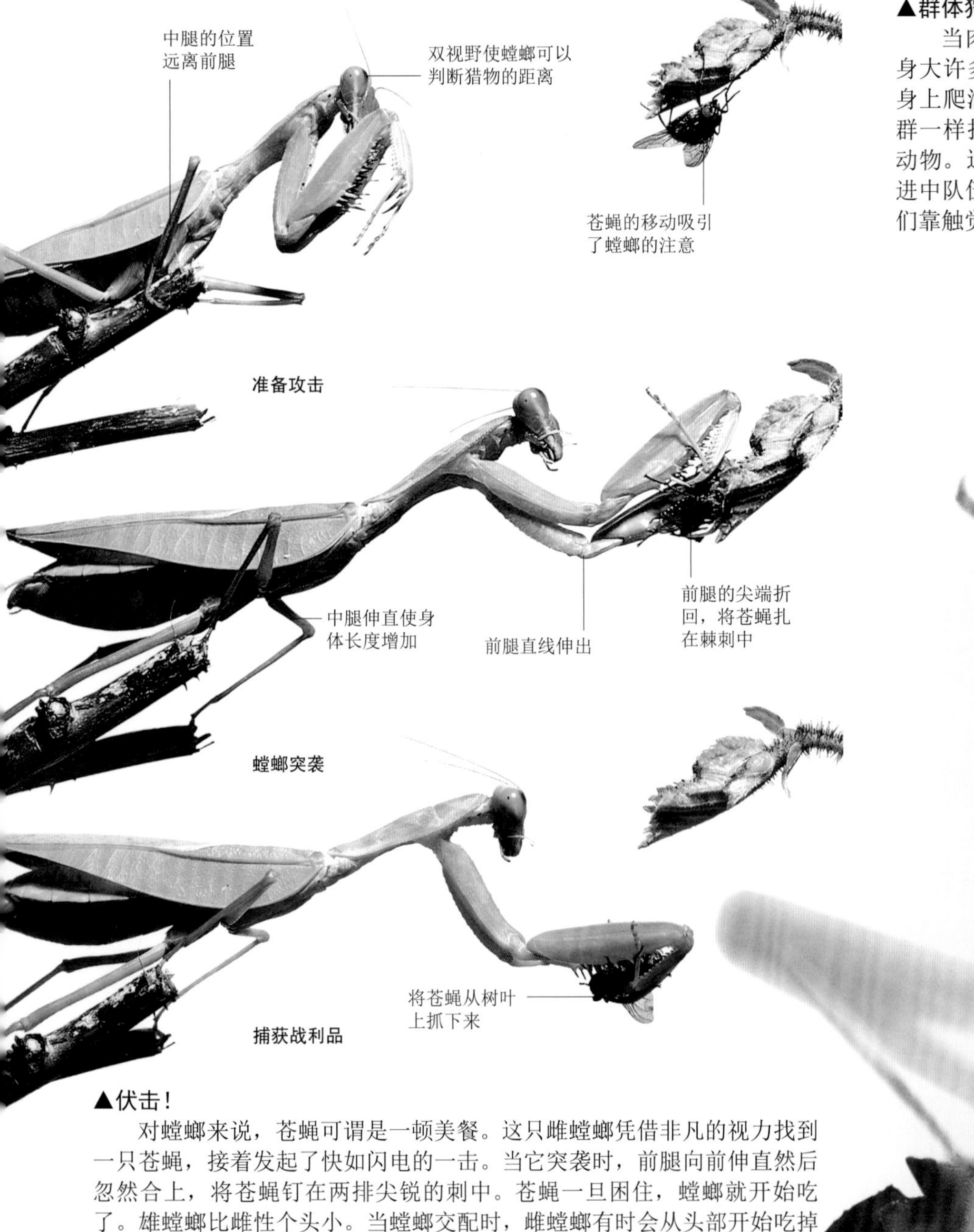

中腿的位置远离前腿
双视野使螳螂可以判断猎物的距离
苍蝇的移动吸引了螳螂的注意
准备攻击
中腿伸直使身体长度增加
前腿直线伸出
前腿的尖端折回，将苍蝇扎在棘刺中
螳螂突袭
将苍蝇从树叶上抓下来
捕获战利品
旋转脖子来追踪猎物
螳螂在享用苍蝇

▲伏击！

对螳螂来说，苍蝇可谓是一顿美餐。这只雌螳螂凭借非凡的视力找到一只苍蝇，接着发起了快如闪电的一击。当它突袭时，前腿向前伸直然后忽然合上，将苍蝇钉在两排尖锐的刺中。苍蝇一旦困住，螳螂就开始吃了。雄螳螂比雌性个头小。当螳螂交配时，雌螳螂有时会从头部开始吃掉雄螳螂。

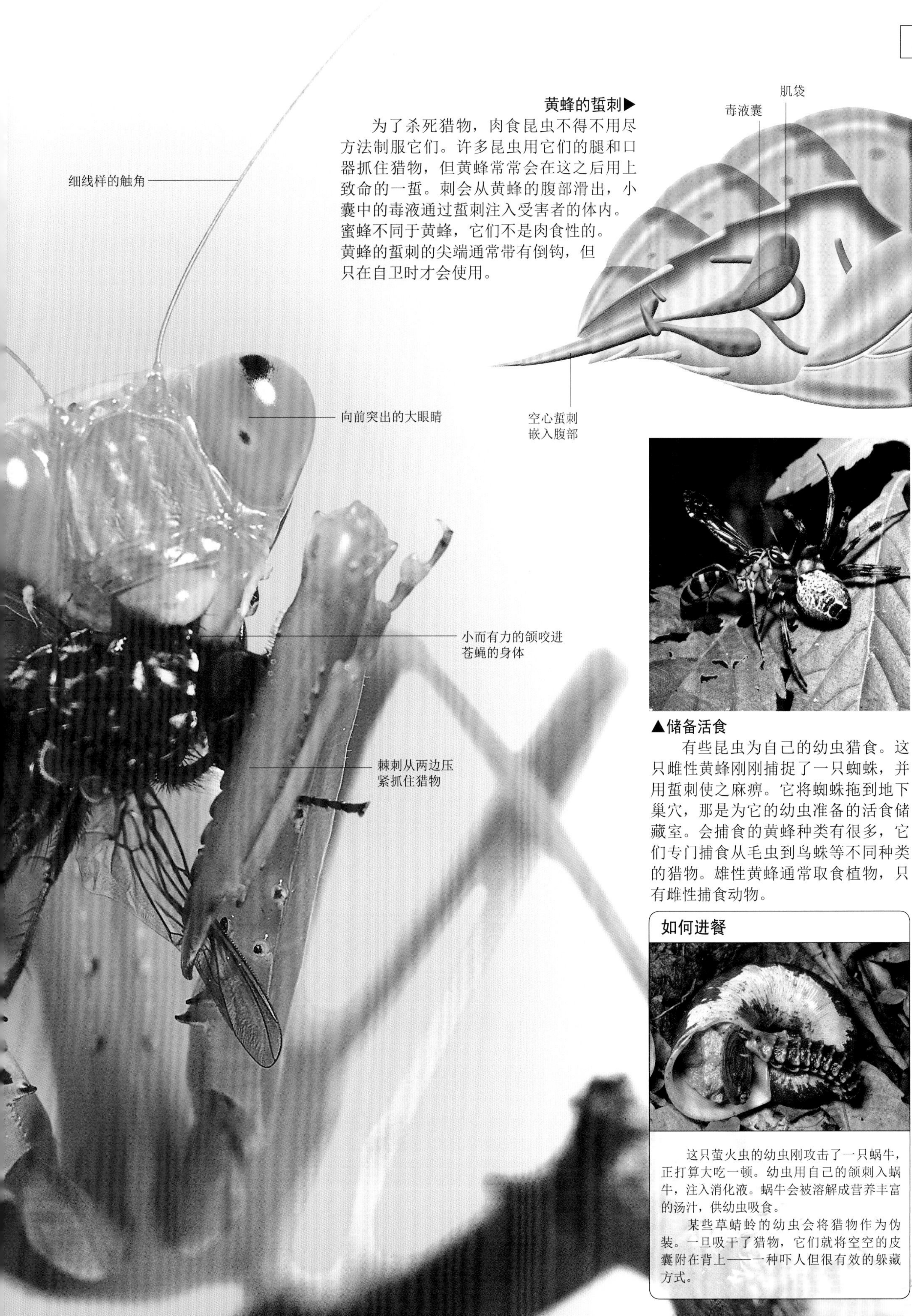
细线样的触角
向前突出的大眼睛
小而有力的颌咬进苍蝇的身体
棘刺从两边压紧抓住猎物
肌袋
毒液囊
空心螫刺嵌入腹部

黄蜂的螫刺▶

为了杀死猎物，肉食昆虫不得不用尽方法制服它们。许多昆虫用它们的腿和口器抓住猎物，但黄蜂常常会在这之后用上致命的一螫。刺会从黄蜂的腹部滑出，小囊中的毒液通过螫刺注入受害者的体内。蜜蜂不同于黄蜂，它们不是肉食性的。黄蜂的螫刺的尖端通常带有倒钩，但只在自卫时才会使用。

▲储备活食

有些昆虫为自己的幼虫猎食。这只雌性黄蜂刚刚捕捉了一只蜘蛛，并用螫刺使之麻痹。它将蜘蛛拖到地下巢穴，那是为它的幼虫准备的活食储藏室。会捕食的黄蜂种类有很多，它们专门捕食从毛虫到鸟蛛等不同种类的猎物。雄性黄蜂通常取食植物，只有雌性捕食动物。

如何进餐

这只萤火虫的幼虫刚攻击了一只蜗牛，正打算大吃一顿。幼虫用自己的颌刺入蜗牛，注入消化液。蜗牛会被溶解成营养丰富的汤汁，供幼虫吸食。

某些草蜻蛉的幼虫会将猎物作为伪装。一旦吸干了猎物，它们就将空空的皮囊附在背上——一种吓人但很有效的躲藏方式。

异翅亚目（水黾和水蝽）

在平静的池塘中，致命的捕食者正在活动。龙虱在浅水域迅速游动，用尖锐的颌捕捉小鱼和昆虫。水蝽紧贴在水面之下，等着捕捉紧急迫降的飞虫。水黾（水蜘蛛）在水面上等待它的猎物，感受微小的波纹来精确定位挣扎着的猎物。每 20 种昆虫中就有一种昆虫生活在潮湿的环境中，例如池塘、湖泊、河流和小溪中。有的昆虫在水中长大之后就飞走了，有的一生都生活在淡水中。

◀表面张力

水黾依靠表面张力而不是浮力在水面上行走。表面张力是一种将水分子拉在一起的力量。当水体平静时，水面就像一张薄膜。水黾体重极轻，还有排水的腿，因此站在水面上不会沉下去。这张在特殊光线下拍摄的照片，向我们展示了围绕水黾的腿形成的水面凹痕。

▲水黾

从侧面看，这只水黾展示了它穿刺性的口器和纤细的腿。水黾捕食搁浅在水面上的昆虫。它们用前腿来抓住猎物，中间的腿用来游泳，后腿则用来掌舵。水黾是蝽类，多数长有发育良好的翅膀。它们会飞，因此很容易散布在池塘间。

通气管有阻水的尖端以免被淹没
扁平的身体有泥土的伪装色
捕捉猎物的强壮前肢

◀水蝎

尽管有昆虫生活在水中，但所有成虫仍靠呼吸空气存活。水蝎依赖伸出水面的通气管得到空气补给。通气管将空气送入呼吸系统，再将氧气分送到全身。水蝎是食肉的，它们在泥泞的水中追踪小鱼和昆虫。它们的捕食方式是偷袭、伪装，还有用来抓住猎物的长而有力的前肢。

◀蜉蝣若虫

生活在流水中的蜉蝣若虫身体扁平，腿脚强壮——这些特点都可防止它们被水流冲走。它们并不呼吸空气，而是从两排羽毛状的腮搜集氧气。若虫需要在水下待上 3 年，只为准备那不到一天的成年生活。

流线型的身体表面十分光滑

大龙虱▲

大龙虱的身长达 5 厘米，是十分强壮的淡水猎手。它们靠后腿在水中迅速游动。每次潜水前，它们都在翅膀壳下储藏空气，因此必须努力划水以防自己浮到水面。龙虱的幼虫比成虫更具攻击性，强壮的颌足以杀死蝌蚪和小鱼。

▲圆盘田

像多数淡水昆虫一样，圆盘田也是猎手，前腿犹如一对小刀可以忽然合上，从而紧紧抓住猎物。它们潜伏在池塘底，为了狩猎而伪装。它们回到水面呼吸，接着再潜回水底躲在植物和泥泞之中。

▲鼓虫

肉食昆虫通常都是守株待兔，而鼓虫却总是在活动。鼓虫就像黑色的小船一样在水面上盘旋，寻找落入水中的小虫。它的眼睛可分为两部分，一部分看着水面以上，而另一部分则注视水面下方。这种全景视野使鼓虫下潜捕食的同时，还能发现来自上方和下方的危险。冬天，成年鼓虫就隐藏在池塘底部的淤泥里。

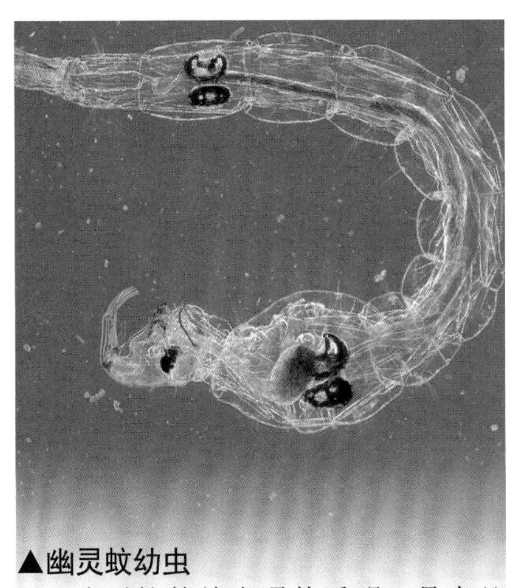

▲幽灵蚊幼虫

幽灵蚊的幼虫通体透明，是个几乎看不见的杀手。它待在水中不动，用钩子样的触角捕捉小动物。它有两对可调节便携式的浮箱改变水位，像潜艇似的上浮、下潜。夏天时，成虫紧密聚在一起，看起来像片烟雾。

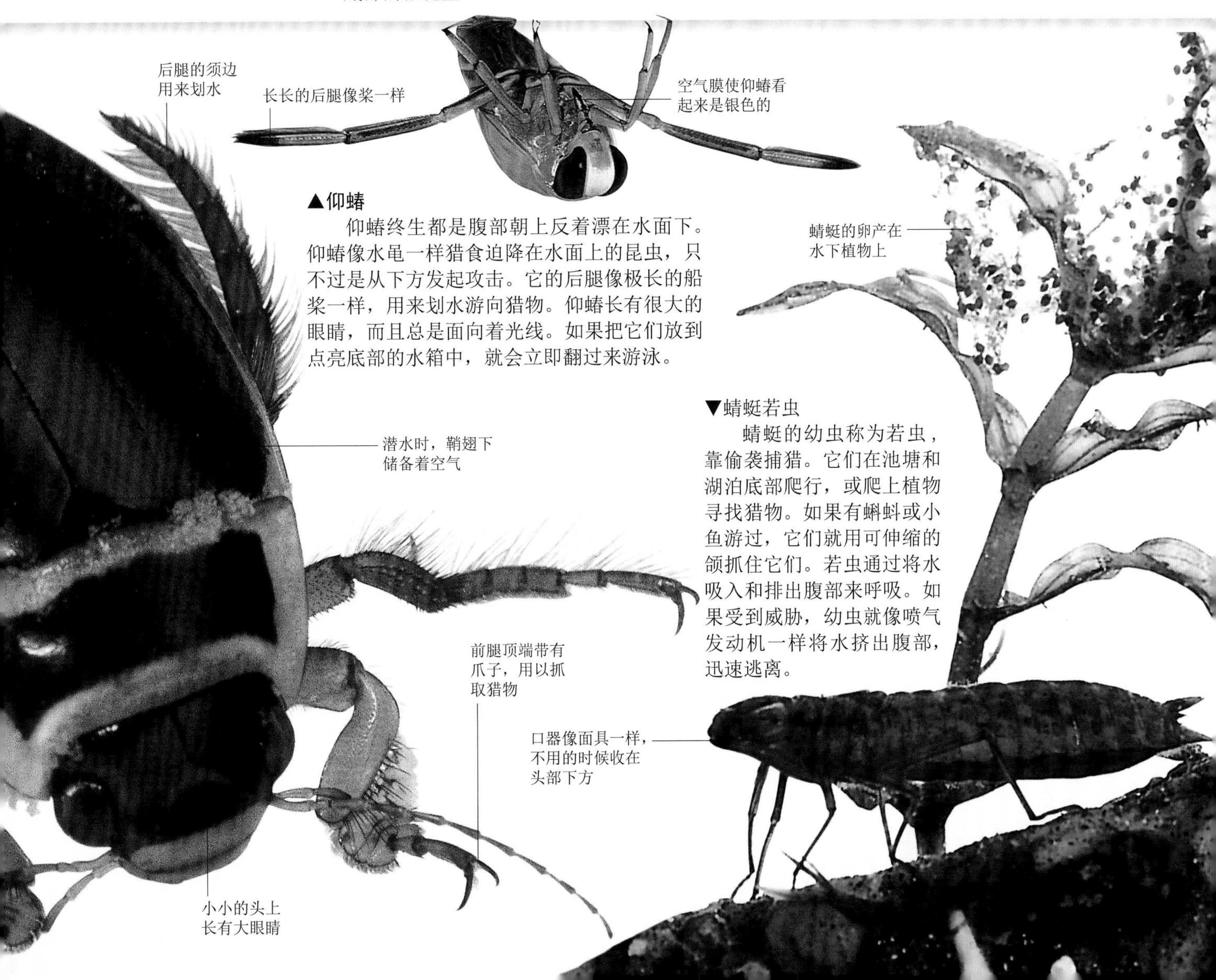
后腿的须边
用来划水
长长的后腿像桨一样
空气膜使仰蝽看
起来是银色的
蜻蜓的卵产在
水下植物上
潜水时，鞘翅下
储备着空气
前腿顶端带有
爪子，用以抓
取猎物
口器像面具一样，
不用的时候收在
头部下方
小小的头上
长有大眼睛

▲仰蝽

仰蝽终生都是腹部朝上反着漂在水面下。仰蝽像水黾一样猎食迫降在水面上的昆虫，只不过是从下方发起攻击。它的后腿像极长的船桨一样，用来划水游向猎物。仰蝽长有很大的眼睛，而且总是面向着光线。如果把它们放到点亮底部的水箱中，就会立即翻过来游泳。

▼蜻蜓若虫

蜻蜓的幼虫称为若虫，靠偷袭捕猎。它们在池塘和湖泊底部爬行，或爬上植物寻找猎物。如果有蝌蚪或小鱼游过，它们就用可伸缩的颌抓住它们。若虫通过将水吸入和排出腹部来呼吸。如果受到威胁，幼虫就像喷气发动机一样将水挤出腹部，迅速逃离。

诡计和陷阱

▲黑暗中的光亮

新西兰的怀摩多萤火虫洞中有数千个微小的亮点划破黑暗。这些光点是由称为蠓虫的萤火虫幼虫发出的。每只萤火虫都用纤细的丝线将自己垂到空中，亮起自己的光线吸引飞虫。飞虫一旦飞进丝线中就会被粘住。在它们挣扎着要逃走时，蠓虫就开始进餐了。

昆虫的世界里，事物并不总像看起来那样。洞穴中，闪烁的光亮引诱着昆虫去送死。在植物和花丛中，带刺的腿和致命的颌随时都会袭来。甚至在地面也不安全。特殊的猎手躲在地面下，潜心等着捕食的机会。所有这些危险都来自用陷阱捕食的昆虫。对于肉食动物，这种生活方式是很有效的。它们耐心等待猎物自己送上门，而不是花力气去追它们。

▲致命陷阱

从近处看，萤火虫的丝线看起来就像洞穴顶垂下的项链。这些丝线有 5 厘米长，上面有沾满胶水的微珠。每只幼虫都会放下几根丝线，来增加抓住猎物的机会。萤火虫还在其他光线昏暗的地方猎食，例如树桩的空洞中。

螳螂的腿伪
装成花瓣样

▲花朵中的陷阱

这只花螳螂爬上一朵怒放的兰花，等着毫无戒心的昆虫自己送上门来。花螳螂通常颜色艳丽，长有花瓣似的完美伪装。花朵是捕猎的理想场所，因为它们总有固定的来访者。螳螂的反应极其迅速——有时它们甚至能在空中直接抓住昆虫。

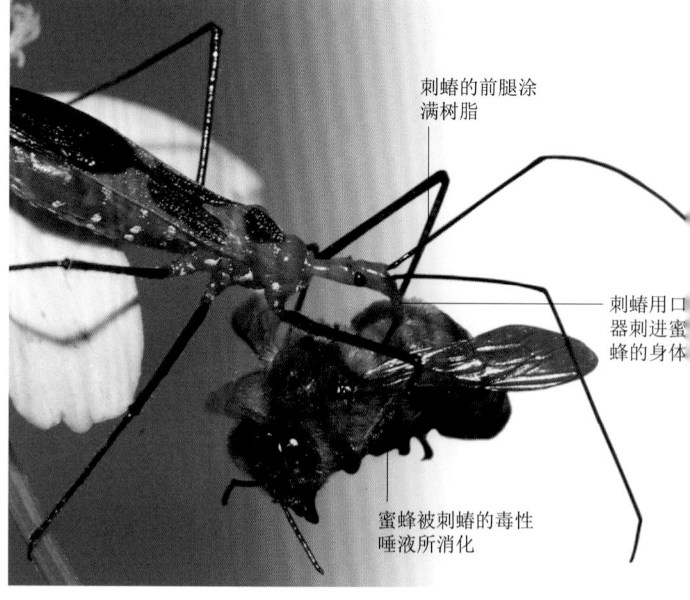
刺蝽的前腿涂
满树脂
刺蝽用口
器刺进蜜
蜂的身体
蜜蜂被刺蝽的毒性
唾液所消化

▲致命香气

这只刺蝽从花中探出身体，正在吃一只蜜蜂。刺蝽可以引诱蜜蜂自己送死——在自己的前腿涂上从树上搜集来的黏性树脂。蜜蜂喜欢树脂的气味，正努力追踪它们。当蜜蜂进入可袭击范围，刺蝽就发起攻击。树脂的黏性使蜜蜂很难逃脱。

◀特洛伊木马

这些来自澳大利亚的毛虫由一群蚂蚁照料着。这些蚂蚁会一直保护毛虫直到它们化蛹为止。作为回报，毛虫会给蚂蚁提供少量含糖食物。但不是所有的毛虫表现都那么好。有些毛虫使诡计进入蚂蚁窝，然后开始吃它们的卵和幼虫。它们模拟蚂蚁的气味，从而说服工蚁将它们带回到地下巢中。令人惊讶的是，蚂蚁们竟无法辨认出入侵者。

蚁狮的陷阱

致命的颌

肉食的蚁狮的腿很短，颌却特别长。有些蚁狮在地面或石头下捕猎，但它们中的多数都太笨重，没法捕捉到活动中的猎物。因此，蚁狮的幼虫就在松散的沙土中挖出特殊的陷阱。一旦挖好陷阱，只需要等着猎物自己送上门了。

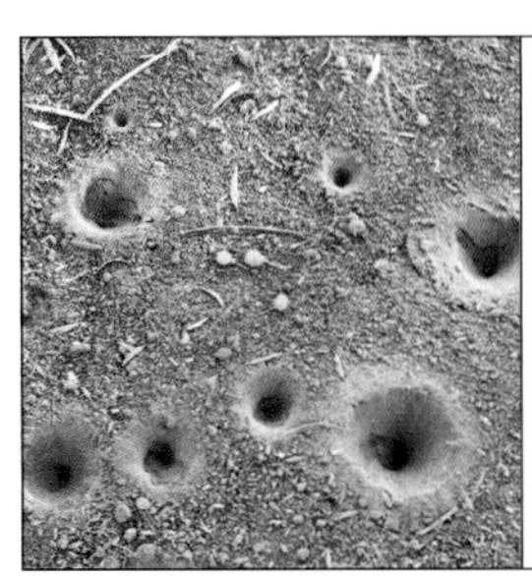

地上的凹痕

这张俯视图展示了散布在地面上的蚁狮的陷阱。陷阱是一个两壁很陡峭的深坑，开口有5厘米宽。每只蚁狮都在坑底耐心等待着，只有颌暴露在外。深坑只有保持干爽才能起作用。因此，这些陷阱都挖在树下，免于被雨淋。

陷阱作用机制

如果昆虫走到蚁狮陷阱的边缘上，有时会直接跌进去。更多的时候，蚁狮会发觉到昆虫并用沙子弹它们。昆虫如果失去平衡，就会从边缘跌落下去。一旦昆虫落到底部，蚁狮就用颌抓住它们，享用一顿美餐。

白蚁窝表面的物质
触角上伪装有来自白蚁巢穴中的纸屑
几乎看不出这是只正在白蚁窝上行走的刺蝽
工蚁被用来作诱饵

致命的诱饵▶

这只年幼的刺蝽蜷缩在白蚁窝边，准备钓取下一顿美餐。它用颌紧紧抓住一只刚杀死的白蚁作为诱饵。一旦有白蚁出来调查，它就一个接一个地把它们捕到吃掉。为了保护自己，刺蝽全身伪装有纸屑，就是白蚁用来筑巢的，像纸一样的材料。

吸血为食

对许多昆虫而言，血液是很理想的食物。血液富含蛋白质，雌性昆虫产卵很需要它。昆虫在几分钟内吸食的血液足够维持好几天，甚至它的整个成年生活。吸血昆虫有两种取食方式。有些只是临时的造访者，降落、进食，然后就离开，如蚊子和许多种类的苍蝇、甲虫和吸血飞蛾。有些则是终生在寄主身上生活的寄生虫。

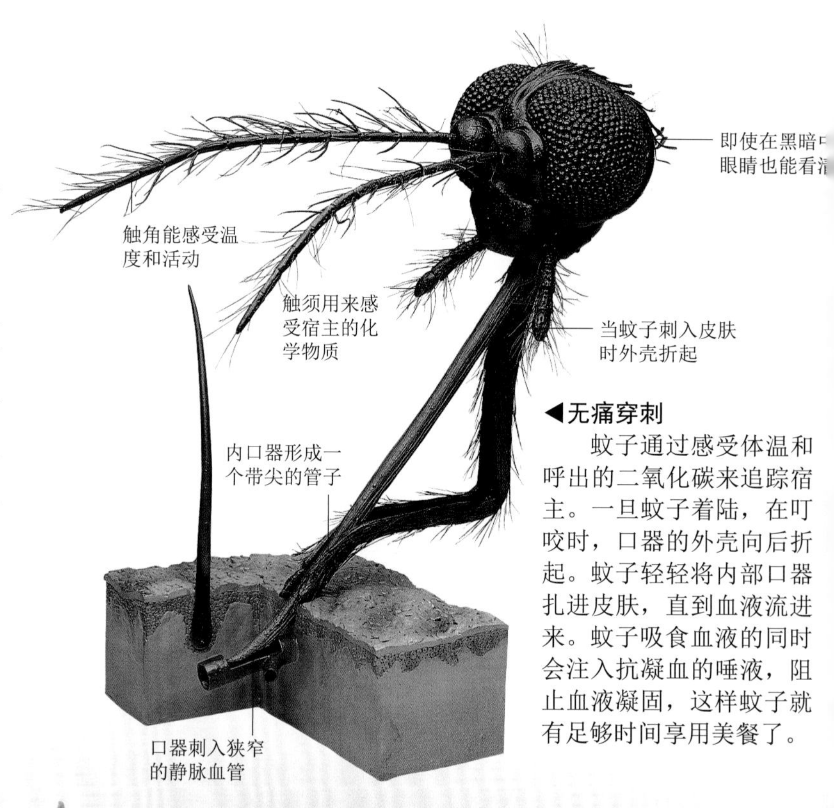
即使在黑暗中
眼睛也能看清
触角能感受温
度和活动
触须用来感
受宿主的化
学物质
当蚊子刺入皮肤
时外壳折起
内口器形成一
个带尖的管子
口器刺入狭窄
的静脉血管

◀无痛穿刺

蚊子通过感受体温和呼出的二氧化碳来追踪宿主。一旦蚊子着陆，在叮咬时，口器的外壳向后折起。蚊子轻轻将内部口器扎进皮肤，直到血液流进来。蚊子吸食血液的同时会注入抗凝血的唾液，阻止血液凝固，这样蚊子就有足够时间享用美餐了。

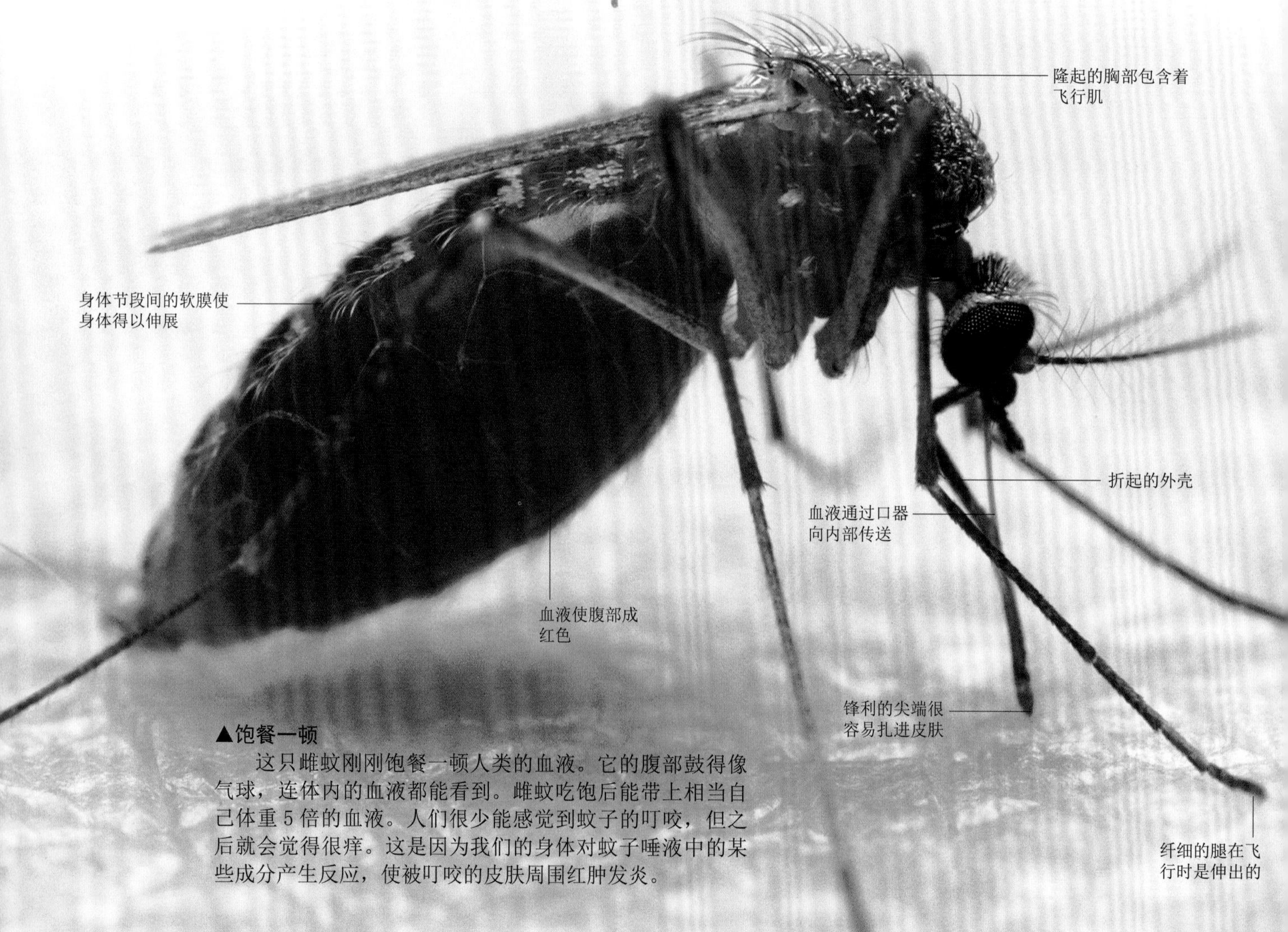
隆起的胸部包含着
飞行肌
身体节段间的软膜使
身体得以伸展
折起的外壳
血液通过口器
向内部传送
血液使腹部成
红色
锋利的尖端很
容易扎进皮肤
纤细的腿在飞
行时是伸出的

▲饱餐一顿

这只雌蚊刚刚饱餐一顿人类的血液。它的腹部鼓得像气球，连体内的血液都能看到。雌蚊吃饱后能带上相当自己体重5倍的血液。人们很少能感觉到蚊子的叮咬，但之后就会觉得很痒。这是因为我们的身体对蚊子唾液中的某些成分产生反应，使被叮咬的皮肤周围红肿发炎。

吸血昆虫

马蝇

最常见的吸血昆虫就是两对翅膀的飞虫，包括蚊子、黑蝇和小型蠓，以及马蝇和采采蝇。绝大多数昆虫都是只有雌性吸血，它们最喜爱的宿主就是哺乳动物和鸟类。雄性则取食花蜜或其他来自植物的含糖液体。

臭虫

比起苍蝇，臭虫中只有很少种类吸食血液。床虱在其中是最声名狼藉的——由于人类旅行的增加，它们成功地传播到了全世界。它身体是圆形紫铜色的，也没长翅膀。它们会爬到宿主身上，总是在晚上叮咬宿主。

头虱

从显微镜下看，人类的头虱长有强壮的爪子用来抓住毛发。像所有吸血的虱子一样，头虱终生都在宿主的身上，用头上尖锐的口器咬人。世界上大约有250种吸血的虱子生活在各种哺乳动物身上，包括蝙蝠和海豹。

跳蚤

跳蚤的扁平身体和坚硬的皮肤，很适应在羽毛和毛发中生活。它们没长翅膀，用强壮的后腿在宿主间跳跃。跳蚤的幼虫并不吸血，它们在巢穴和草垫中以腐物为食，等成熟后就跳到恒温动物身上。

带菌者

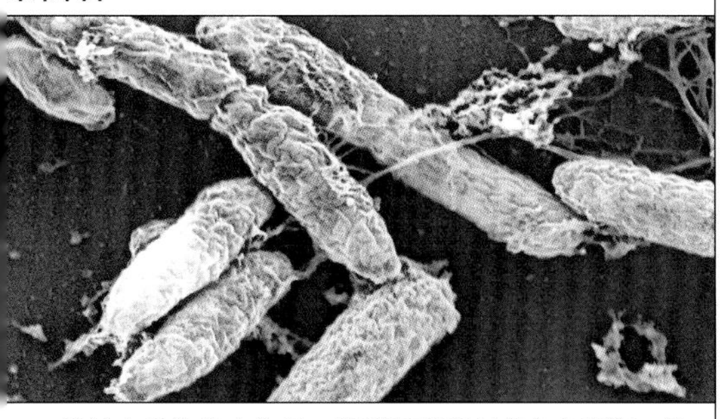

经过上千倍放大之后，鼠疫杆菌看起来完全无害，但它们足以造成世界上最致命的疾病。鼠疫通过跳蚤传播。跳蚤在老鼠身上搜集细菌，之后再叮咬人类，将鼠疫杆菌转移到人类身上。在以前的致命疫病流行中，鼠疫横扫全世界。幸运的是，现在抗生素药物的应用使疫病得以控制。现今，疟疾是动物携带的最危险的虫媒疾病。它由蚊子传播，每年造成上百万人死亡。

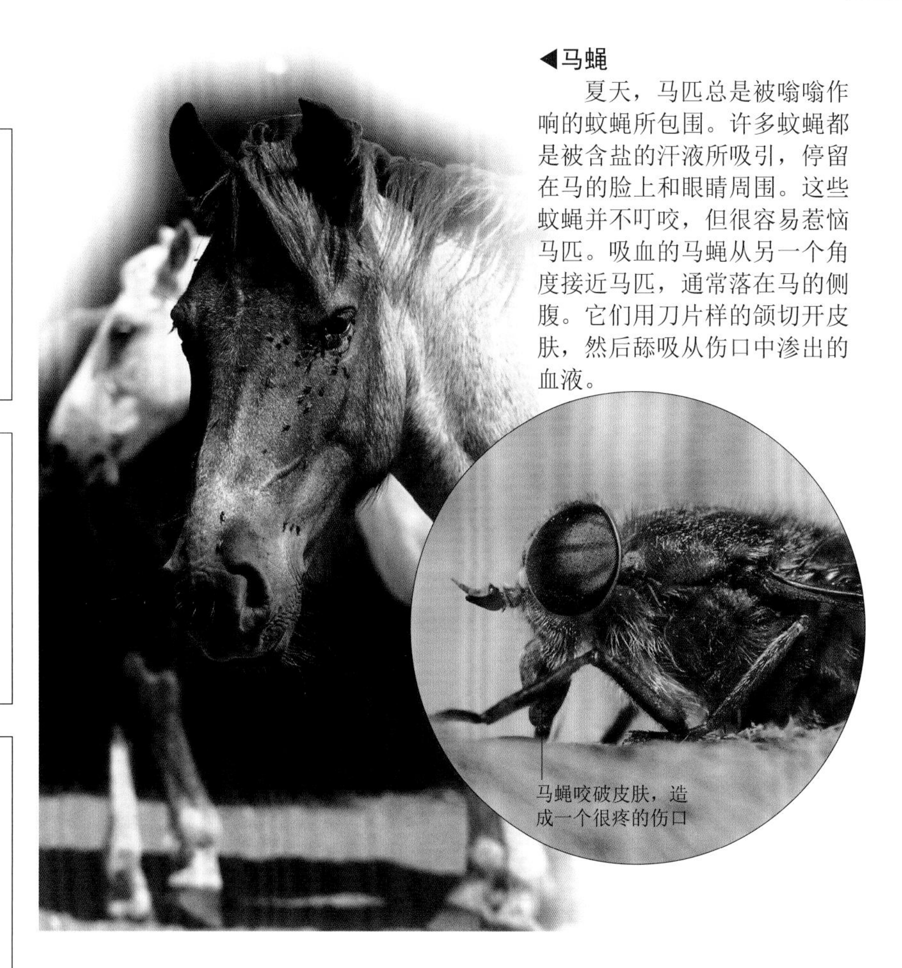

◀**马蝇**

夏天，马匹总是被嗡嗡作响的蚊蝇所包围。许多蚊蝇都是被含盐的汗液所吸引，停留在马的脸上和眼睛周围。这些蚊蝇并不叮咬，但很容易惹恼马匹。吸血的马蝇从另一个角度接近马匹，通常落在马的侧腹。它们用刀片样的颌切开皮肤，然后舔吸从伤口中渗出的血液。

马蝇咬破皮肤，造成一个很疼的伤口

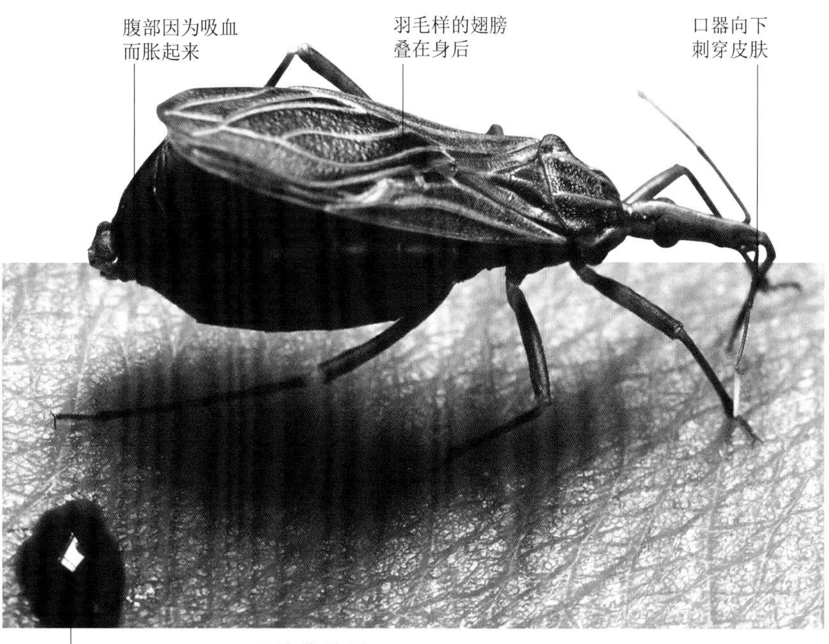
腹部因为吸血而胀起来
羽毛样的翅膀叠在身后
口器向下刺穿皮肤
如果把虫子的排泄物混入被叮的伤口，就会传播疾病

▲**偷偷接近**

这只刺蝽将口器向下折，正在饱食人的血液。大多数刺蝽靠捕食其他生物为生，但有些种类吸血为食。它们喜欢停留在人的脸和嘴唇上，这就是它们有时又称作接吻虫的原因。像床虱一样，它们白天躲起来，晚上努力吃食。吸血昆虫都是不受欢迎的造访者，因为其中有些会传播疾病。

双翅目（苍蝇）

许多昆虫的名字里都有“蝇”字，但真正的苍蝇是独一无二的，它们和大多数飞虫不同，只长有一对翅膀而不是两对。这种设计十分高效，让它们成为昆虫世界最优秀的飞行者。苍蝇十分敏捷，这就是为什么苍蝇很难被捕到的原因。世界上有约3.4万种苍蝇，生活在地球上所有类型的栖息地之中。它们许多都以植物或死去的动物残骸为食，其中也有寄生虫，还有吸食血液的和传播疾病的。

短而粗硬的触角用来搜集食物的气味

发达的眼睛

有条纹的胸部

不速之客▶

家蝇是世界上生活范围最广并且最烦人的害虫。与双翅目中其他昆虫一样，它们长有大头、短短的触角，和一对透明的翅膀。在后翅的位置上，长着一对称为平衡棒的短棍，在空中迅速飞行时用来保持平衡。家蝇视力极好，但主要靠味觉和嗅觉追踪食物。

苍蝇在空中时，腿向内卷起

钩子和吸盘使苍蝇很容易抓取东西

透明的翅膀上有几根翅脉

双翅目（苍蝇）

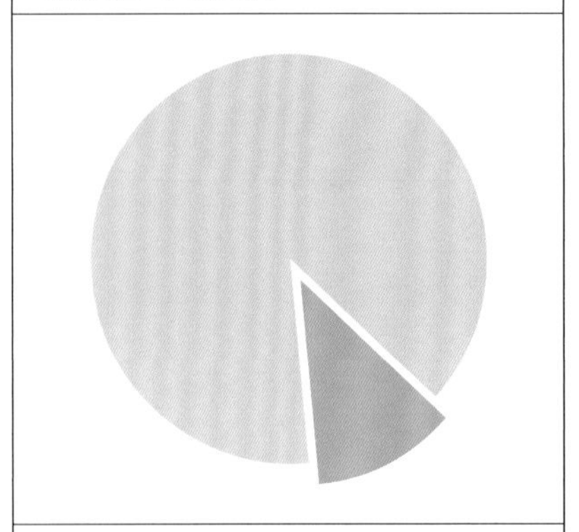

一对翅膀的昆虫组成的双翅目，占所有已知昆虫种类的12%。它们生活在许多类型的栖息地，但在温暖潮湿的地方最常见。个体最大的种类是热带的拟食虫虻。它的翼展达10厘米，比许多蝴蝶都大。

丽蝇的发育过程

卵

苍蝇的发育为完全变态——随着生长发育身体形状完全改变。丽蝇，又称肉蝇，靠嗅觉找到死去的动物和腐肉，并在上面繁殖。雌性丽蝇每次产卵数可达500枚。如果天气足够暖和，卵第二天就会孵化。

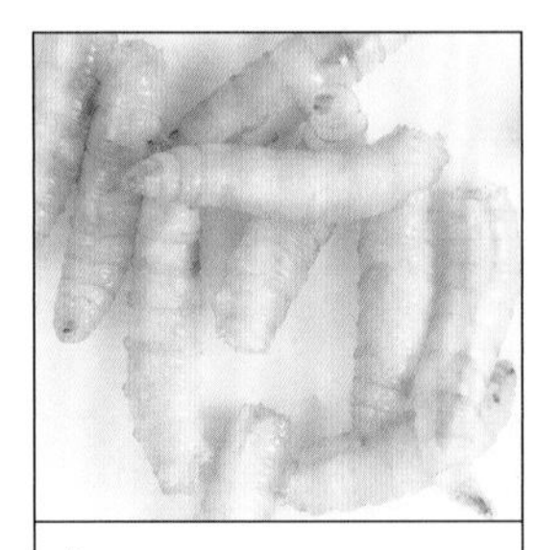

蛆

当丽蝇的卵孵化后，没有足的幼虫（足已退化）就会从中出来。蛆这种毫不吸引人的动物，一出生立即开始吃东西。它们在食物中蠕动，迅速生长，会蜕皮好几次。约10天后，蛆就离开化成蛹。

蛹

丽蝇的蛹两头圆圆，呈微红色和棕色。在蛹内部，蛆的身体分解，渐渐形成成虫的身体。这个过程大约12天，取决于温度。一旦身体完全变化，蛹的一头打开，一只苍蝇成虫就从中爬出来了。

成虫

丽蝇完成完整的的生活史需要3周。雄性丽蝇采食花朵，而雌性产卵。由于繁殖迅速，它们一年可以繁殖许多代。成虫在冬季冬眠，等到暖和时，就会再次出来活动。

腿胫节上长有
一排排的刚毛
前缘脉较强壮，与
翅的前缘合并
不用时，翅膀
折叠在背后
圆圆的腹部长
有刚毛

◀倒挂行走

许多昆虫，例如家蝇，可以倒着走。它们用腿上的钩和吸盘几乎可以附着在任何表面上，包括玻璃。倒着着陆很有技巧性。首先，苍蝇用前腿抓紧附着物，像杂技演员抓着吊秋千。接着，将身体的其他部位悬摆在腿下，这样就能倒转过来。一旦6条腿都接触到平面上，它就可以到处走动了。

◀长满刚毛的身体

苍蝇的整个身体，包括腿上都覆盖有细长的刚毛。这些刚毛对气流十分敏感，如果附近有任何东西移动，就给身体加热。苍蝇的腿上也有感觉器官，以辨别自己落在什么地方，这样很方便就能找到食物和产卵的理想位置。

▲扫荡食物

双翅目苍蝇都吃流质食物，但进食方式不同。苍蝇的口器像折起来的海绵，把唾液洒到食物上，等食物溶解了，苍蝇再吸回来。家蝇主要吸食含糖的东西，也喜欢腐烂的剩菜。不论家蝇落在哪里，墙上、窗户上甚至电灯泡上都会留下黏黏的口水污渍。

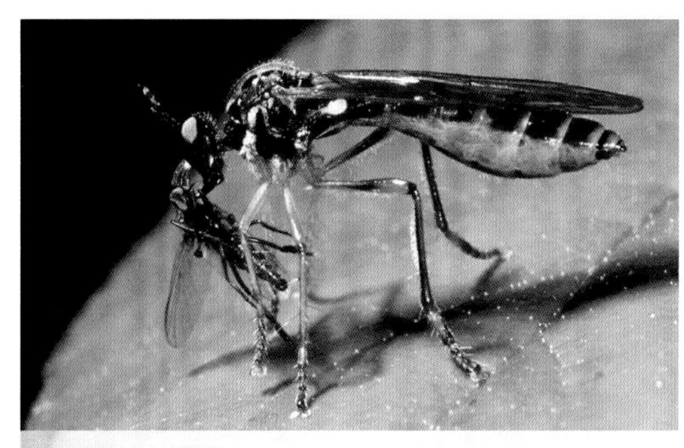

▲猎食性苍蝇

与家蝇不同，食虫虻通常在空中捕捉其他昆虫。一旦食虫虻捉到猎物，就落下来吃食。食虫虻长有尖锐的口器，用来扎进猎物的柔软部位，比如颈部。等它们吸干了昆虫的体液，就把空壳丢掉。许多食虫虻头部都有浓密的刚毛，用来防备猎物挣扎。

▲吸血蝇

许多双翅目昆虫以吸血为生。它们包括蚊子、蠓、马蝇，还有图中的黑蝇。蚊子的口器像注射器，但马蝇和黑蝇却咬破猎物的皮肤。黑蝇会传播危险的疾病，比如疟疾——不仅在人群间，也在野生动物间传播。

寄生虫

寄生虫无法自己独立生活，而是生活在称为寄主的其他动物身上。虱子和跳蚤都以吸食寄主的血为生，但其他寄生虫有更可怕的习性——咬破或挖洞进入寄主的体内。尽管宿主通常能存活下来，但会在一定程度上受到伤害。拟寄生虫与一些寄生虫不一样，它们在寄主体内长大，它们不停地吃直到寄主死亡。在昆虫世界中，寄生是一种很常见的生活方式。对于人类，有些寄生虫甚至很有用，因为它们能帮助控制害虫。

爪子紧紧抓住头发

口器不用时，就缩回去

短而硬的触角分成好几节

头虱随着长大颜色会变深

虱子顺头发爬下去吃食

家中的头发▶

从这张经人工染色的图片上看到，头虱用带钩的爪子紧紧抓着一根头发。它们的爪子很强壮，所以很难被赶走。虱子是用三个细针似的口器刺破人的头皮从中吸血为生。这种小虫子更多侵袭儿童而不是成人，通常在学校传播。可用刷或梳，也可以用含杀虫剂的洗发香波清除它们。

◀孵化

这只刚从卵中孵化出的头虱，被放大了50倍。雌虱在头发上产卵，将卵集中在超级胶水似的液体中。当幼年的头虱准备孵化，卵的顶部落下，虱子就从中出来。其他种类的虱子常在衣物上产卵，比如体虱。与头虱不同，体虱会传播多种危险的疾病。

◀寻找寄主

姬蜂轻轻拍打触角，通过嗅觉可以感知以植物为食的幼虫的振动来追踪寄主。世界上有6万多种姬蜂，几乎所有的姬蜂都是寄生性的。许多姬蜂都有长长的用来产卵的管子，被称为产卵器，可以在坚硬的木头上钻洞。雌性姬蜂就是用它钻进树干里将卵产在树上钻洞的幼虫身上。

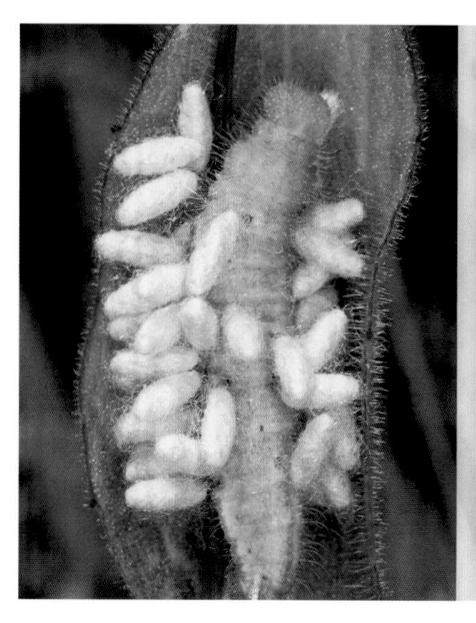

◀侵袭毛虫

这些小小的茧表明这只毛虫已经被寄生蜂侵袭。成年寄生蜂将卵产在毛虫体内，幼虫从里面吃掉了毛虫。接着，幼虫从毛虫体内爬出来结茧。一只毛虫足够100多只寄生蜂幼虫并排一起进食。然而，它们的寄生生活并不安全，因为也会遭到某些重寄生虫侵袭。

艳华蜂▶

美丽的艳华蜂并不自己养育后代。取而代之，它进入其他蜜蜂的巢，将卵产在其中。它的幼虫孵化时，就备有锋利的颌。它们会毁掉巢里其他所有的幼虫，这样就能将大多数食物留给自己。世界上大约有1/5的蜂类用这种方法抚养下一代。成年艳华蜂身上披有甲壳，在闯入别人巢里被袭击和叮咬时就能幸免于难。

强行劳役▶

大多数蚂蚁是勤勉的劳动者，但有些种类的蚂蚁会绑架其他蚂蚁，强迫它们替自己工作。图中展示了一只奴隶主——火红蚁带着它的猎物。它们偷袭附近的蚁穴，将不同种类的幼蚁带回家。这些幼蚁在奴隶主的巢穴里长大，表现得像是这里的成员一样。靠着捕获其他工蚁的幼虫，这些奴隶主可以养育更多的幼蚁，而不必自己做所有的工作。

为家庭准备食物▶

狩猎象鼻虫的胡蜂，用自己的刺，使不幸的猎物麻痹。胡蜂并不是直接吃掉象鼻虫，而是把它带回巢穴里——地上的一个浅浅的洞穴。等到巢穴里装满了象鼻虫，胡蜂就把卵产在其中，它的幼虫就会把象鼻虫当作食物。许多独居的胡蜂有自己搬运猎物的方式：它们在空中携带小型昆虫，而大一些的猎物通常拖着在地上行进。

胡蜂飞回巢穴，用强壮的腿紧紧抓住象鼻虫
良好的视力有助于定位猎物
象鼻虫被蜇之处在下腹部，身上最柔软的地方

捻翅蜂

捻翅蜂是世界上最小、最奇怪的寄生虫之一。比如这只雄蜂，长着凸出的眼睛和扭曲的翅膀。雌蜂没有翅膀、没有腿并且看不见，它寄生在蜜蜂和胡蜂的腹部，只有身体的一小部分露在外面。雄蜂就和这部分交配，雌蜂产出幼虫，幼虫爬到花朵上再爬到新的宿主身上，然后钻进它们的身体。长大后的雄蜂最终飞走，而雌虫则仍然待在宿主体内。

采食植物

每年，昆虫都会咀嚼、啃食和吸食数百万吨的植物。在昆虫面前，没有什么植物可以幸免。昆虫尽情享用着根、茎、树叶、花朵和种子，它们还在树皮和木头上钻洞。面对如此丰富的食物供给，绝大多数食草昆虫都是专家，它们口器的形状都是为了处理这些食物而形成的。许多昆虫采食植物的范围很广，但有些则极其挑剔。有些毛虫只在特定的植物上采食长大。

◀取食树汁

这只盾蝽用口器咬开植物的茎，对着树汁一顿痛饮。树汁很容易到手，而且富含糖分，为昆虫提供活动所需能量。然而，它却缺乏其他营养，尤其是昆虫生长所需的氮。为了弥补不足，大多数吸食树汁的昆虫总是花很多时间进食，尤其是它们幼龄的时候。其他虫子，比如蝉幼虫吃的就比较少，这就需要更长时间长大。

虫瘿

这个看似苹果形的东西，实际上是一个叫作虫瘿的增生体。当昆虫落在植物上，释放刺激植物生长的化学物质，虫瘿就长出来了。随着虫瘿长大，它就为昆虫的幼虫提供了安全的避难所和食物来源。大多数虫瘿都是由小型的胡蜂和蚋引起的。每种昆虫只侵袭特定的植物，产生特殊形状的虫瘿。这个橡树苹果形虫瘿柔软而且气鼓鼓的，但有些虫瘿是木制的而且坚硬。

▲啃食木头

藏在树干中的这些粉蠹虫的幼虫正准备转变为成虫。粉蠹虫深深钻进树中，身后留下木制的管道网络。与大多数啃食木头的甲虫一样，它们要花很多时间才能长大，因为木头很难啃食，更难消化。粉蠹虫啃食的树种范围很广，也包括长满果子的树。

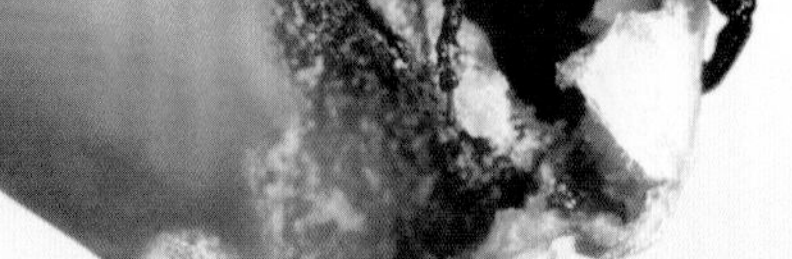

▲啃食种子

这只象鼻虫静静待在一粒小麦里。它的弯曲的口吻末端有一对短小而粗硬的颌。象鼻虫用这一对颌从里向外啃食小麦颗粒。种子是植物最有营养的一部分，因此这样一粒种子足够象鼻虫饱食好几天。雌性象鼻虫常常用强壮有力的颌在种子和坚果上钻个小洞，并在里面产卵，这样它们的后代就有了现成的食物来源。象鼻虫大约有5万种，许多都是农作物和储存食物的害虫。

▲地下的食物

蝼蛄像是隧道机器。它们在潮湿沙土中钻洞，咀嚼植物的根。根并不找，但它们通常含有昆虫所需的营养有些昆虫比如蚜虫，整个冬天都吸食的汁液，一年的其他时候却都在地生活。

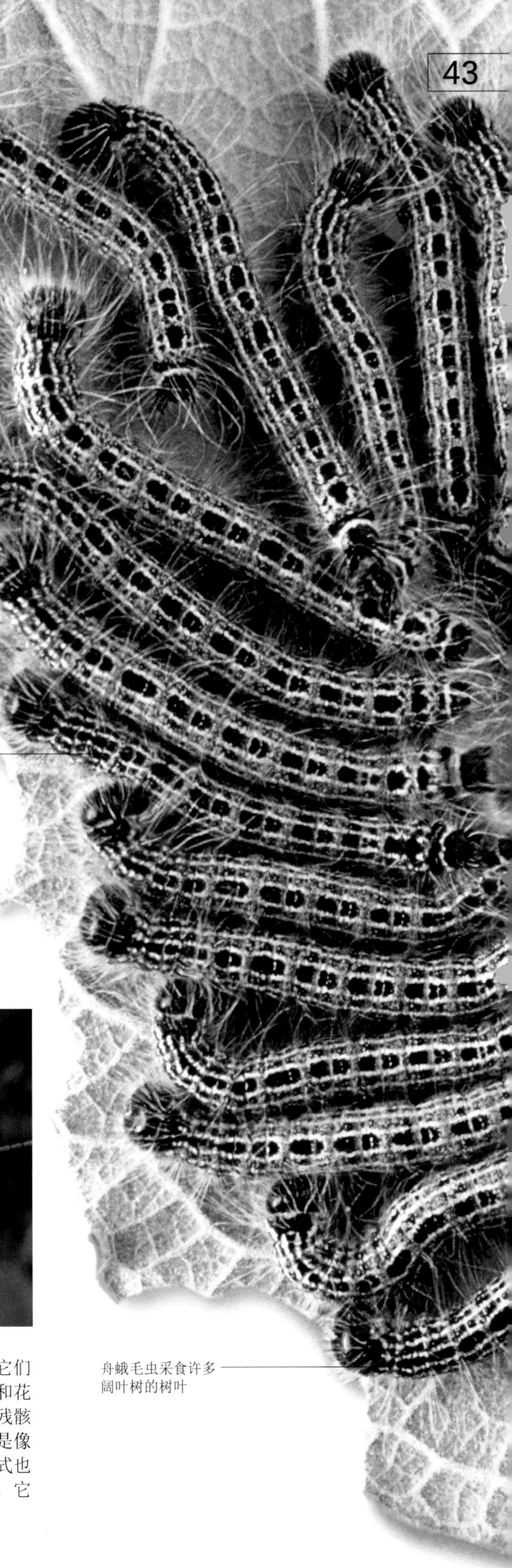
刚毛和警戒色有助于
阻止掠食者和鸟类
舟蛾毛虫采食许多
阔叶树的树叶

数量取胜▶

这些舟蛾的毛虫一起挤在蔷薇叶上开始吃食。它们从叶子外缘向里啃食，直到完全吃完再移向下一个。在生命的早期，毛虫为保证安全都是挤在一起，但之后，它们就会分开。蛾子的幼虫是昆虫界最贪吃叶子的食客。由于人类帮助传播，有些种类，比如舞毒蛾已经成为最主要的害虫。

▲便携帮手

植物类食物很容易找到，但并不容易消化。许多昆虫依赖微生物解决这个问题。微生物生活在昆虫的肠道中，释放降解食物的物质。这些微生物来自啃食木头的白蚁的消化系统。它们漂浮在白蚁的肠道中，吞噬小片的木头，再转化为白蚁能吸收的食物。

▲挑剔的食客

这只普通的凤尾蝶幼虫用吸盘状的腹脚站稳后，开始吃茴香叶子。许多凤尾蝶的幼虫对吃什么很挑剔，茴香是它们最喜爱的食物。一旦毛虫被任何东西碰到，它就伸出头后面的一对鲜红的触角，散发强烈的气味，让猎食者不能靠近。

▲植物盛宴

比起毛虫，蠼螋对食物并不挑剔。它们啃食植物的任何部位，包括嫩芽、树叶和花朵。和多数植食性昆虫不同，它们也吃残骸和其他任何能抓到的小动物。蠼螋并不是像毛虫那样高效的食客，但它们的生活方式也有一个很大的优势。如果一种食物短缺，它们可以换着吃别的食物。

采食花朵

对许多昆虫来说，花朵是外带食品的理想来源。菜单上的主菜通常是花蜜——一种甜蜜的液体，是富含能量的昆虫食物。作为回报，昆虫携带花粉(一种包含植物雄性生殖细胞像尘埃似的物质)。植物在结籽前需要交换花粉，而昆虫的“快递服务”正好满足了植物的需要。昆虫为花朵授粉已经有一亿年的历史了。在这段时间里，花朵和昆虫已经是很亲密的搭档。有些昆虫造访许多不同的花朵，没有特别的喜好，但大多数只坚持取食适合它们的形状的花朵。

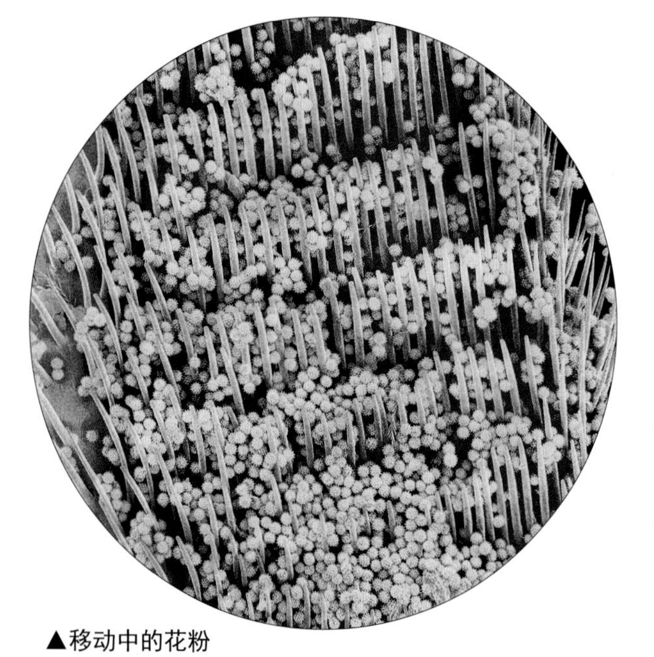

▲移动中的花粉

这张照片展示的是高倍放大的蜜蜂的腿。这些黄色的圆点，是细微毛发上捕捉到的花粉颗粒。蜜蜂每次造访花朵都会带上花粉，同时也散播花粉。蜜蜂喝下大量的花蜜，也吃花粉。蜜蜂将它们梳下来，放进每条后腿特殊的袋子里，这样就可以将它们带回蜂房。

花瓣将蜜蜂吸引到花朵上
蜜蜂的触角感知花朵的香味
柱头搜集蜜蜂带来的花粉
蜜蜂伸到花朵底部，采集花蜜
花粉囊将花粉撒到蜜蜂身上

传粉▶

这只大黄蜂刚落在一朵花上，开始吃食。许多大黄蜂都有长长的口器，深深探进花朵吸食花蜜。当蜜蜂进食时，花朵的花粉囊（雄性部分）往它身上撒满花粉。同时，花的柱头（雌性部分）搜集蜜蜂带来的花粉。一旦柱头落上一些花粉后，花朵就开始结籽。

▲喂食

食蚜蝇用口器从花朵上搜集花蜜和花粉。和蜜不同，不是所有的苍蝇都有长长的口器，有些喜又浅又平的花朵。雄性食蚜蝇常常守着一朵花，半空中盘旋，允许雌性落下进食，但如果雄性竞对手出现，它们会相互追逐展开一场空战。

蝴蝶吃食时展开它的口器
一丛丛独立的小花

痛饮▶

对于凤尾蝶，这朵蓟花是个痛饮的好地方。花头上包含许多细微的小花包裹在一起，像刷子上的毛。蝴蝶展开它的口器，痛饮每一朵花的花蜜。蝴蝶的口器很长，而蛾子的口器更长。来自马达加斯加的鹰蛾的口器有30厘米，比自己的身体长好几倍。

胡蜂趴在花上，把头伸进去

完美组合▶

玄参的花朵并不吸引蝴蝶或者蜜蜂，而是专为胡蜂设计的。这只胡蜂被花的香味吸引，把头伸进去取食。当它吃食时，花朵就在胡蜂的下颌上撒下花粉，胡蜂会把花粉带到下一朵玄参花上。胡蜂与蜜蜂不同，是用昆虫来喂养下一代，因此它们并不搜集花蜜带回蜂巢。

蜜蜂刺穿花朵留下的洞直达花蜜所在
草地黄蜂紧贴紫草花

▲偷蜜

这只大黄蜂后腿紧抱着紫草花，正在偷吃花蜜。能闻到花朵里的花蜜，但是口器太短够不着。于，它在花朵的底部挖一个洞，这样就能吃到了。用这种卑鄙诡计的昆虫被称为偷蜜访花者，在昆界是十分常见的。一旦花被挖开一个洞，其他昆常常也会利用它，对植物而言，偷蜜者是不受欢的来访者，因为它们吃了花蜜但并没有以传粉来为回报。

▲昆虫拟态

不只是昆虫会在授粉上作弊。蜂兰花不产蜜，但它们分泌雌蜂的气味来引诱雄蜂，并且花上长满毛，进一步完备了它的伪装。当雄蜂试着交配时，花朵将一包花粉放在雄蜂的头上。雄蜂飞走，这个包裹就会被它造访的下一朵蜂兰花签收。

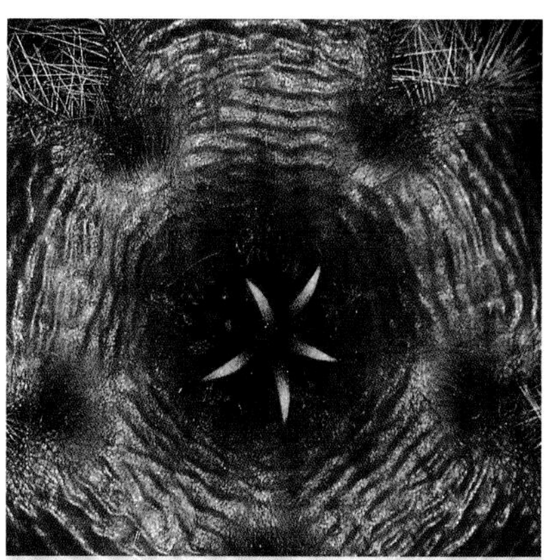

▲恶心的气味

绝大多数花都靠鲜艳的色彩和甜蜜的气味吸引昆虫。腐臭花不同，因为给它授粉的是食腐肉的苍蝇。它有一种极倒胃口的腐肉气味。雌性丽蝇在花上产卵，从花瓣上爬过时，花就把花粉包扣在丽蝇腿上。当丽蝇造访另一朵花，花粉包就被转移了。

半翅目（蝽）

半翅目昆虫种类多达 8 万多种，包括世界上最吵闹的和数量最多的昆虫。其中包括刺蝽这样凶猛的猎食者，以及小蚜虫这样数量众多的吸食树汁的昆虫。半翅目昆虫都有喙一样尖锐的口器，用来刺穿猎物。它们大多数都长有两对翅膀，生活在陆地和淡水中的任何地方，少数甚至能在远海的开阔水域生活。蝽类有助于控制其他昆虫，但吸食树汁的种类因为会传播植物疾病而造成严重的危害。

宽平的头部长有短小的触角

头部后面有坚硬的盾甲

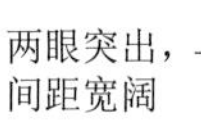

两眼突出，间距宽阔

热带蝉▶

蝉是数量最多的以植物为食的昆虫。口器在不用时折叠起来。它们通常长着两对翅膀，折起来后像一个倾斜的屋顶。蝉的一生大部分在地下生活，取食乔木和灌木的根。在地下待上几年后，它们就爬上树梢，转变为成虫。雄性靠敲击腹部的甲片来吸引配偶——这种刺耳的声音在 1 千米外都能听见。

蚜虫的发育阶段

出生

半翅目昆虫发育为不完全变态，即身体形态随生长而逐渐改变。但是有些种类可以直接产下幼虫而不是卵。这只雌虫差不多就要完成生产了。它的幼虫最先露出来的是腿部。蚜虫宝宝很快就能准备好第一次进餐了。

低龄若虫

雌性蚜虫一天能生产好几只幼虫。很快，每位母亲的身边就挤满了正在生长的幼年蚜虫和若虫，但是若虫的颜色更苍白，个头更小。它们没有翅膀，但口器发育完全，几乎一刻不停地吸食树汁。

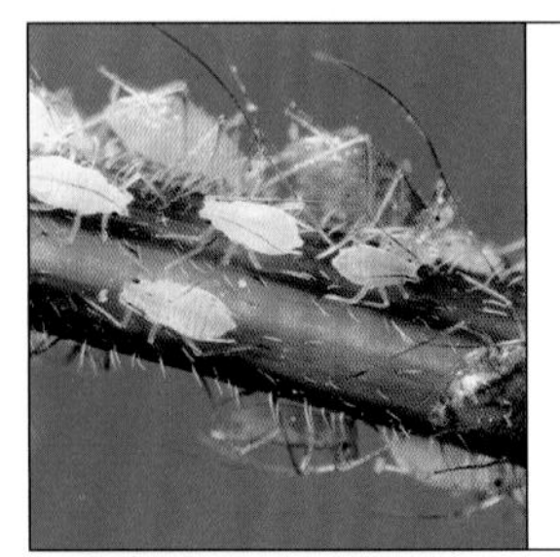

成熟若虫

几次蜕皮后，若虫就和成虫一样了。每只都是头部小小的，6 条腿，腹部肥大用来消化树汁。若虫会爬行，但通常走不远。结果，许多蚜虫一个挨着一个地进食，树枝上的空间就显得狭小了。

有翅的成虫

最后一次蜕皮后，蚜虫变为成虫。大部分若虫在春天或者初夏会变成无翅的雌虫，不需要交配就可以繁殖。当年晚些时候，这些若虫会变为有翅的雄性和雌性。雌、雄虫交配后，雌虫就会飞到别的植物上产卵。

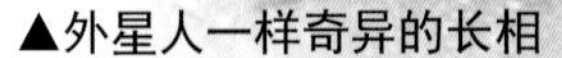

▲外星人一样奇异的长相

许多昆虫靠伪装从目光锐利的猎食者（尤其是鸟类）口下逃生。这只来自南非热带雨林的惊人的角蝉，装饰有两个微缩的“鹿角”，其中一个在头上，另一个在翅膀间。这些“角”能够帮助它们伪装自己，也使猎食者难以下咽。有些昆虫如果被袭击了，就会释放一股难闻的味道，借此自我防卫。

▲刺杀

这只刺蝽刚抓住一只甲虫，开始进食。和所有掠食性昆虫一样，它不能咀嚼食物。因此，它们用尖锐的口器刺穿猎物，注入有毒的唾液。一旦受害者死了，它就吃掉猎物身上柔软的部位，扔掉其余部分。

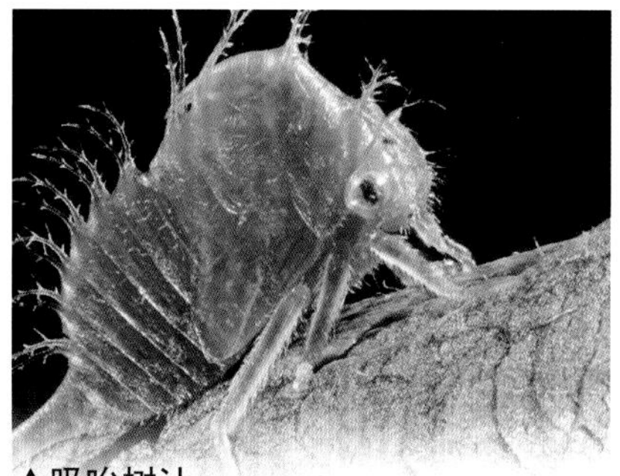

▲吸吮树汁

世界上几乎所有吸食树汁的昆虫都会给植物造成严重危害。大多数种类，例如这只紫花苜蓿跳虫虽然个头很小，但在食物充沛时，繁殖极其迅速。吸食树汁的昆虫包括蚜虫、粉蚧虫、飞虱和蝉。

▲水下攻击

这只大水蝽用它针一样的前腿抓住猎物。水蝽藏匿于池塘和小溪的淤泥之中，其强壮地足以刺穿人类的脚趾。划蝽和水蝎也在水下狩猎。

半翅目

半翅目包含已知昆虫种类的8%。大多数都生活在陆地上，但也有的生活在水里。体型最大的是大水蝽足有15厘米长，而体型小的吸吮树汁的蚜虫——雄虫不足1毫米。

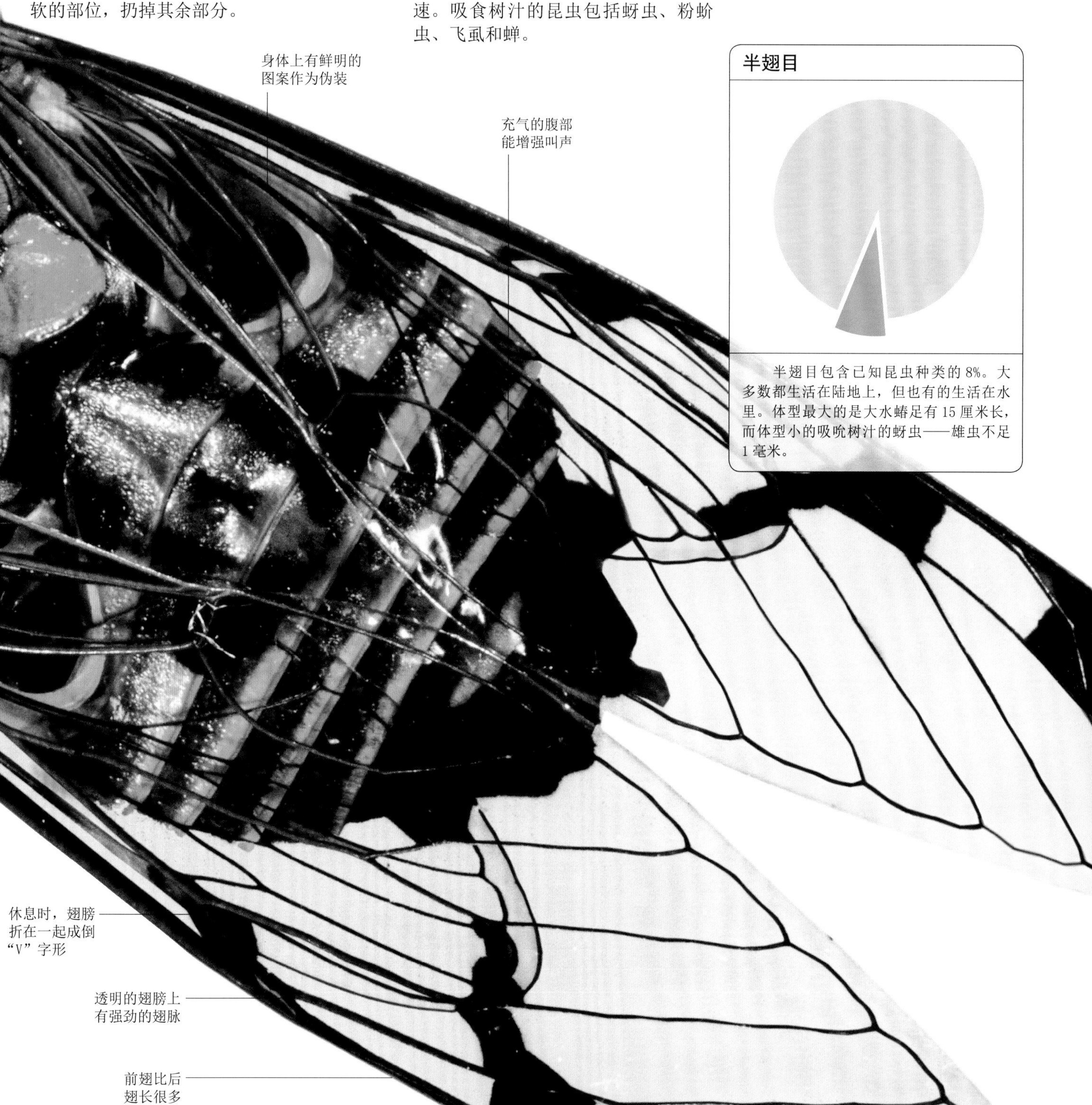
身体上有鲜明的图案作为伪装
充气的腹部能增强叫声
休息时，翅膀折在一起成倒“V”字形
透明的翅膀上有强劲的翅脉
前翅比后翅长很多

腐食者和再循环者

腐食昆虫在自然界中扮演着重要的角色。它们以腐败的有机物为食，清理掉动物的粪便和死尸。它们解决掉各式各样的残渣和遗骸，分解原材料，并使之得以重复利用。大多数腐食昆虫在天黑之后才活动，靠气味找到食物。它们生活在任何一种栖息地内，有的甚至进入室内。在这里，这样的虫子是不受欢迎的，因为它们会糟蹋食物，还有许多在被褥和衣物中钻洞。

埋葬者▶

这只死去的老鼠吸引来了一大群专职处理动物残骸的埋葬虫。这些甲虫成群行动，挖开尸体下的泥土，直到尸体落入坑中。接着在将它们埋起来之前，甲虫们会在上面交配并产卵。当甲虫的幼虫孵化出来时，就将老鼠残骸当成了私人的地下食品储藏室。

甲虫铲起粪便，滚成一个球

▲食粪便

对于蜣螂（俗称屎壳郎）来说，这一堆新鲜的大象粪便是一个重要的发现。蜣螂以草食哺乳动物的粪便为食，并有助于分散粪便，有利土壤吸收粪便中的营养物质。蜣螂对草原尤其重要，因为庞大的草食动物群每天都会留下大量的粪便。

滚粪球▶

这两只蜣螂收集了一堆粪便，并将其拍打成球形。它们的下一个任务是将它滚走，这样就能在新的食物储备上产卵，并埋到地下。左边的甲虫用后腿推粪球，而它的搭档帮着掌握方向。时不时地，其中一只会爬上粪球检查它是否保持着球形。

杂食昆虫▶

有些昆虫是极为挑剔的食客，但是许多蟑螂恰恰相反。在野外，它们以死去和腐败的残骸为食。但当它们进入室内后，就会吃任何食物和残渣。一有机会，它们也会啃食贴墙纸的糨糊、胶水，甚至肥皂，而且还常常随购物袋旅行——这是个到处移动的简单办法。蟑螂传播疾病，污染食物，还会留下一种难闻的气味。

蟑螂的油性分泌物会污染爬过的任何东西
极细的毛发可感知可能带来危险的任何振动
灵敏的触须收集食物的气息
富含淀粉的食物更吸引蟑螂
领路的甲虫带着粪球绕开障碍物
完成的球和高尔夫球一样紧实

奇怪的食物

衣蛾

衣蛾的幼虫生长全靠吃羊毛。成蛾在羊毛的衣物或毯子上产卵，孵化出的毛虫吃食的时候就在上面咬出小洞。成年的衣蛾飞行能力不强，但可以待在衣物上随人类活动而传播，因此现在全世界都能见到它们的身影。

标本圆皮蠹

这种微小的甲虫可是博物馆中的大麻烦，因为它的幼虫以死去的昆虫和填充好的动物标本为食。幼虫全身布满刚毛，并在食物上打洞。过去，这些昆虫常毁坏博物馆中的展品。但现在，深度冷藏和熏蒸技术使它们得以控制。

刺人虱

与吸血的虱子不同，刺人虱采食极小片的羽毛。它们终生生活在鸟类的身上——特别是鸟类的喙够不到的安全部位，如头和颈。所有的鸟类都受到这种小虫的骚扰，它们还是家禽饲养场的严重害虫。

昆虫的防御

对昆虫来说，生活充满了危险。它们需要面对来自其他昆虫的袭击，也要面对来自它们的天敌——视觉敏锐的鸟类的攻击。一旦发现有危险，它们立即逃离或者飞向安全地带。有些昆虫原地不动，依靠特殊的防御手段求生。伪装可以使昆虫难以被发现，而有些防御措施使它们难以接近，有些触摸起来很危险，或者极为难吃。如果以上所有的办法都失败，它们试图虚张声势以蒙混过关。

每个眼状斑点像真正的眼睛一样都有黑色的瞳孔

翅膀完全张开，露出眼点

令人困惑的眼睛▶

这只雌性大蚕蛾靠露出一双怒目圆睁的大眼睛来自我防护。这双眼睛是它后翅上的特殊标记，一旦有什么东西接触或靠近它，它就会把这双眼睛亮出来。蛾子常休息在树影斑驳中，这双凝视的眼睛看起来十分危险，可以阻挠猎食动物的袭击。蛾子不是唯一拥有防御性眼状斑点的昆虫——某些蝴蝶和甲虫也有。

一旦触碰，毛发很容易脱落

腹部末端有几丛浓密的棕色刚毛

顶端尖锐的长毛冲向各个方向

背部有四丛灰白色的茸毛

身体两侧有两排带倒钩的毛

浑身是毛的食物▶

白刺古毒蛾幼虫长有非同寻常的刚毛和丛丛茸毛，看起来更像是一柄刷子而不是一只活着的昆虫。这种特殊毛虫面朝前方，头部则藏了起来，但是一丛灰色的刚毛指出了另一端的位置。白刺古毒蛾的毛虫在开阔的地方进食，它们的刚毛使鸟类无法靠近。像许多毛茸茸的毛虫一样，如果人类碰到它们会引发皮炎。

固定目标▶

沫蝉的幼虫从保护性的泡沫中出来后，就成了其他昆虫和鸟类唾手可得的猎物。它的身体苍白而肉软，腿太孱弱无法逃跑。取而代之，它靠自己的泡沫保护自己。等它变为成虫后，会长出更坚硬的身体和强壮的腿。它离开泡沫时，在植物间跳跃着逃避危险。

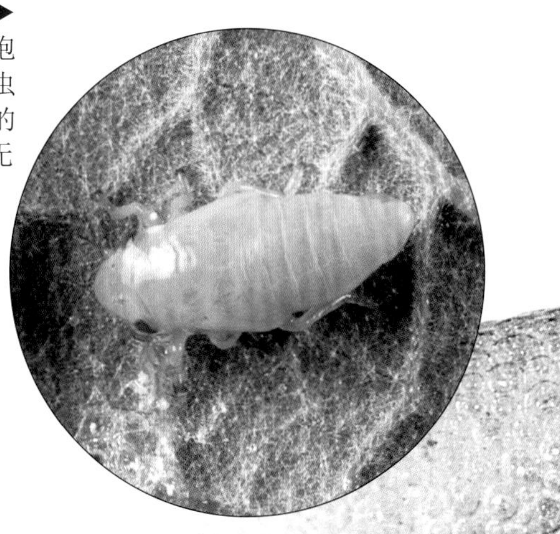

沫蝉幼虫返回它的泡沫中

泡沫中是来自消化树汁的水和黏液的混合物

▲捉迷藏

年幼的沫蝉吸取树汁为食，生活在树上的开阔处。为躲避袭击，它们躲进一件像泡泡浴中的泡沫一样的泡沫外衣中。这里有一只沫蝉的若虫正回到它的保护性泡泡中。沫蝉若虫用自己吞下和消化的树汁来制造泡沫。随着泡沫晒干，它们再制造更多，这样它的防御性隐蔽所就能保持湿润。

用醒目的警戒色代替伪装赶走猎物

泡沫破裂时，散发出强烈的气味

弱小的翅膀意味着这种蚱蜢并不是飞行能手

味道极差▲

如果受到威胁，这只非洲蚱蜢不会试图逃走或飞走。它的胸部会产生一堆散发恶臭的泡沫来代替。仅仅这种气味就足以阻挡大多数捕食者了，其实如果捕食者吃它的话，味道比看起来的更差。蚱蜢和其他许多昆虫从它们吃的植物中获得自己的防御性化学物质。这些昆虫通常有鲜艳的色彩作为额外的防御——用以警告其他动物远离。

最后的手段▶

紧急情况时，昆虫尝试用诡计逃生。许多昆虫都会脱落几条腿，有的甚至装死。幸运的话，猎食者会失去兴趣。一旦它们走了，昆虫很快就会活过来。磕头虫在这种常见的技术中加入自己的绝技。装死几秒钟后，它们突然折断胸腹之间的一个特殊关节。其力量之大，能将磕头虫推向空中。

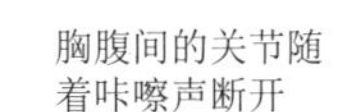
胸腹间的关节随着咔嚓声断开

腿缩回到下腹部的凹陷处

子弹形的细长身体

磕头虫的逃逸行为

装死

如果磕头虫受到威胁，它就收起腿背靠地面躺着，装作已经死了。多数猎食者靠移动寻找猎物，因此几秒钟后它就走了。

发射

如果磕头虫仍处于危险中，它就收紧肌肉，胸腹间的关节发出咔嚓一声，使得胸部撞击地面，再将磕头虫抛向空中。

着陆

磕头虫将腿收拢，可以在空中行进达30厘米。几秒钟后，它紧急降落。当它撞到地面后立即就翻过身，伸出腿逃跑。

伪装和拟态

昆虫是伪装艺术的专家。百万年来，它们一直靠伪装和拟态求生。伪装将昆虫和背景融为一体——无论那是树枝还是毫无特色的沙漠沙子。拟态的作用方式不同，因为昆虫并未试图躲藏，而是模仿不能食用的东西，或者捕食者回避的东西。昆虫模仿各种各样的东西，例如小树枝。无害的昆虫种类则会模拟身体有毒或者有螯刺的种类。结果使世界变得令人困惑，在这里任何事物都完全不是看起来的那样。

眼点面向前方
真正的头藏在隐蔽处
身体前段收缩形成蛇头的形状

蛇的拟态▶

远距离看，这只天蛾的幼虫看起来和蛇惊人的相似。它收起头部，身体前段拱起，展示出怒目而视的“眼睛”。为了使模拟更加真实，毛虫的身体两侧起伏成波浪形。从近处看就暴露出它不是蛇，因为它还长着几对腿。但是对多数猎食者，只要看一眼就足够了。因为被咬的威胁会让它们主动尽快远离。

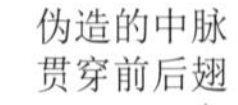
伪造的中脉贯穿前后翅

◀生活在枯叶中

这只印第安叶蝶蜷缩在一根小树枝的末端，模仿成枯死的树叶。在这里，蝴蝶头朝右，背上的翅膀合拢在一起。它的翅膀上有一条深色的条纹，看起来像是树叶的主脉，而且颜色正好和周围枯叶浑然一体。飞行中，蝴蝶的样子就不同了，因为它飞行时翅膀朝上的那一面是橘黄色和蓝色相间的。

◀活动的树叶

和印第安叶蝶不同，这只昆虫模仿的是活着的叶子。它是一只叶虫——生活在东南亚和澳大利亚的30多种叶虫之一。叶虫多为绿色或者棕色，腹部扁平，和真正的树叶惊人的相似。为了完善伪装，这只叶虫的腿上长有薄片，行动缓慢，随着微风轻轻摇摆。叶虫在夜间进食，因为那时很少有猎食者活动。

完美的伪装▶

最成功的拟态是那些模仿蜜蜂和大黄蜂的昆虫。这只透翅蛾模仿的就是大黄蜂——长着强壮有力蜇刺的特大号的黄蜂。蛾子的逼真模仿令人震惊。像真的黄蜂一样，它有黄色和棕色的标记，细窄的腰部和透明的翅膀。它们白天觅食，飞行时发出嗡嗡的响声。蛾子靠它极具威胁的长相，愚弄了大多数人类和鸟类。

鳞片在第一次飞行时脱落，使翅膀变得透明

身体具有警戒色

透翅蛾

黄蜂

有毒的长相▶

在北美，副王蛱蝶靠模仿另一种蝴蝶——黑色和橘黄色相间的黑脉金斑蝶保护自己。与副王蛱蝶不同，黑脉金斑蝶从它的食物乳草属植物中搜集毒素。任何吃过黑脉金斑蝶的鸟类很快都会不舒服。鸟类立即认识到这一点，都不再去理它。副王蛱蝶是无毒的，但由于它和黑脉金斑蝶相似，鸟类也躲着它们。这种拟态在蝴蝶间很常见，某些有毒的种类会被十几种无毒的种类模仿。

翅膀的外形和颜色都与黑脉金斑蝶相似

副王蛱蝶

黑脉金斑蝶

活的荆刺▶

角蝉的背上立着一根长刺，使它看起来像是植物的一部分，即使猎食者已经发现它，这根刺会令它难以下咽。角蝉吸食树汁，总是成群活动。它们在植物的茎上活动，朝向相同方向，这使它们看起来更像是植物的荆刺。

枯枝▶

尺蠖的幼虫用腹足支撑身体，看着像根树枝。它的肤色与树干相同，身体斜着伸出分支，指向正确的方向。绝大多数尺蠖的毛虫的伪装是为了躲避鸟类，但有些却有更险恶的用意。如果任何小动物进入它的猎食范围，它们就捉住它并吃掉——这是毛虫猎食动物性猎物的罕见例子。

鸟粪▶

很少有动物吃鸟类的粪便，因此装成它的样子是个不错的求生方法。这只毛虫使用的就是这种奇形怪状的伪装。它通体灰色并间有白色——就像是落到树叶上的鸟粪。毛虫在低龄时常伪装成鸟粪。随着身体长大，它们常改变成和周围的树叶融为一体的颜色来保护自己。

藏在树干上▶

胡椒蛾在树干上休息时，和背景浑然一体。它们是行为进化的著名案例。在19世纪的英国，随着煤炭燃烧的烟尘使树干颜色加深，深色翅膀的品种变得更为常见。深色翅膀的蛾子相较浅色的，更不容易被鸟类发现。所以它们就有更大的机会存活下来并繁殖。

直翅目（蟋蟀和蚱蜢）

比起某些昆虫，蟋蟀和蚱蜢是很好辨认的。它们长有坚实的身体，两对翅膀，后腿特别长。如果危险来临，它们用力一蹬，能将自己向空中抛出好几米。雄性的蚱蜢和蟋蟀还是不知疲倦的“歌手”，雄性蚱蜢用后腿摩擦翅膀来发声，而雄性蟋蟀则是用前翅举起，左右摩擦来发声。绝大多数蟋蟀和蚱蜢都以植物为食。单独个体的破坏力不大，但是群集的种类（如蝗虫）可以毁坏农作物。

直翅目

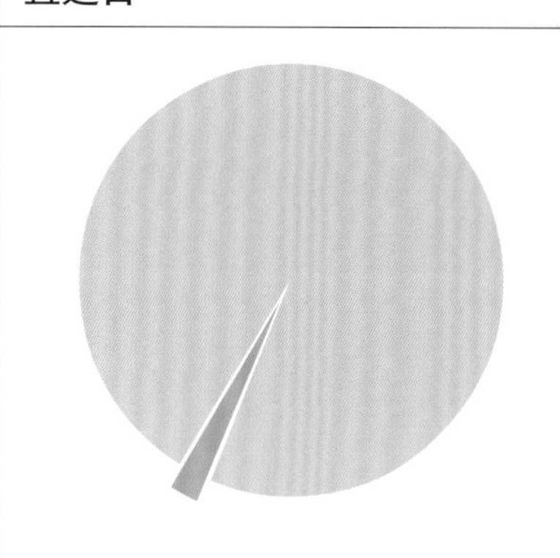

蟋蟀和蚱蜢所在的直翅目，约包含所有已知昆虫种类的 2%。这个目中有个头最大的和最重的昆虫。有一种来自新西兰的不会飞行的沙螽，就可重达 70 克。

▼绿色保护色

蟋蟀和蚱蜢常常靠伪装避免被发现。这只来自欧洲的雌性灌丛蟋蟀（又名纺织娘）通体翠绿，可以和鲜绿的树叶完美地融合在一起。它长长的产卵管道呈桨叶形，被称为产卵器，这使它看起来很危险。尽管它会叮咬，却不会蜇人。像大多数蟋蟀一样，它长有细长的触须，手指样的口器（须肢）用来给自己喂食。它的翅膀发育良好，但是大多种类蟋蟀的翅膀要小很多，甚至根本没有。

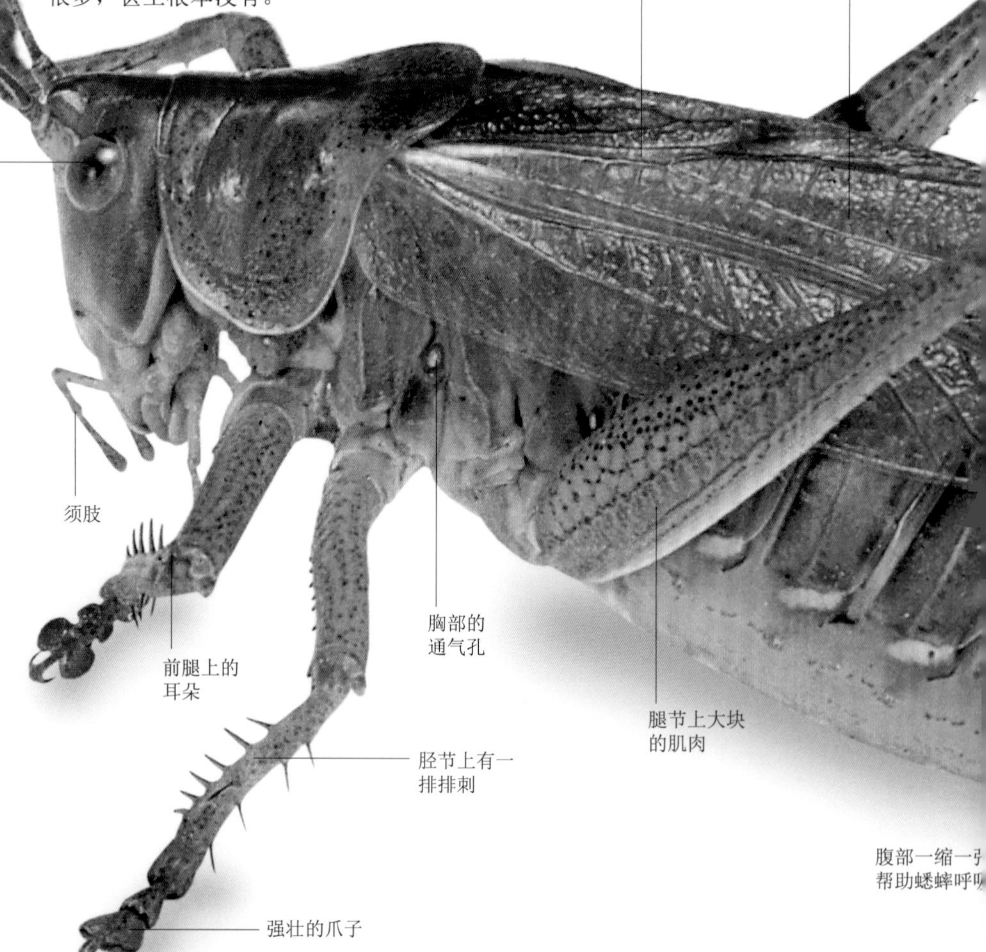

同类相残的蟋蟀

和蚱蜢不同，许多蟋蟀多多少少吃一些肉食。它们用前腿抓住猎物，然后用强壮有力的颌咬碎食物。图中这只蟋蟀就刚抓住一只同类。它会吃掉猎物身上柔软的部位，扔掉腿和翅膀。许多蟋蟀都有捕食同类的癖好。如果一只大个的蟋蟀靠过来，那年轻的就不得不小心了。

蚱蜢的发育阶段

卵

蟋蟀和蚱蜢都是不完全变态，就是身体形状随生长而逐渐改变。它们的生命起始于卵。这些就是蚱蜢的卵。蚱蜢用手指样的腹部当作挖掘工具，将卵埋在几厘米深的湿润沙土中。

低龄若虫

当蚱蜢卵孵化时，幼虫看起来像蠕虫似的。它们爬出地面后，立即蜕皮。第一次蜕皮后，就成为若虫或跳虫，它们不能飞行，但是腿部发育良好，幼虫可以跳跃很远的距离觅食。

最后一次蜕皮

随着若虫的生长，它会蜕皮6次。每次蜕皮时，它都紧紧抓住一根树枝，然后背上皮肤裂开。若虫从中爬出，只留下一个空壳。在蚱蜢群集前，地上被上百万只若虫所覆盖，它们或在进食或在蜕皮。

成虫

最后一次蜕皮后，成虫就出现了。和若虫不同，成虫的翅膀功能完备，也做好了繁殖的准备。成虫飞行能力很强。当食物出现短缺时，成虫就飞到空中聚成一群。仅一群就包含有上亿只，它们看起来像雪花，拍打着翅膀从空中呼啸而过。

当蟋蟀跳起时，膝部突然伸直

叶子和花瓣都是蚱蜢的美食

◀食用花朵

蚱蜢是素食主义者，但是草只占它们食谱的一小部分。它们许多都更偏爱多年生植物，有的专门吃某一种灌木。这只蚱蜢爬上一朵花，准备饱餐一顿。它的前腿紧紧抓住食物，低头用力咀嚼花瓣。

后翅张开像一把扇子

长长的产卵器

黑暗中的腐食者▲

夜幕降临后，食腐蟋蟀就出来觅食了。这只耶路撒冷蟋蟀采食其他昆虫，还有植物的根部以及植物和动物残骸。和灌丛蟋蟀不同，食腐蟋蟀大部分时间在地上活动。许多都在松软的泥土中打洞，用于白天休息躲藏。洞穴蟋蟀也食腐，只不过它们终生都在地下。

繁殖

昆虫繁殖能力惊人，这也是它们为什么成为最成功的动物的原因之一。如果条件好，它们能在很短时间内建立数量庞大的种群，并且只需少数亲代就能实现。不幸的是，这种数量激增持续不了多久。求爱是大多数昆虫繁殖过程中的第一步，然后才进行交配。之后，子代开始生活，迅速成长、变形，开始自己的成年时光。

季节性繁殖

这个北极苔原地带的造访者全身覆盖网罩，吸引了一大群饥饿的蚊子，极度渴望吸食血液。在北极，昆虫只有几星期的时间繁殖。从晚春起，上亿只蚊子飞到空中，给人类和野生动物的生活造成极不适。蚊子交配、产卵，到了夏末，随着气温急剧降低，大多数蚊子都会死去。

为了安全，年幼的蚱蜢会聚在一起
若虫靠行走发现食物
若虫抓住叶子两边开始进食

◀幼龄蚱蜢

这群孵出仅几天的笨拙的蚱蜢正大肆啃食一株马缨丹类植物。蚱蜢产卵的数量很大，若食物充足，幼虫的数量可立即飞涨。尽管如此，蚱蜢能为人父母的机会仍很小。有些会死于饥饿，或者疾病。其中很小一部分会死于进食或活动时发生的意外。大部分会被包括其他昆虫在内的捕食者抓到并吃掉。

▼种群数量膨胀

在计算器的帮助下，我们很容易展示为什么昆虫繁殖速度比许多动物都快。这里，一对象鼻虫可产生 80 个后代。如果所有的都能存活并产卵，它们自己就会有 3200 个二代。到第三代时，将会有 128 000 只象鼻虫，如果仍有足够的食物的话。到第 18 代，如果环境仍旧适宜，象鼻虫的数量之大就可以填满整个地球。

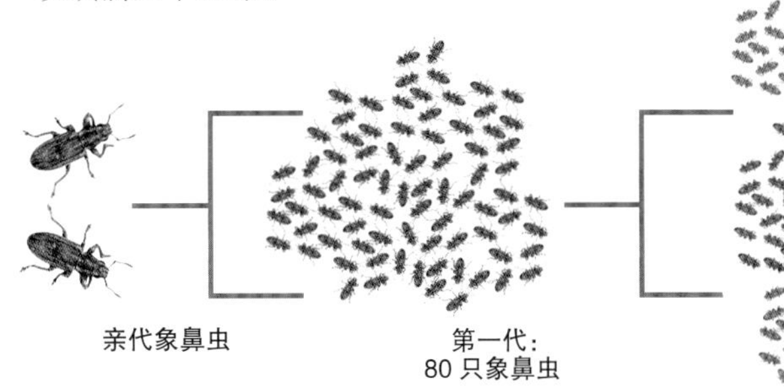

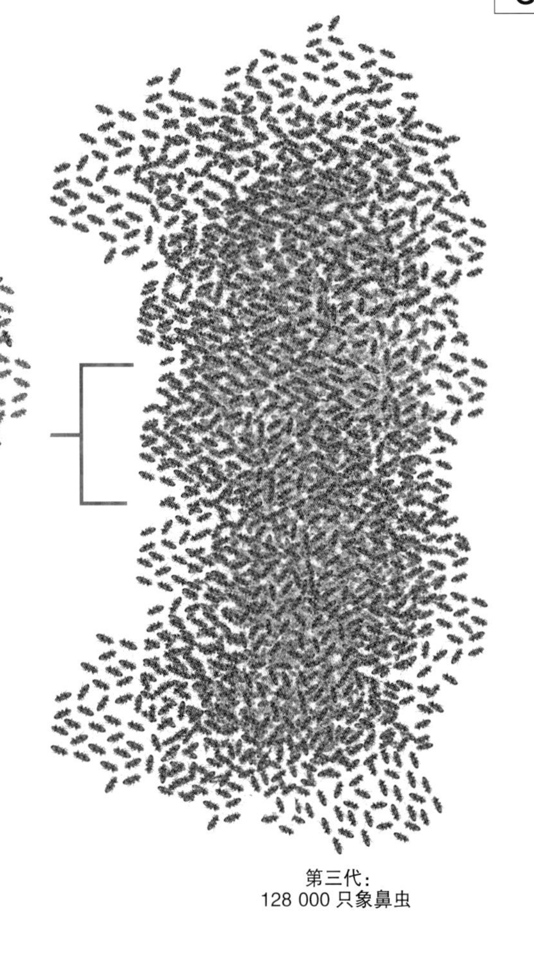

第二代：
3200 只象鼻虫

第三代：
128 000 只象鼻虫

雄性和雌性

雄性闪蓝色蟌（cōng）

雌雄两性昆虫通常看起来一模一样，需要专业眼光将它们加以区分。有些种类——例如豆娘，差别却显而易见。这只闪蓝色蟌身体为炫目的蓝色，翅膀上有烟状的斑点，只有雄性有这样的颜色和标志。

雌性闪蓝色蟌

比起雄性闪蓝色蟌，雌性看起来是属于另一个品种。它的翅膀完全透明，身体也是绿色的。这种颜色差别在蝴蝶和蜻蜓中也可以见到。通常，雄性的颜色更加鲜亮——它求偶时需要鲜亮的色彩来吸引雌性。

▲生产幼虫

大多数昆虫的繁殖靠的是产卵，但吸血的采采蝇却是直接生出幼虫。这只雌性采采蝇马上就要生出一只差不多有自己一半大的幼虫。幼虫在体内时，母亲一直滋养着它，幼虫出生后很快就会化成蛹——这在昆虫中很不寻常。成虫在约 6 个月的寿命里将繁殖大概 12 只幼虫。采采蝇生活在非洲，当它进食时，会将疾病传染给人类和牛。

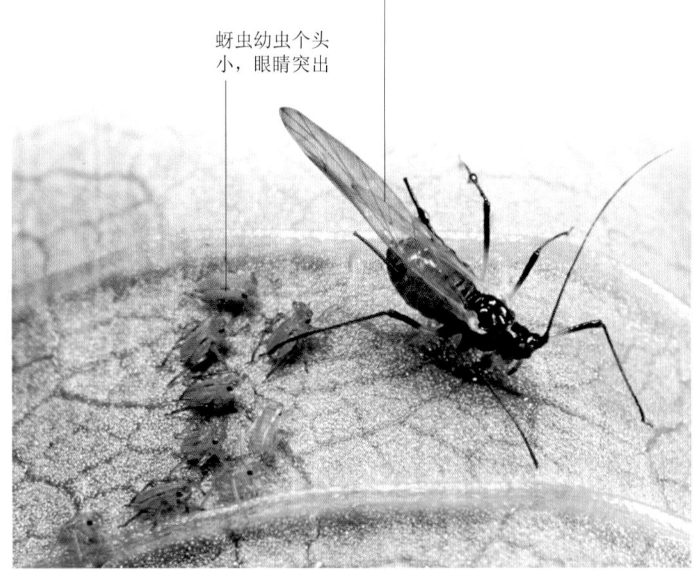

▲生产

在春夏两季，蚜虫会直接生出幼虫。这一排刚出生的幼虫在右边这只有翼的成虫面前显得很矮小。一只雌性蚜虫一天可以产出好几只幼虫，而不需要雄虫受精，也就是说雌性蚜虫无须离开自己的食物，就可以很快扩大家庭。蚜虫以树汁为食。

求偶和交配

昆虫需要很长时间生长，但成年时间很短。一旦它们长大了，大多数种类的昆虫立即着手，希望尽快寻找到配偶。昆虫依赖特殊的求偶行为将雌雄性聚在一起。有些昆虫跳舞求爱，而有些产生闪烁的光亮或者“一展歌喉”。许多雌性都会散发出特殊的气味，雄性在 1 千米之外就能闻到。一旦两位伴侣相见，它们就配对并交配，雌性的下一项任务就是产卵。

两腿上下摩擦时，轮廓变得模糊

▲摩擦声

这只蚱蜢用腿摩擦翅膀来呼唤雌性。它腿部内侧长有细小的钉子用来摩擦翅脉。结果，发出响亮的鸣叫——夏天草丛里一种极具特色的声音。这种发出声音的办法称为摩擦发音。蟋蟀也会高声鸣叫，但是它们靠翅膀相互摩擦发出音调。许多蟋蟀会一直叫到深夜。

◀发出光信号

当夜晚来临，萤火虫就打开能发出阴森森的绿光的器官。雄性在空中飘浮，向躲在矮树丛或草丛下的雌虫发出邀请。雌性闪光回答后，雄性就飞下去交配。每种萤火虫都有自己的信号。然而，有些萤火虫借此诈骗——雌性模仿其他种类的闪光信号，雄性落下时就把它们吃掉。

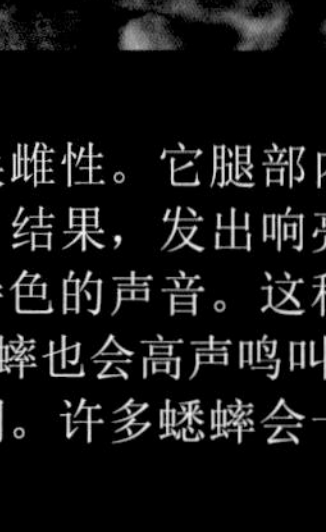

雌性萤火虫藏在长长的草丛中
雄性向地面上的雌性发出信号

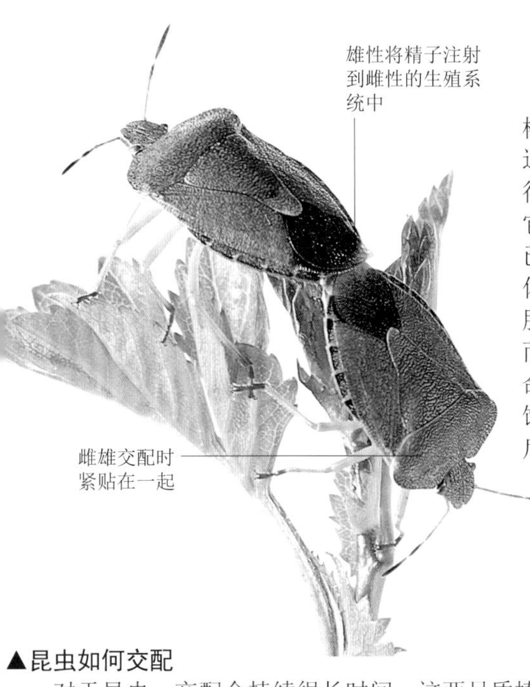
雄性将精子注射到雌性的生殖系统中
雌雄交配时紧贴在一起

致命交配▶

猎食昆虫在交配时要格外小心，尤其是雄性。这只雌螳螂抓住了比它小得多的雄螳螂，正在吃掉它的胸部和头部。雄螳螂已经完成了交配，它的身体将作为营养餐为雌螳螂服务，帮助卵的生成。然而，雄性也不都是这样的命运。有时，雌性已经吃饱了，这样雄性就能交配后赶快逃走。

▲昆虫如何交配

对于昆虫，交配会持续很长时间。这两只盾蝽正在交配，而且会连在一起持续几个小时。一旦结束，雄性的精子将与雌性的卵子受精，这样它们就准备好产卵了。昆虫交配的方法很多。甲虫常背对背交配，但是许多昆虫会面向前方。蜻蜓交尾时，相互固定对方的身体，形成一个心形。

▼挡开对手

一只鹿角锹用巨大的颌将另一只举向空中。它们是为了争夺交配的机会。在昆虫界中雄性之间的争斗很常见，尤其是在守护一片私人的求爱领地时。这些争斗看起来很危险，但失败者通常都能幸存。对于鹿角锹，被打败的一方的角甲（身上的甲壳）常常被损坏，这样的话，它就不能再交配了。

“角”是变形的颌，仅见于雄性
胸轴向上将对手举起
后腿支撑身体

蝴蝶的求偶

嗅觉信号

短距离内，蝴蝶间靠视觉联系，但长距离下，它们靠嗅觉。这只东南亚的雌性眼蝶在飞行时散发出气味。气味随空气扩散，会被雄性蝴蝶识别出，并逆风找到它。雄性用触角识别雌性的气味。

空中分列

雄性靠识别气味已经找到了雌性，开始在它周围跳起求爱的舞蹈。它向下扑飞经过雌性身边，展示出自己的翅膀上特殊鳞片产生的气味。雌性飞上前，近距离观察它的舞蹈，辨别它的气味。

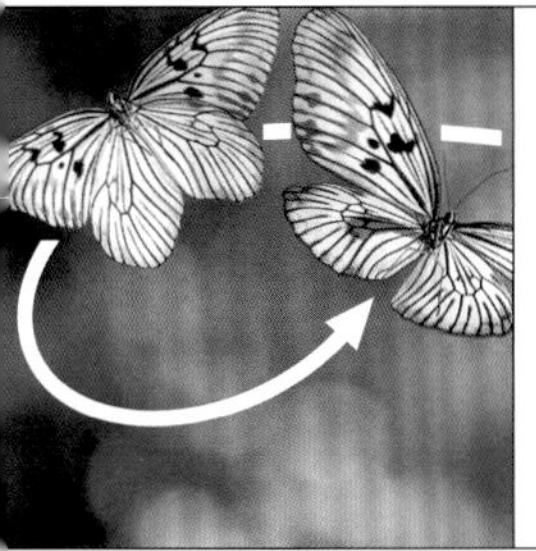

配对

舞蹈继续进行，雄性绕着此圈飞行。它的气味和行动表示，它是名副其实的品种，而且是一个合适的伴侣。经过短时间察看舞蹈，雌蝶落在一片树叶上。雄性落到旁边，然后交配。

卵和幼虫

昆虫的卵都很微小，但它们是动物界最复杂而精密的有机体。它们形状各异，而且外面常有浮雕似的螺纹和斑点。它们的卵极其坚硬，但仍旧是生命体，这意味着它们必须呼吸。它们的卵壳允许空气流进流出，却将水分留在其中，以保证卵不会干掉。有些卵几天之内就会孵化，而其他卵会等上几个月，直到外部环境合适了，幼虫才会打破或撬开卵壳爬出来。

完美排列▶

菜粉蝶的卵放大100倍后，看起来就像是整齐排列的谷物实穗。雌性会在甘蓝叶的背面产下几十枚卵。每个雌性都很关心产卵地点，因为它的幼虫吃食很挑剔。产卵前，它会用前腿尝一下叶子的味道，寻找产生甘蓝苦味的特殊化学物质。

在毛虫已经孵出之后，透明的外壳被遗弃

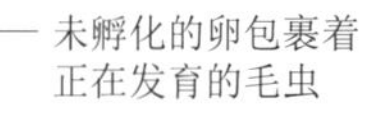

未孵化的卵包裹着正在发育的毛虫

◀成簇以保证安全

地图蛱蝶将卵成簇地产在荨麻叶的背面。每簇都有12枚，这其中有些已经孵化出毛虫并出发寻食了。成簇产卵有助于在捕食的鸟类面前伪装自己。地图蛱蝶一年繁殖两代。第一代和第二代看起来不完全一样。

在每个卵的顶端都长有肉质的触角

◀卵簇

昆虫成组产出的卵称为卵簇。这是一只雌性叶甲产的卵块。当卵成组产出而不是独立产出时，毛虫一经孵化就过上集体生活，直到成年。更多情况下，食物出现匮乏之时，为了觅食，毛虫就会分开。并不是所有的毛虫都能幸存到成年。

雄性用腹部
按住雌性
雌性用腹部
将卵粘在水
下植物上

▲产卵

雌蜻蛉在池塘中产卵时，雄蜻蛉用腹部紧紧按住雌蜻蛉的脖子。除了蜻蛉之外，多数雌性都是自己产卵。蝴蝶将卵粘在叶子上，许多种类的竹节虫将卵产在地上。蚱蜢将卵埋在地下，而螳螂将卵包在泡沫中，泡沫变硬后就成了一个外壳。

▲理想的家

图中哥斯达黎加蝴蝶用脚固定住一片树叶，产下了一批卵。产卵前，它会仔细检查叶子确保没被使用过。如果它找到另一只雌虫的卵，或者仅仅是闻到它的气味，它都会飞走，将卵产在另一株植物上。这种行为对它的幼虫很有帮助，这意味着它们将有充足的食物供给。

父母的关爱

大水蝽

大多数昆虫产完卵后就会弃置不理，全凭它们自己生长。蝽类则不同，它们会保护幼虫。这只大水蝽是雄性的。交配后，雌性就将卵粘在它的背上。雄性就背着它们并守护直到卵孵化。

盾蝽

这只盾蝽的卵已经孵化了，母亲仍守护着它的幼虫。一旦有危险，幼虫就聚集到它身下，像母鸡身下的小鸡一样。母亲并不给它们喂食，但它会继续保护幼虫，直到它们能照顾自己为止。这通常需要两三天时间。

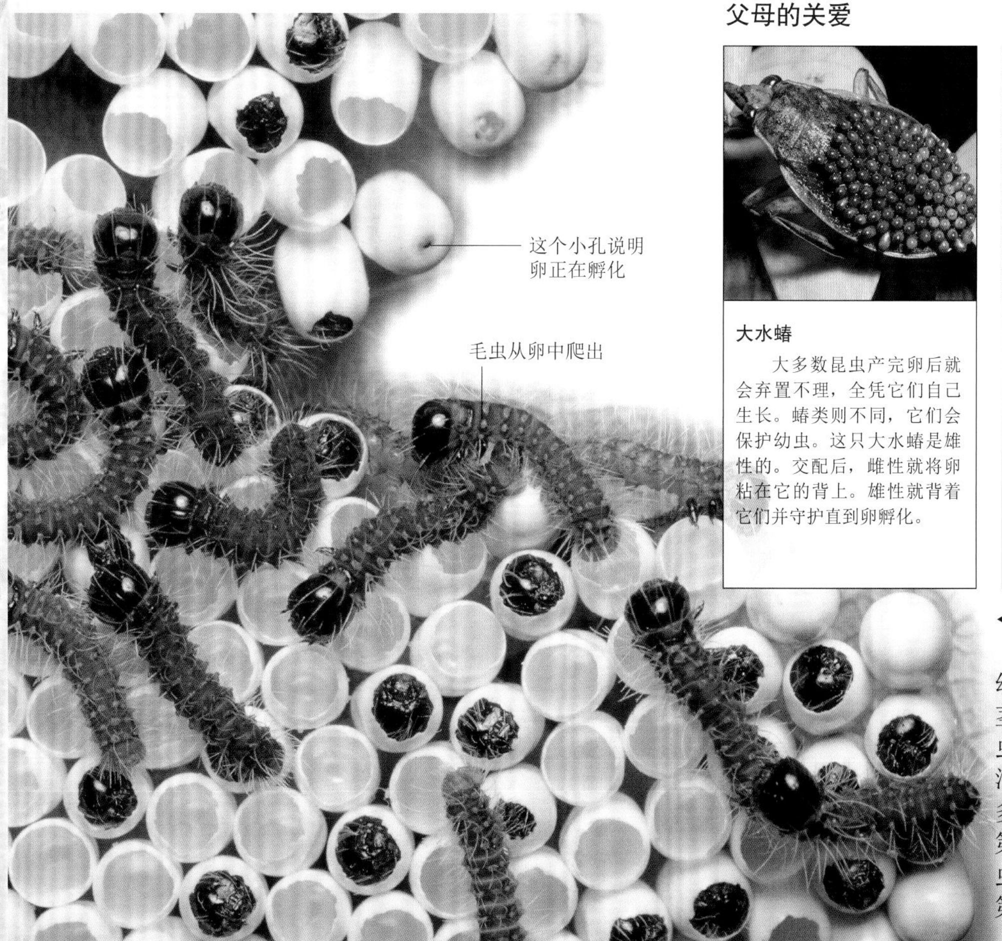
这个小孔说明
卵正在孵化
毛虫从卵中爬出

◀孵化

这些刚孵化出的天蛾幼虫聚集在石楠属植物的茎上。为了孵化，每只幼虫都将卵壳顶部咬出一个洞，然后渐渐爬出来。许多新孵化的幼虫生命里的第一餐就是它的卵壳。昆虫的卵壳富含蛋白，作为第一餐营养十分丰富。

生长

一旦昆虫孵化后，就立即进食并开始生长。随着身体的增长，它们会周期性蜕去外骨骼。每次蜕皮，身体形状都会改变。有些昆虫，例如蜻蜓和蝽类是循序渐进发生微小的变化，称为不完全变态。若虫尽管没有翅膀，仍和亲代长得很像。其他昆虫，例如蝴蝶和甲虫，这种转变剧烈得多，而且仅发生在一个特殊的休眠阶段——蛹，这称为完全变态，意思就是昆虫的外形完全改变了。

▲变为成虫

这只蝉在经历最后一次蜕皮，即将变为成虫。旧的外壳从背部裂开，成虫就从中爬出来。刚开始，它的身体柔软而苍白，翅膀也缩皱在一起。两个小时后，身体变硬，翅膀也展开了。多数昆虫，除了衣鱼和蜉蝣之外，成年后便不再蜕皮。最后一次蜕皮后，它们身体的形状就不再变化。

▼不完全变态

蜻蜓的若虫生活在池塘和湖泊中，将在水下待上 3 年。最终，在春季或夏初温暖的某一天，若虫都会爬出水面，开始成年的生活。这里一只若虫抓住了一株植物茎的顶端，它用腿紧紧固定在茎上，接着开始了惊人的变化，一只行动迟缓的淡水昆虫将变成飞行迅速的成年蜻蜓。

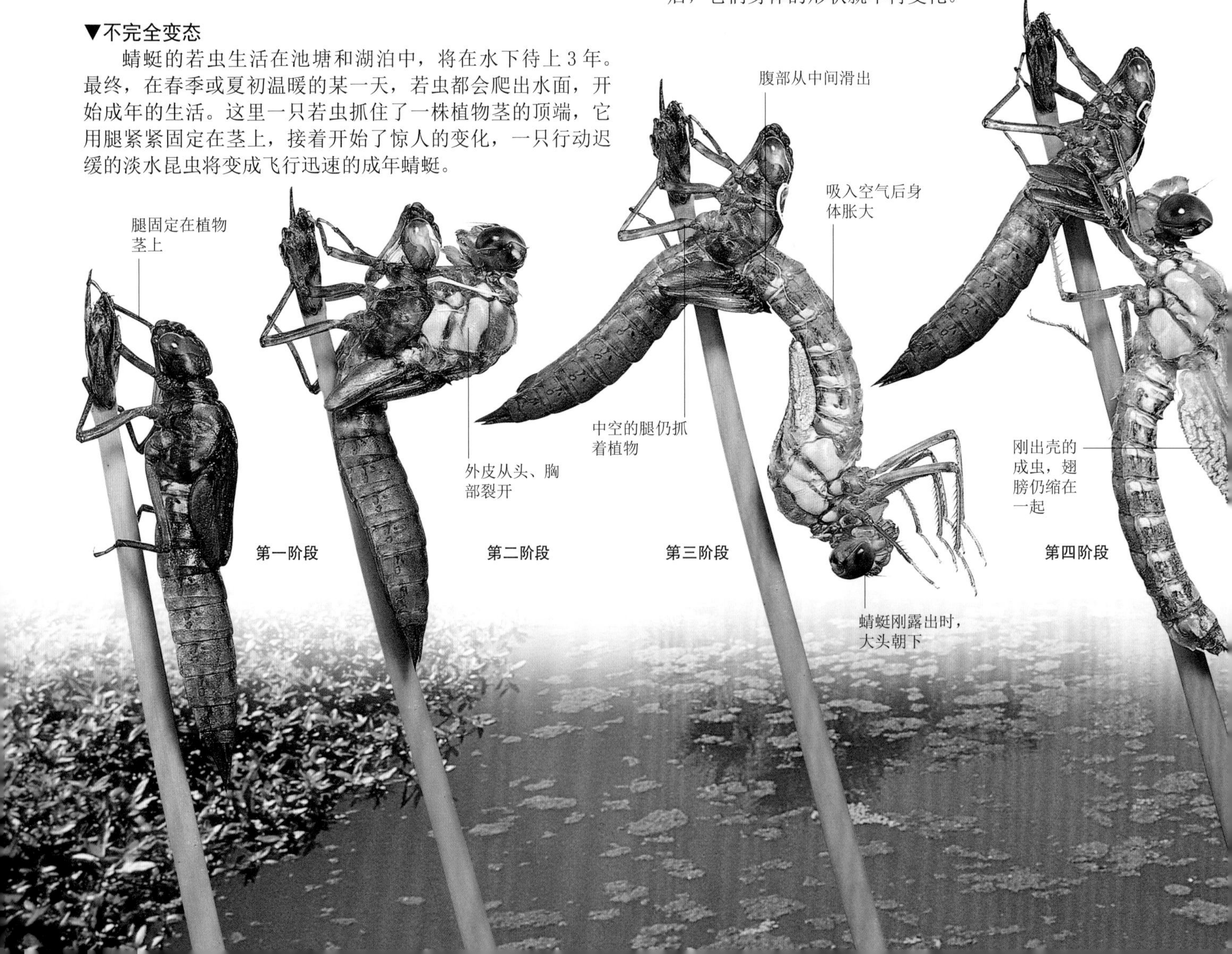
腿固定在植物茎上
第一阶段
外皮从头、胸部裂开
第二阶段
腹部从中间滑出
中空的腿仍抓着植物
吸入空气后身体胀大
蜻蜓刚露出时，大头朝下
第三阶段
刚出壳的成虫，翅膀仍缩在一起
第四阶段

◀成年蜻蜓

蜻蜓出水两个小时，现在已经是做好飞行准备的成虫了。它的身体伸长了，差不多是空壳的两倍长，而空壳还紧紧抓着树茎。血液灌注进入翅膀，使之张开，头部的外形也发生了改变。若虫适宜水下生活的眼睛也被适宜飞行的眼睛代替，口器也变为会撕咬的颌。若虫身上有伪装色，而成虫的身体是彩虹色的，在阳光下闪烁。

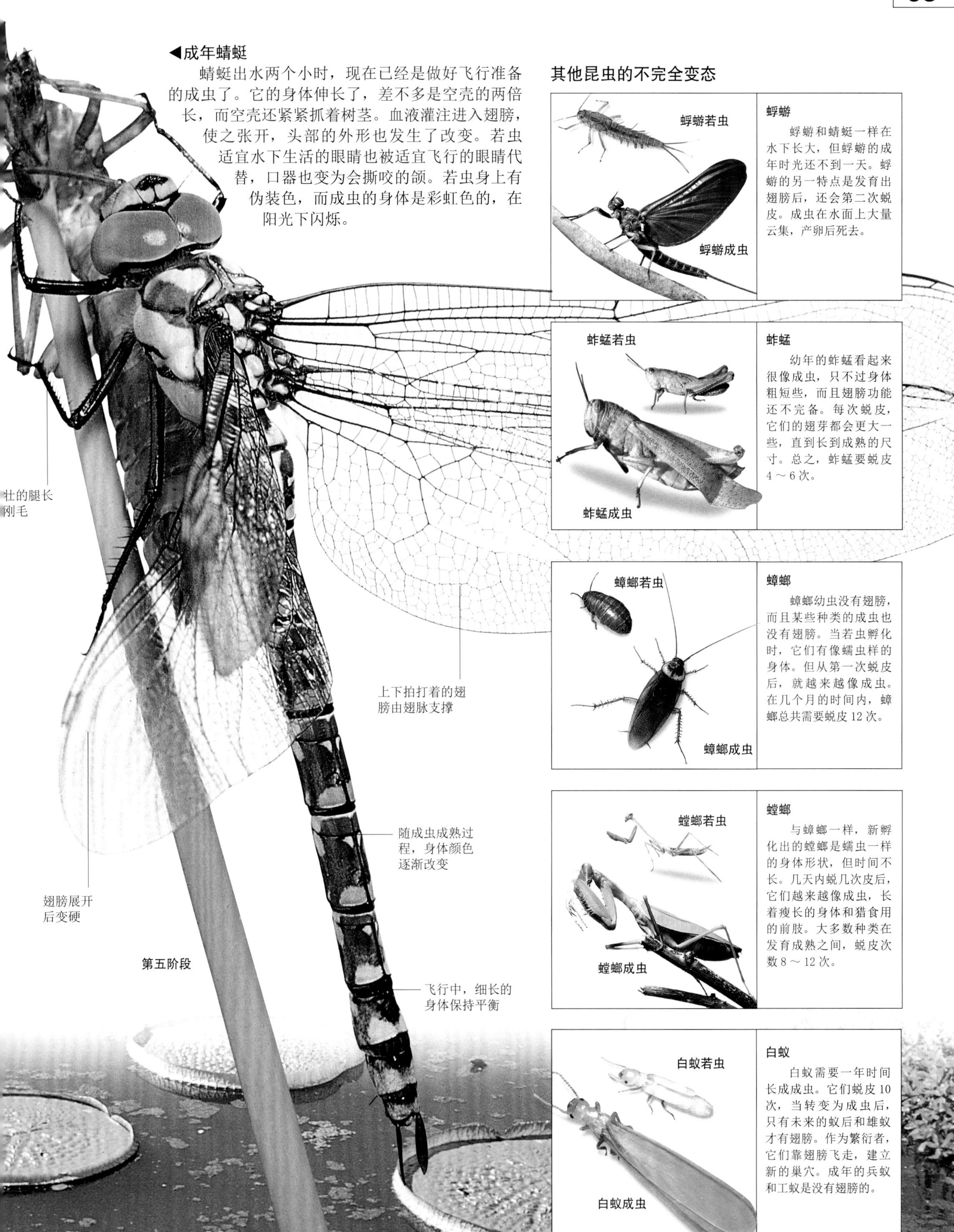

其他昆虫的不完全变态

蜉蝣

蜉蝣和蜻蜓一样在水下长大，但蜉蝣的成年时光还不到一天。蜉蝣的另一特点是发育出翅膀后，还会第二次蜕皮。成虫在水面上大量云集，产卵后死去。

蚱蜢

幼年的蚱蜢看起来很像成虫，只不过身体粗短些，而且翅膀功能还不完备。每次蜕皮，它们的翅芽都会更大一些，直到长到成熟的尺寸。总之，蚱蜢要蜕皮4～6次。

蟑螂

蟑螂幼虫没有翅膀，而且某些种类的成虫也没有翅膀。当若虫孵化时，它们有像蠕虫样的身体。但从第一次蜕皮后，就越来越像成虫。在几个月的时间内，蟑螂总共需要蜕皮12次。

螳螂

与蟑螂一样，新孵化出的螳螂是蠕虫一样的身体形状，但时间不长。几天内蜕几次皮后，它们越来越像成虫，长着瘦长的身体和猎食用的前肢。大多数种类在发育成熟之间，蜕皮次数8～12次。

白蚁

白蚁需要一年时间长成成虫。它们蜕皮10次，当转变为成虫后，只有未来的蚁后和雄蚁才有翅膀。作为繁衍者，它们靠翅膀飞走，建立新的巢穴。成年的兵蚁和工蚁是没有翅膀的。

变形

世界上并没有小蝴蝶、小甲虫或小苍蝇之类的生物。取而代之，昆虫有两种完全不同的生活。昆虫的前半生是幼虫，基本上是个进食机器。一旦它吃饱了，幼虫就会进入一个特殊的休眠阶段，成为蛹。在接下来的几天到几周，幼虫的身体分解，一个完全不同的成年身体则装配起来。这种惊人的转变称为完全变态。

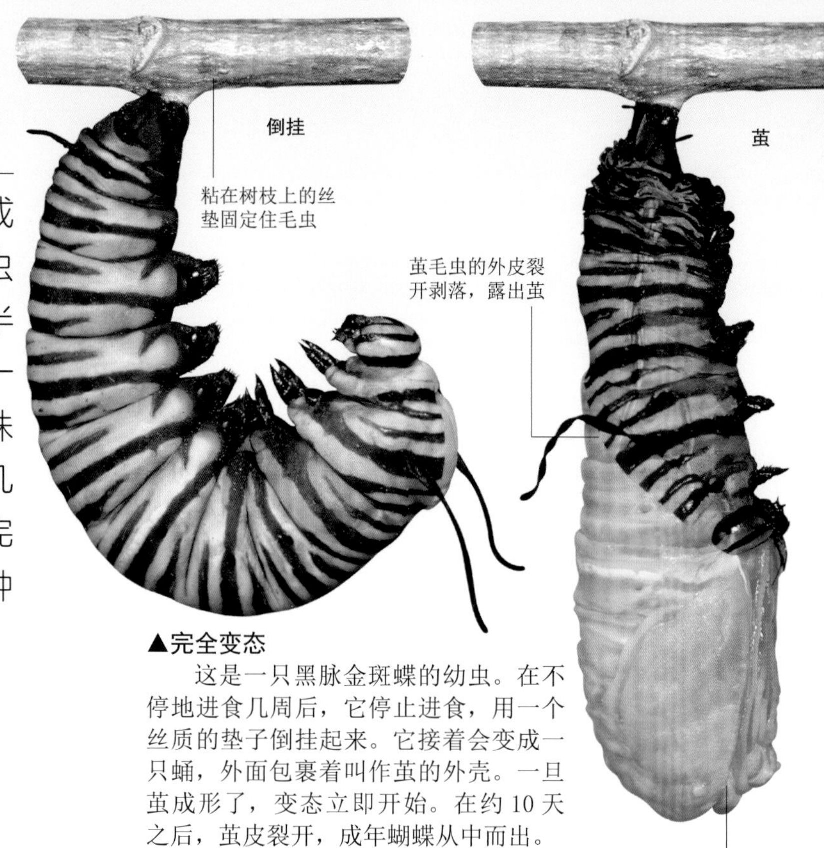

▲完全变态

这是一只黑脉金斑蝶的幼虫。在不停地进食几周后，它停止进食，用一个丝质的垫子倒挂起来。它接着会变成一只蛹，外面包裹着叫作茧的外壳。一旦茧成形了，变态立即开始。在约 10 天之后，茧皮裂开，成年蝴蝶从中而出。

柔软的茧开始在空气中变硬

◀枯叶拟态

在它们转变期间，绝大多数的茧是不能动的。为了躲避捕食者，有些蝴蝶和蛾子在地下化蛹，然而有些则依靠伪装。生活在亚洲的文蛱蝶的茧就像是一片枯叶。斑点和焦边有助于茧和背景相融合。其他某些蝴蝶模仿树枝、树叶或鸟粪。

不规则的形状模仿腐朽树叶的骨架

◀有毒的茧

中北美洲黑脉金斑蝶的茧上标记有清晰的明黄色条纹。在它们还是幼虫时，以汁液中有毒素的乳草和乳草藤蔓为食。它们在身体里储藏这些叫作葡萄糖苷的毒素。企图吃掉毛虫、茧或成虫的猎食者多会立即中毒。这种明亮的警戒色就提醒猎食者，下次再见到时不要吃它们。

生动的颜色是对捕食者的警戒

其他昆虫的完全变态

甲虫

有些甲虫的幼虫长有细小的腿，或者根本没有。瓢虫的幼虫长有腿，它们被用来觅食时攀爬上植物。当它们经历完全变态时，其身形完全改变，发育出锚定在背上的色彩鲜亮的前翅。

跳蚤

跳蚤的幼虫像是蠕虫，它们生活在巢穴中或者草褥等材料中。成虫在茧中发育，但并不立即直接孵出来。它会等待直到感觉到一只宿主动物的活动时才破茧而出，跳到宿主身上。

苍蝇

苍蝇的幼虫没有腿，它们通常在食物中钻洞。它们有些取食真菌和腐烂的植物，但是蓝丽蝇的幼虫靠食肉生长。等它们成熟了，就从尸体上爬出来，再找个干燥、凉爽的地方化蛹。

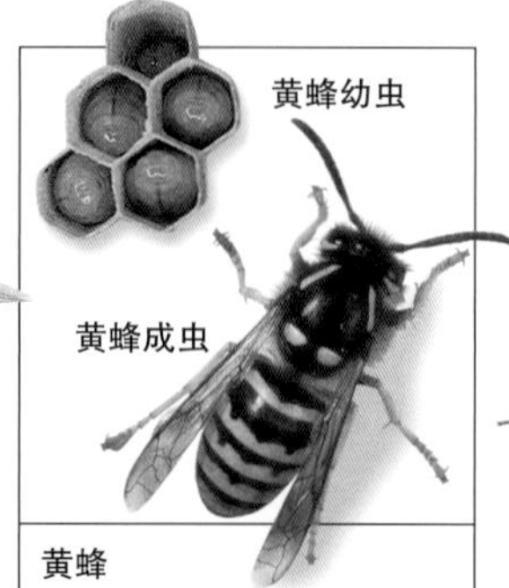

黄蜂

许多种类的黄蜂都在精心建造的纸质蜂房中照看幼虫。卵通常放在蜂房的底部。成虫将肉带回喂每一只幼虫，使它们渐渐长大直到填满蜂房。当幼虫可以独立生活了，成虫就把自己密封在蜂房里化蛹。

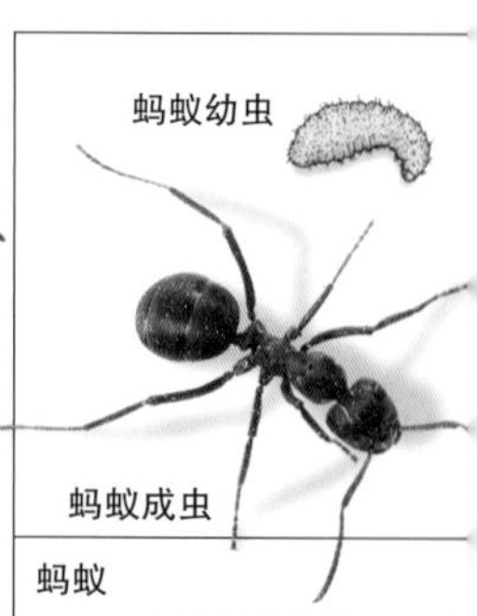

蚂蚁

大多数蚂蚁将幼虫藏在巢穴深处的托儿所里。工蚁会把食物喂给头部左右摇摆，在要食的幼虫。蚂蚁的幼虫在丝质的茧中化蛹。蛹常会被误认为是幼虫。

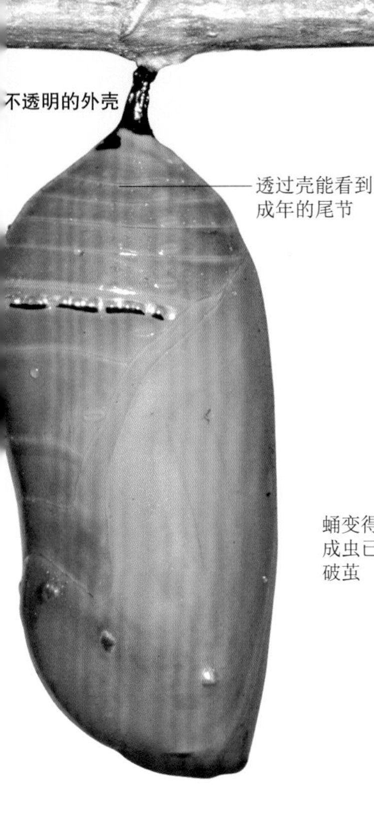
不透明的外壳
透过壳能看到
成年的尾节

透明的壳
蛹变得通透说明
成虫已经准备好
破茧
通过保护性外
壳可以看见翅
膀的标志

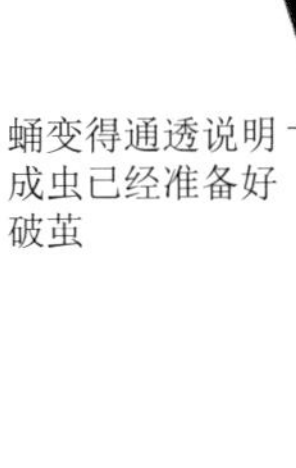

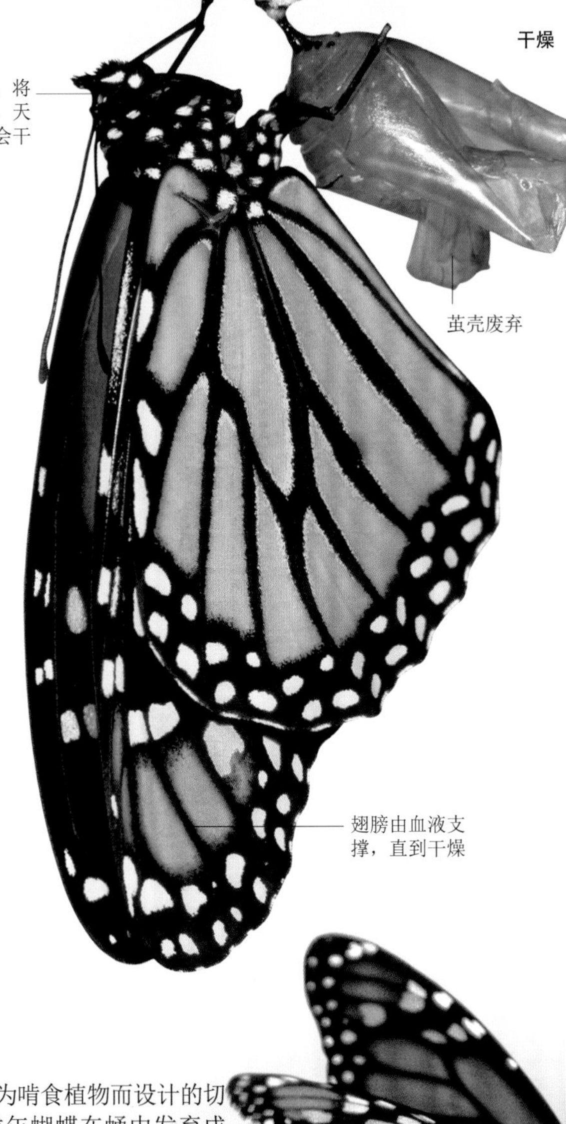
干燥
成虫停下，将
翅膀分开，天
亮前它们会干
燥并变硬
茧壳废弃
翅膀由血液支
撑，直到干燥

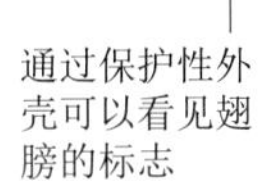

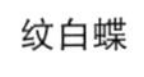
7天
纹白蝶

2周
蓝闪蝶

8个月
凤尾蝶

▲前期和后期发育

多数蝴蝶转化为成虫需要一两周的时间。有时，一年之中有三四代蝴蝶可彼此相随。但不是所有的蝴蝶都能如此迅速繁殖。有些蝴蝶会越冬——在一个藏身之处冬眠，到来年春天再产卵。其他蝴蝶将蛹当作它们的隐匿阶段。有些种类的凤尾蝶，蛹的阶段可以持续好几个月。

藏在地下的蛾子蛹

许多蛾子都在地下或草堆中化蛹。毛虫会在土壤里弄出个洞。个别种类的蛾子在茧室的壁上涂上丝，用来阻挡外界湿气和寒冷。丝可对某些小型猎食者的口器造成阻碍，使蛾子的蛹不宜食用。多数蛾子仅仅是形成一个坚硬的茧。随着蛹渐渐成熟，诸如眼睛、触角、尾巴这样的特征都能从茧壳外看到。

流质食物▶

毛虫的口器有专为啃食植物而设计的切割和咀嚼部分，但成年蝴蝶在蛹中发育成喙（管状口舌）。蝴蝶的成虫用它从花朵中吸食甘甜的花蜜。花蜜是极有效的飞行燃料，但是它们不含任何蛋白质，因此成年的蝴蝶不再生长，而且身体破损后也无法修复。

鳞翅目（蝴蝶和蛾子）

蝴蝶色彩艳丽，翅膀又宽又大，是十分引人注目的昆虫。蝴蝶和蛾子一样取食含糖的流质，用管状口器吸食。它们的幼虫（称为毛虫）则不同，它们有坚硬的颌，用来啃食植物。成年的蝴蝶和蛾子周身覆盖有细小的鳞片。蛾子的鳞片通常单调而灰暗，而蝴蝶的鳞片有颜料般艳丽的色彩。蝴蝶在白天飞行觅食，而蛾子通常在晚上活动。

细长的触角顶端呈棒形

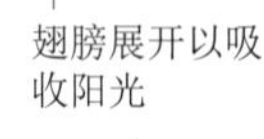

丝毛使身体隔热

眼点将鸟类的注意力从头部转移开

后翅上的尾尖是凤尾蝶的特征

鳞翅目

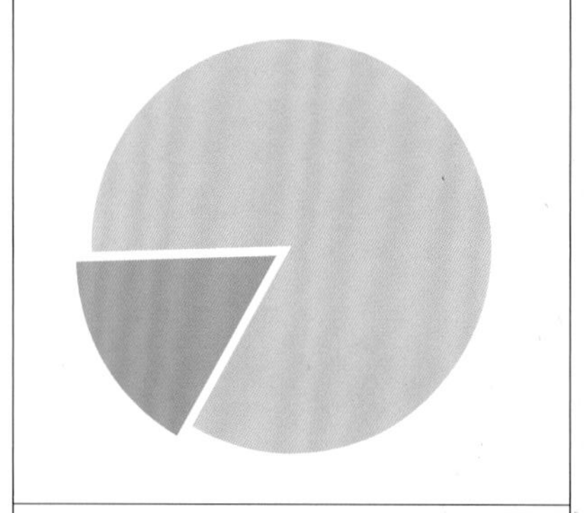

世界上约有16万种的蝴蝶和蛾子。它们所在的鳞翅目，约占世界已知昆虫种类的16.5%。有的种类体型很大，颜色艳丽，但这一目还有数千种的微型蛾子，通常是毫不引人注目的袖珍蛾子。

▲燃料补给

一只欧洲凤尾蝶落在花上进食。它和所有蝴蝶一样，都有两对翅膀，上面还覆盖着交叠的鳞片。身上其他部位也覆盖有鳞片，它的腹部上有皮毛一样的丝。蝴蝶的眼睛发育极好，细长的触角顶端呈棒状。多数蝴蝶和部分蛾子的飞行能力都很好。有的种类每年都会迁徙数千米，寻找合适的繁殖地。

增厚的翅脉加强了翅膀的前缘

前翅比后翅大

鳞片含有的色素使之具有丰富的色彩

蝴蝶还是蛾子?

蛾子

蛾子通常以单调的颜色在白天休息时伪装自己。大多数蛾子休息时,翅膀水平摊开,或者像这只栎枯叶蛾,翅膀像屋顶一样遮盖在身上。通常,触角很厚,尖端没有肿胀。有些蛾子在白天也很活跃。

蝴蝶

除了晒太阳之外,黑脉金斑蝶以蝴蝶的经典方式将翅膀折起立在背上。蝴蝶通常是色彩鲜亮,比蛾子更容易被发现。然而,有些蝴蝶在后翅上有伪装,休息时整个身体躲在翅膀下面。

外罩在毛虫进食时,保护着它

▲不同寻常的食谱

衣蛾的幼虫正在啃食一条羊毛毛毯。它生活在用丝将羊毛纤维粘成的便携式外罩里。绝大多数的蝴蝶幼虫都吃植物,而蛾子的幼虫食谱很多样:除了羊毛,有些还能在坚果和种子上咬洞,少数种类的毛虫甚至能捕食其他昆虫。

▲铺展开的口器

夜里,天蚕蛾在一朵兰花上盘旋,用极长的口器吸吮花朵中的花蜜。它的口器比身体还长许多,就像是根极细的吸管。当蝴蝶进食完毕,就将口器像一个细小的弹簧一样卷起,然后飞走。因为口器伸在外面的话,会使飞行消耗太多的能量。

一只大西洋赤蛱蝶的发育过程

卵

大西洋赤蛱蝶的生命和所有蝴蝶一样起始于一枚卵。卵是绿色的,并有白色的垂直纹脉,雌虫会将它们产在多刺的荨麻植株上。一周后,赤蛱蝶的卵孵化。毛虫出来后,会用丝将树叶卷起,给自己做个帐篷一样的庇护所。

毛虫

大西洋赤蛱蝶的毛虫不是黑色就是棕黄色,背上长有两排鬃毛似的肉棘。随着生长,它们会制造一系列的树叶帐篷来躲避鸟类和其他捕食者。毛虫会时不时从里面出来,给自己做个新家,或者觅食。

蛹

大西洋赤蛱蝶毛虫一旦生长结束后,就会倒挂在荨麻树枝上化蛹。蛹或称茧一旦形成,很快就变硬并富有光泽。蛹需要大约10天转变为成虫。这只蛹内部鲜艳的颜色表示转变基本上完成了。

成虫

最终,茧壳裂开,成虫破茧而出。成年的大西洋赤蛱蝶进食、交配从春末直到秋季,如果气候温暖,甚至直到冬季。天气转冷之后,它们就会冬眠。幸存者在春天出来产卵,就这样繁衍生息。

昆虫的寿命

比起哺乳动物或鸟类，昆虫的寿命可谓长短不一。寿命较短的昆虫有小型黄蜂和苍蝇。条件适宜时，有些种类可在 2 周之内完成孵化、生长、繁殖直到死亡。繁殖迅速的大多数是寄生昆虫，或是以很容易变质的食物——例如腐败的水果为生的昆虫。啃食树木的甲虫通常能存活超过 10 年。蚁后可以存活 50 年，但在它漫长的一生中仅仅享受过一次短暂的飞行，之后的余生都待在巢穴深处，困在主室之中。

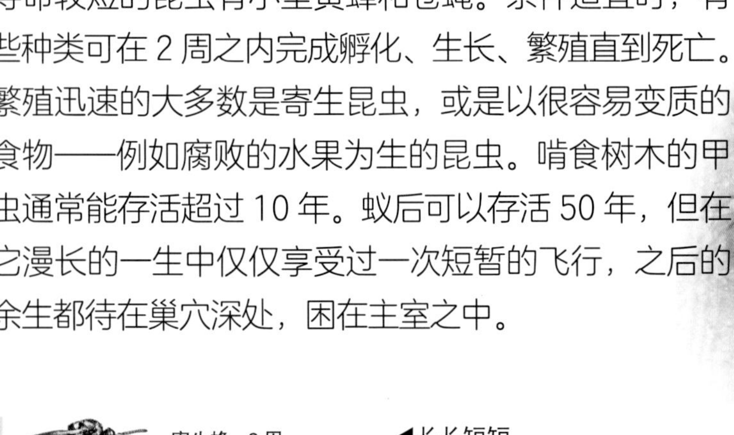

▲长寿的蚁后
长寿的蚁后总是被殷勤的工蚁包围着，她的一生很长，但是通常很平淡。只要她的蚁穴不被捕食者袭击，她就可以存活几十年，每天都能产数千枚卵。工蚁会给她喂食，也会保持她身体的清洁，避免固定不动可能带来的疾病。其他的社会型昆虫也有极长寿的女王。胡蜂蜂王和嗡嗡忙碌的蜜蜂很少能存活超过 1 年，但是蚁后可以存活超过 25 年。

寄生蜂：2 周

家蝇：4 周

蜜蜂工蜂：6 周

凤尾蝶：6 个月

蜻蜓：3 年

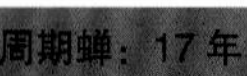
北极灯蛾：14 年

周期蝉：17 年

◀长长短短
这张图表展示的是不同昆虫的寿命，这里只是象征性的数字——根据昆虫的食物供给、气候和所生活季节，实际的寿命有很大的变化。例如，在春季出生的蝴蝶通常在夏季结束前就已经死了。如果同种蝴蝶出生在夏季，它可能冬眠熬过冬季，将寿命延长好几个月。有些昆虫在食物匮乏或遭遇干旱时会蛰伏起来。

◀不平衡的生活
春天某个日落黄昏，河流、湖泊的水面之上，成群的蜉蝣露出水面进行繁殖。蜉蝣的成年生活不过是一次短暂的经历，它们没有口器和消化系统，因此不能进食。它们唯一的任务就是交配并产卵，因此成虫通常只能存活不到一天。然而，一旦卵孵化出幼虫，称为若虫，在水下的生存时间可长达 2 ～ 3 年。

庞大的腹部里是
蚁后的生殖系统
卵一旦产下，
立即被工蚁
带走

成虫在水果上
产卵

▲加速和减速

与人类不同，天冷的时候昆虫生长缓慢，天热时生长迅速。温度到达 10℃时，果蝇可以生存 4 个月，但是温度达 30℃时它仅能存活不到 10 天。气候温暖时，果蝇还有其他昆虫在一年内可以繁殖好几代。有些昆虫还有适应不同季节的不同世代。例如，春天时蚜虫成虫总是无翅的，而年末的时候，有些成虫是有翅的。无翅成虫负责繁殖，而有翅的可以帮助种族广泛传播。

30℃
10℃

最后一次蜕皮
后，成虫爬上
树或灌木

◀步调一致的生活

这些蝉在地下取食营养匮乏的植物根部树汁，经过多年后，它们最终爬上树变成成虫，进行交配。某些种类的成虫每年都会出现。但有许多种类成虫只在“蝉年”出现。在北美，有一种蝉会在地下待整整 13 年。每经过 13 年，蝉全都爬到地表，“唱歌”吸引配偶。13 年后，它们的后代也会做同样的事。

极端环境

人类没有衣物、暖气、空调，就很难应付极端高温或寒流。如果没有足够的氧气或水分，人类的麻烦就更大了。但这样的极端条件对许多昆虫而言，根本不是问题。昆虫可以在某些地球上最严酷的栖息地生存。在滚烫的温泉中生长，在能烫伤人类脚掌的酷热沙漠上快速游走。它们能在北极冬天的严寒之中生存，还能在污浊池塘且有毒的环境中生活。有些甚至终生都不需要喝一滴水。

耐热的苍蝇▶

大多数昆虫在温暖的环境中生长旺盛。但当温度急剧攀升至40℃时也会开始消沉。然而，对于某些苍蝇而言，这个温度正是舒适的温度。生活在温泉边缘的苍蝇，将卵产在污浊的细菌菌醭上。它们靠身上包裹的气泡护身，甚至可以潜到水面下。冬天，这些苍蝇紧贴着湖水，因为一旦身体凉下来，它们很快就会死去。

苍蝇在菌醭上漫步

▲酷热的栖息地

美国黄石国家公园中的温泉是耐热苍蝇的家园。温泉的中心对任何昆虫而言都实在太热了。然而，苍蝇们聚集在边缘地带，那里的水温不超过43℃。世界上最耐热的昆虫是沙漠上的蚂蚁。它们在地表温度达到50℃以上时还在寻食。在这个温度下，将鸡蛋打在地上，不用多久就熟了。

苍蝇生活在水温相对较低的狭窄地带

菌醭环绕着温泉生长

死水潭

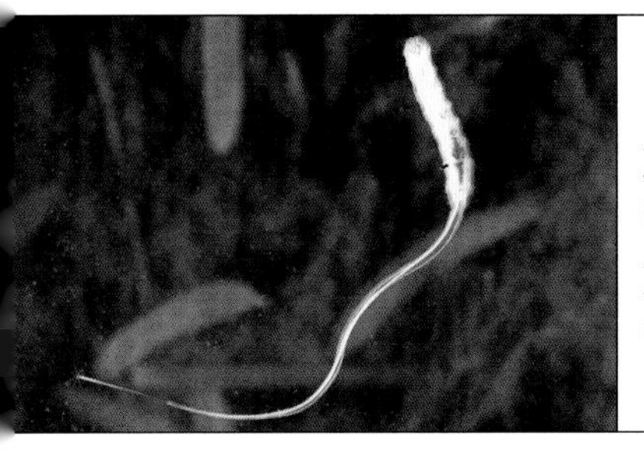

鼠尾蛆

死水潭中几乎没有氧气，而且通常含有散发难闻气味的硫化物。对于大多数动物，这是极危险的化合物，但鼠尾蛆可以在这里繁衍。每只蛆身后都有一根长长的管子。这根管子可以当水下呼吸管用，这样就可以从水面上的空气中得到氧气。

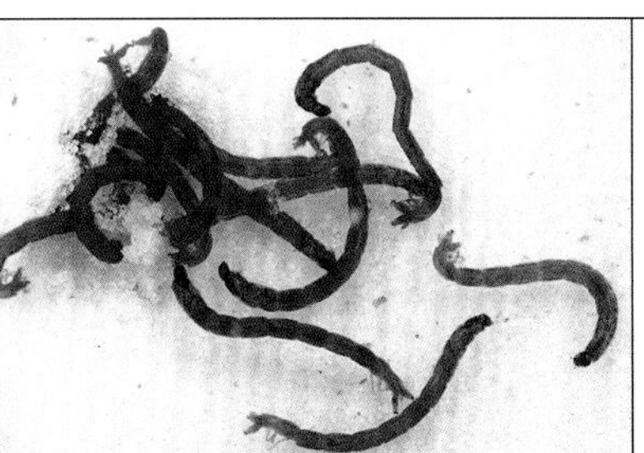

赤虫

这种蠕虫似的动物是摇蚊的幼虫，特别适应在死水中生活。它们的红色来自血红蛋白，和人类血液中的物质相同。血红蛋白有很好的搜集和携氧能力。因此幼虫可以在几乎没有动物的污染的水体中生活。

结满霜花的翅膀

▲抗寒昆虫

一夜初秋严寒之后，阳光下达赤蜻浑身结上了霜。霜不会对蜻蜓造成任何永久性伤害，因为那只是身体外面的。蜻蜓的身体里被一种与应用在汽车上的防冻剂相似的物质保护着。在山区和北极，许多昆虫靠这种防冻剂得以生存。有些昆虫在温度低于 -60℃时仍能存活——比冰箱冷冻室的温度低很多。

鞘翅上的蜡保持身体的水分不会流失
谷物所含的水分在消化分解时才会释放

▲无水生活

液态的水对于人类是至关重要的——没有它，人类无法生存。但是许多昆虫，包括这只面象虫，在完全干燥的环境中生存几个月甚至几年。面象虫吃谷类、面粉、压碎的粮食，它们从食物中获得所需的所有水分。在沙漠中，昆虫常使用不同的生存技巧。有一种来自西南非洲纳米比亚沙漠的甲虫，在雾蒙蒙的夜晚它们爬上沙丘，收集在身上凝结的水珠。

休眠

这只黄蜂蜂王将翅膀折叠在身下，正在冬眠。它进入了假死状态，当天气转暖后会再次苏醒。许多其他昆虫，也以卵、幼虫、蛹或成虫的形式冬眠。昆虫在极度炎热或干旱时，也会休眠。

有些昆虫休眠时，会失去身体大部分水分，身体的化学反应中止。在这种状态下，一种摇蚊幼虫可以在 -270℃的液氮中存活，与外太空一样。一旦环境暖和并湿润起来，昆虫会奇迹般地复活。

社会昆虫

大多数昆虫都独立生活，留下幼虫自己照顾自己。社会昆虫则完全不同，它们生活在群体或永久性的家庭中。有的群体仅有几十个成员，但是最大的群体有数百万之众。群体中的昆虫像一个团队一样工作，筑巢、觅食、抚养群体中的下一代。社会昆虫包括所有蚂蚁和白蚁，以及许多种黄蜂和蜜蜂。由于群体生活，它们中的有些成了地球上最成功的动物之一。

家中的蜜蜂▶

这些工蜂聚集在巢穴内部的一张巢脾上。巢脾是由蜂蜡做成的，充满了六边形的蜂房，像是悬挂式的储藏系统。有些蜂房充满了蜂蜜，这是由蜜蜂从花朵上采来花蜜并带回巢穴做的。其他蜂房里则是正在生长的幼虫，或者是蜂王新产下的卵。右边的放大图片向我们展示了蜂房以及蜷在里面的幼虫。

◀蜜蜂的社会等级

在蜜蜂巢穴中一共有 3 种蜂。工蜂是不育的雌蜂（它们不能繁殖），它们筑巢、维护巢穴、养育幼虫。雄蜂和新蜂王交配，组建新巢。蜂王依靠所产生的一种特殊化学物质统治巢穴，它是可以压制其他工蜂生殖系统的化学物质，因此只有蜂王可以产卵。

▲纸巢蜂

这些胡蜂用咀嚼成纸浆的木头纤维来筑巢。它们将巢穴悬挂在开阔处，通常是树干上。它们的群体可能很小，只有区区 50 只。

▲大黄蜂

大黄蜂常在温暖的老鼠旧窝里繁殖。春天，窝里只有几十只工蜂围绕着蜂王。到夏末，工蜂的数量可以攀升至 500 只。工蜂在黄蜡做的椭圆形蜂房里喂养幼虫。

▲木蚁

冬眠后，这些蚂蚁聚在自己巢的外面。春天时，它们用松树的针和小树枝筑巢，在巢穴表面下的隧里喂养幼虫。

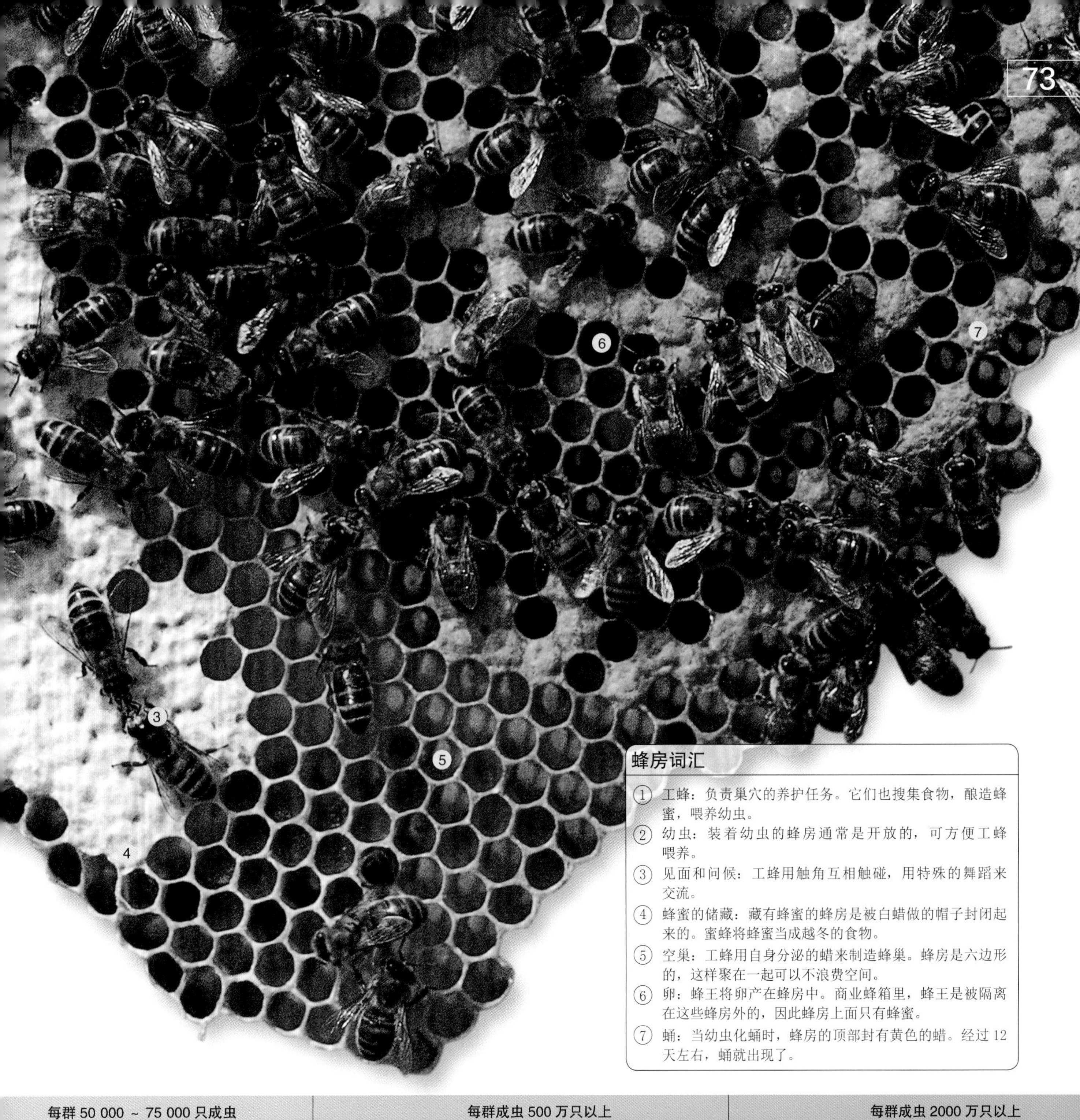

蜂房词汇

① 工蜂：负责巢穴的养护任务。它们也搜集食物，酿造蜂蜜，喂养幼虫。
② 幼虫：装着幼虫的蜂房通常是开放的，可方便工蜂喂养。
③ 见面和问候：工蜂用触角互相触碰，用特殊的舞蹈来交流。
④ 蜂蜜的储藏：藏有蜂蜜的蜂房是被白蜡做的帽子封闭起来的。蜜蜂将蜂蜜当成越冬的食物。
⑤ 空巢：工蜂用自身分泌的蜡来制造蜂巢。蜂房是六边形的，这样聚在一起可以不浪费空间。
⑥ 卵：蜂王将卵产在蜂房中。商业蜂箱里，蜂王是被隔离在这些蜂房外的，因此蜂房上面只有蜂蜜。
⑦ 蛹：当幼虫化蛹时，蜂房的顶部封有黄色的蜡。经过12天左右，蛹就出现了。

每群50 000 ~ 75 000只成虫

蜜蜂

蜜蜂的巢穴可以持续使用数年。春天或夏天时，因为食物充足，巢里工蜂的数量还会增加。工蜂和蜂王秋冬两季都会冬眠。

每群成虫500万只以上

▲白蚁

白蚁群的大小不同。有的巢穴只有几厘米宽，而有的巢穴地上建筑有几米高。白蚁很少在户外进食——它们从里面啃食木头，在泥浆做成的隧道中横跨开阔空间。

每群成虫2000万只以上

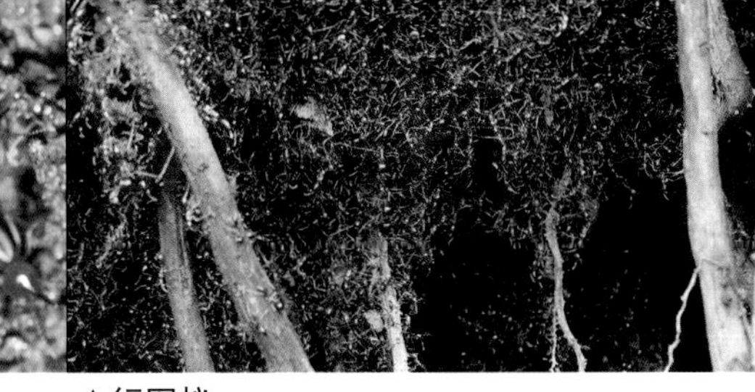

▲行军蚁

这些昆虫是游牧者——在晚上它们的腿连在一起，组成临时的巢穴。它们取食小型动物和昆虫，聚在猎物周围，并制服它。

膜翅目（蜜蜂、黄蜂和蚂蚁）

膜翅目中有世界上最成功的昆虫，某些还有强有力的蜇刺。蜜蜂、黄蜂和蚂蚁虽然看起来不同，但是它们间的亲缘关系很近。除了蚂蚁，它们大部分都有两对翅膀，还有纤细的腰部。独居的种类自己生活，社会性种类生活在称为群体的巨大家庭中，在巢穴中哺育下一代。蜜蜂以花粉和花蜜为食，但黄蜂和蚂蚁食物来源范围很广。有些种类在植物授粉和控制害虫方面都发挥了很重要的作用。

许多蜜蜂和黄蜂都有黑黄警戒色

腹部前方纤细的腰

刺在腹部后方

后翅比前翅小很多

带钩的爪用来携带毛虫和其他昆虫

警戒条纹▲

这只普通黄蜂用一身醒目的黑黄条纹宣扬着一个事实——它会蜇人。它与大多数蜜蜂和黄蜂一样，有一对轻薄的翅膀收拢在身体两侧。它的前后翅由细小的钩子固定在一起，飞行时一起拍打。黄蜂的眼睛很大，触角粗短，口器锐利。成虫以水果和其他含糖食物为生，但成虫却将其他昆虫嚼成营养浆后喂养幼虫。

膜翅目

蜜蜂、黄蜂和蚂蚁都属于膜翅目，该目的 20 万个种类占所有已知昆虫种类的 20%。蜜蜂和黄蜂中既有独居种类，也有群居种类。蚂蚁总是成群生活，很可能是世界上数量最多的昆虫。

蜜蜂的发育

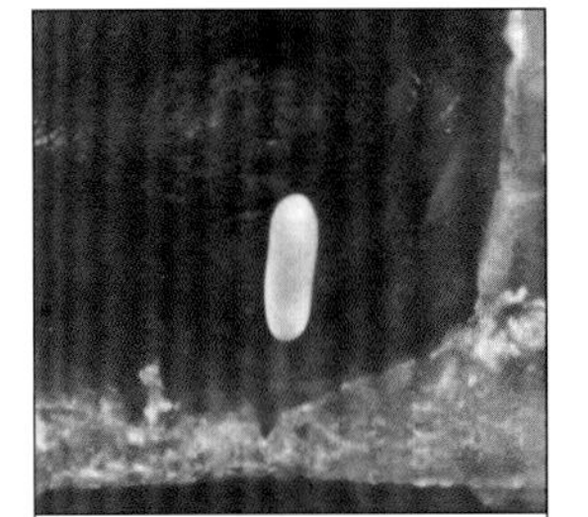

卵

蜜蜂随着生长会完全改变外貌，属完全变态。在蜂巢中，只有蜂王产卵。夏天时，它一天可以产2000多枚卵，将它们每一个都粘在空的蜂房底部。4天后，卵孵化出幼虫。

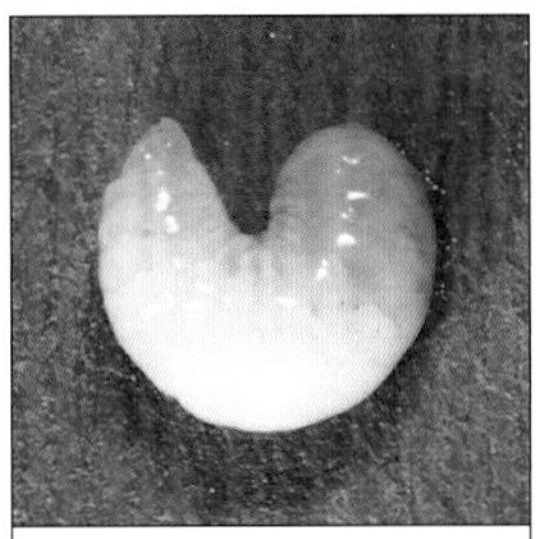

幼虫

蜜蜂的幼虫是白色的，而且没有长腿。在蜂巢中，称为保姆蜂的年轻蜜蜂会用花粉和花蜜混合物来喂养它们。丰盛的大餐使幼虫生长十分迅速。孵化后6天，幼虫就长成，并准备化蛹了。

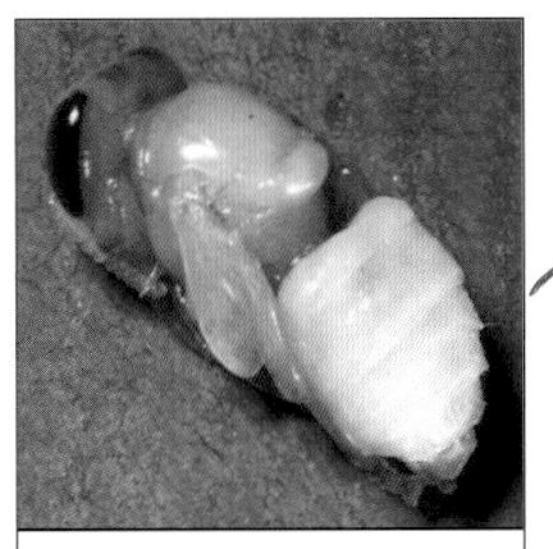

蛹

幼虫蜕下皮就转变成蛹。同时，保姆蜂会做一块蜡板封住巢房。在接下来的10～12天内，幼虫的结构分解，成虫装配成形。卵孵化3周后，一只工蜂就爬出来了。

成年工蜂

工蜂的寿命约为6周。在此期间，它的工作取决于年龄大小。第一周，它们的作用是保姆蜂，喂养幼虫。下一周，它们维护蜂巢并首次飞行。最终，它们将是粮草兵，从花朵上搜集花蜜和花粉。

敏感的触角分节，增强灵活性
用来寻找昆虫猎物的巨大复眼
头顶的三只眼睛（单眼）

触角有个突然转弯处
工蚁的胸部通常比腹部长
强壮的腿上有带钩的爪用来抓取东西

没有翅膀的劳动者▶

工蚁通常长着螯刺，但没有翅膀。比起蜜蜂和黄蜂，蚂蚁胸部长而腹部短，这使它们看起来像是被拉长了。工蚁的眼睛很小，但触角发达，觅食主要依靠嗅觉。蚂蚁繁殖时，巢中也有带翅膀的雄蚁和雌蚁。这些会飞的蚂蚁在夏天离开巢穴，开始建立自己的新巢。

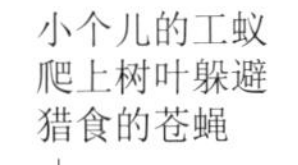

小个儿的工蚁爬上树叶躲避猎食的苍蝇
大个儿的工蚁将树叶带回巢中

▲不同的食谱

这些切叶蚁切下了几片叶子，正在将它们带回地下的巢穴。它们会把叶子堆成肥料堆，而不是直接吃树叶。有一种特殊的真菌会在上面生长，切叶蚁就以此为食。多数蚂蚁的食谱比切叶蚁更丰富，取食种子、水果或任何甜的东西。有的捕食其他昆虫和小型生物，并用刺杀死猎物。

▲寄生虫和宿主

这只在树干上钻洞的树蜂就要产卵了。它的幼虫将在树中挖掘隧道，吃腐烂的木头和真菌。然而，在幼虫进食时，有被寄生姬蜂攻击的风险。姬蜂嗅到树蜂幼虫后，就钻开树木，将卵产在树蜂幼虫身上。姬蜂的这种行为看起来令人厌恶，但它们对控制诸如树蜂这样的害虫十分有效。

昆虫建筑师

昆虫尽管身形微不足道，但其中就有动物界技艺最精湛的建筑师。它们凭本能建造而不是事先规划，使用的建筑材料范围极广。有些昆虫自己劳作，但是最大的建筑仍然是由社会昆虫依靠团队合作完成的。白蚁的巢穴最大——某些热带种类的巢穴可高达 7 米。甚至这些巢实际上比看上去更大，因为巢穴的一部分是藏在地下的。

白蚁盅▶

这个塔状的白蚁巢重达 1 吨。这些巢由潮湿的泥做成，在热带阳光烘烤下变硬。白蚁用唾液湿润泥土，将它们固定在巢穴承重的支柱上。白天，巢穴像是被遗弃了，因为白蚁在巢穴内消磨白天的时光。夜晚来临时，工蚁便搜寻巢穴外一片片死去的植物。

◀巢穴内部

在非洲白蚁的巢穴内，塔的作用类似空调，保持巢内湿润、凉爽。主要的饲养区在距离较近的圆顶内。工蚁收集自己的粪便，并在此培养一种特殊的真菌作为主要的食物来源。在真菌园下面就是王室——蚁后产卵的地方，以及卵孵化、生长的孵育室。

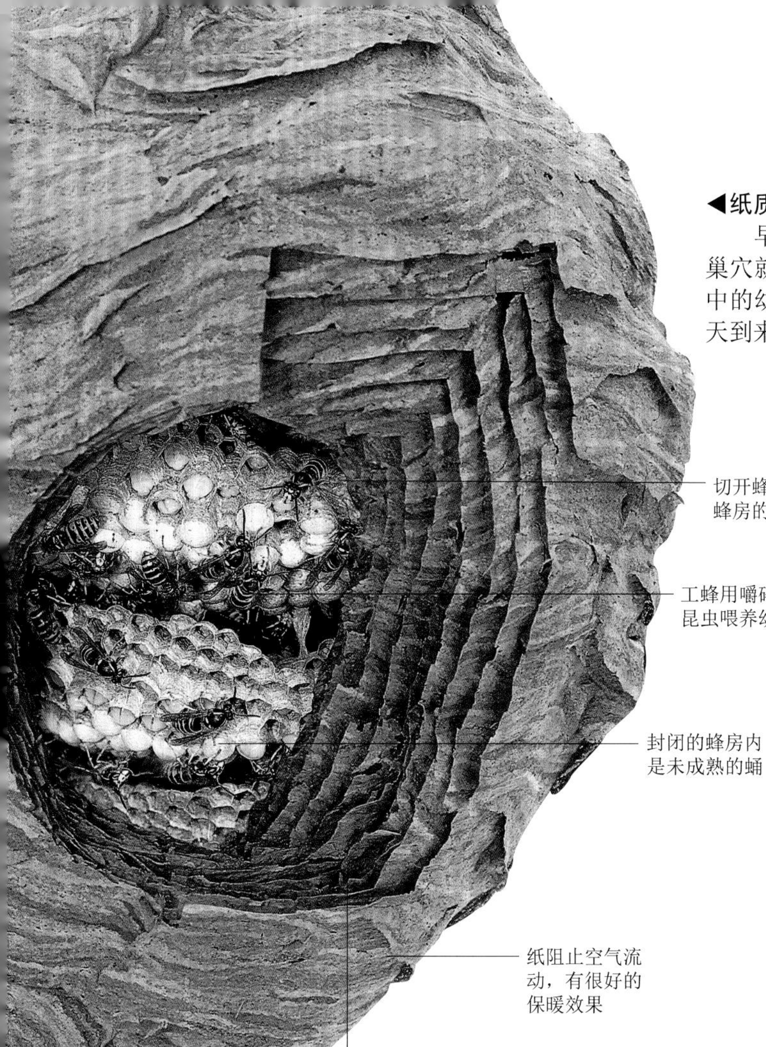
切开蜂房展示了
蜂房的内部
工蜂用嚼碎的
昆虫喂养幼虫
封闭的蜂房内
是未成熟的蛹
纸阻止空气流
动，有很好的
保暖效果
巢由多层
纸组成
下部的狭窄入
口将温暖的空
气留在巢内

◀纸质建筑

早在人们发明纸之前，昆虫就在用它们筑巢了。这个黄蜂的巢穴就是由多层纸缠绕建成的。纸是很好的绝缘体，可以为发育中的幼虫保暖。黄蜂将植物纤维嚼碎，再吐出来展开成纸。随夏天到来，它们撕下内层制作新的外层，这样来扩大巢穴。

积攒的纤维用来筑巢

▲造纸术

工蜂用下颌积攒木质纤维带回巢中。纤维混合唾液后吐出，铺展成纸张。巢的颜色取决于使用的木头种类。啃食木头的白蚁也制作类似的建筑材料，称为纸箱。有的昆虫用它制作出圆形的像足球那么大的巢，挂在树上。

独居的建筑者▶

筑巢并不总是靠团队完成的。这只雌性陶蜂用黏土做了个瓶状的巢，正在将一只被它的蜇刺麻痹了的毛虫拖进巢中。它将在毛虫旁边产卵，并封闭出口。等到卵孵化后，幼虫变成黄蜂要飞走前，以这只毛虫为食。陶蜂在温暖的地方很常见。

陶蜂将毛虫
拖进巢穴

移动式房屋

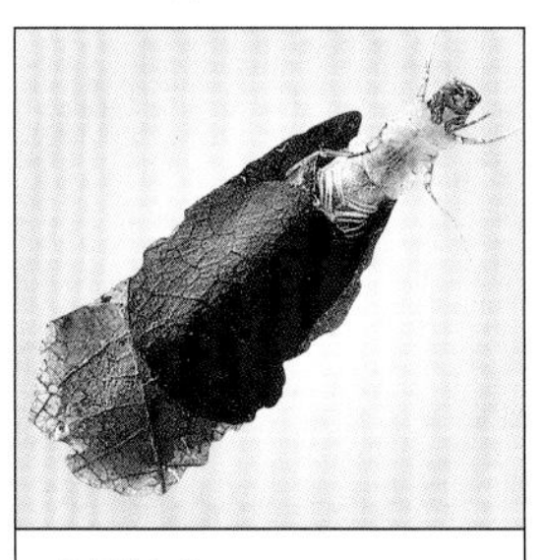

寄居树叶

大多数昆虫建筑师为养育后代而筑巢，但也有少数筑巢是为了保护自己。这只生活在小溪中的石蛾幼虫就用树叶做一个套保护自己。幼虫大部分身体藏在套子里，只在觅食时会爬出来。随着生长，它会不停地套上更多的树叶。

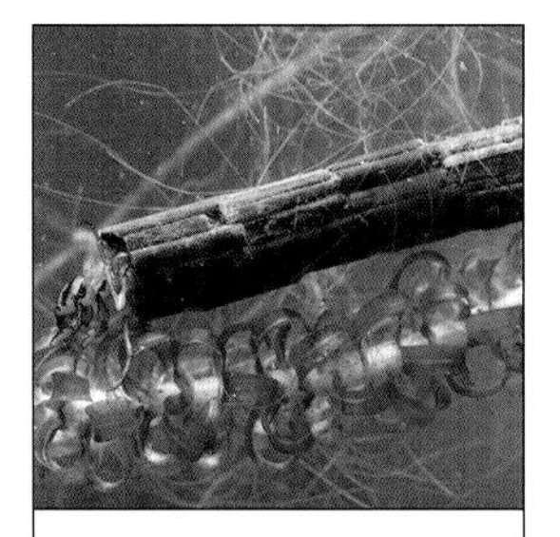

精密建筑

不同种类的石蛾都有自己的建筑技巧来制作各自的巢。这只幼虫就将树叶和植物茎切割成相同大小，做成套子。它将材料螺旋排列，用丝系在一起。最后做出一个铅笔粗细、5厘米长整洁的管子。

石头间的安全地带

这种石蛾幼虫的移动速度很快，不需要筑巢。然而当它化蛹时，需要保护自己免受捕食者的攻击。它将丝做成幛子，上面粘着小石头。蛹和它的幛子都粘在岩石上，使捕食者很难将它吃下去。

探出身子

石蛾的腹部很柔软，总是藏在套子里。这只幼虫探出身来觅食。这种石蛾开始做套子时，首先用细碎的根须做出一个小篮子。所有的石蛾都会吐丝，生长过程中，它们用丝固定住切碎的植物茎。

群居生活

蜜蜂以高效组织的团队外出觅食。如果一只蜜蜂找到了大片花丛，它就飞回巢穴并传播这个消息。它用一种特殊的舞蹈告诉同伴食物在哪里，需要飞行多长时间到达。这个交流系统的效果惊人，它使蜜蜂成为世界上觅食效率最高的昆虫之一。和蜜蜂一样，所有其他的社会昆虫都展示出独特的群体行为。通过有效的信息传递、不同任务的调配，使它们成功生存的机会更大。

◀摇摆舞

蜜蜂有两种不同的舞步引导同胞前往觅食地。圆形舞步说明食物距离巢穴很近。舞步越快，食物越多。食物距离较远时，所使用的是左图展示的摇摆舞。蜜蜂以“8”字形移动，跨越中间时摇摆身体。舞步的速度表示花朵距离的远近。摇摆的角度表示花朵相对于太阳的方向。

▼保持联系

这两只蚂蚁在一条行经路线上相遇了，靠嗅觉相互交流。为了保持联系，它们向周围环境释放一种叫信息素的物质来传递化学信息。工蚁用信息素标记食物路线，当受到攻击时也用来拉响警报。在巢穴的核心部位，蚁后散发自己的信息素保持整个蚁巢运转良好。如果蚁后死了，它的信息素即消失，其他的蚁后就会前来取代它的位置。

▲巢穴里的偷渡者

信息素和任何交流系统一样，也会被盗用。这只被称作阿尔康蓝蝶的毛虫模仿蚂蚁蛹的形状和气味来伪装自己。工蚁将它错当成蚂蚁蛹并带回到巢穴中。一旦毛虫到了地下，它就成了贪吃的捕食者，尽情享用蚂蚁的卵和幼虫。许多其他昆虫也使用这种伎俩。有的以它们的宿主为食，但多数仅仅将它们的巢当作家使用。

▲编制巢穴

编织蚁将树叶对折并用丝缝合制作出巢穴。这些蚂蚁刚刚开始这项任务，把树叶折起来，使边缘几乎相互接触。下一步，工蚁用腿横跨树叶的缝隙，慢慢将边缘合拢。最后蚂蚁幼虫分泌出丝线。工蚁用颌举起幼虫，拍打着它们缝合缝隙。等丝硬化后，连接就完成了。

日常任务

喂养幼虫

在昆虫的巢穴中，喂养幼虫是头等大事。纸巢蜂刚带回喂养蜂房中幼虫的食物来到巢穴。生长中的幼虫不时地就会有小餐一顿。比如蜜蜂幼虫，在它长成的6天内一共进食150次左右。蜜蜂和黄蜂的幼虫自己不能自己觅食，只能依靠定时喂食。

气温控制

蜂巢中的温度是由工蜂控制的。它们扇动翅膀向蜂箱中鼓入冷空气。这项工作在夏天时尤为重要，因为温度升到36℃以上，幼虫就会热死。如果巢穴因温度过高出现危险，工蜂就会采取紧急行动，在蜂房上洒水滴降温。

修复巢穴

当昆虫的巢穴被毁时，工蚁就会进行维修。这些白蚁在用储备泥土修补巢穴上的一个洞。几天之内，修补的地方就会变硬，破口就此封闭。如果破损影响到了繁殖区，工蚁迅速将幼虫和蛹聚集，将它们转移到安全地带。等它们一离开现场，工蚁就开始维修工作。

尸体处理

在庞大的巢穴中，每天都有几十只死去。为了防止疾病传播，及时清理尸体是很重要的。这只工蚁将尸体带离巢穴足够远后就会把它丢掉。秋天时，工蜂大量死去，这项工作变得越发重要。存活下来的蜜蜂则聚集在巢穴中央，静静等待温暖春天的到来。

保卫巢穴

这些兵蚁将蚁酸喷射在空中来保卫巢穴不受侵袭。社会昆虫对危险的反应极为迅速，散发信息素向其他成员求助。蚂蚁和蜜蜂都有自己的特殊阶级，时刻守卫巢穴抵抗侵袭者。它们大多长有硕大的颌，但白蚁中的兵蚁被称为鼻型兵蚁，头部为喷嘴形，可以喷出一种黏性物质。

群体

昆虫的群体十分壮观，有时候甚至壮观得吓人。没有任何预兆，沙沙作响的百万只昆虫就会忽然出现。如果出现的是落在农民庄稼上的蝗虫，结果就是灾难性的，会造成粮食减产或者绝收。聚群的昆虫也很危险，尤其是那些会叮咬和有强效螫刺的种类。许多群体都是由社会昆虫组成的，例如蜜蜂或蚂蚁。但是某些最常见的群体中也有通常情况下单独生活的昆虫。

▲搜查队

蚂蚁与蝗虫不同，它们终生都生活在群体之中。在露营地（临时遮蔽所）过夜后，这群掠食的行军蚁出发寻找它们的猎物。起初，它们以长长的纵队行进，但很快就开始成扇形展开达到15米宽。由于这么多蚂蚁一起移动，行进中遇到的昆虫和其他地面定居的动物都很难逃脱。

▼移动中的蝗虫群

这些沙漠蝗虫正在觅食，而当地居民则在设法赶走它们。蝗虫通常都是独自生活，但潮湿气候使它们大量繁殖，造成过度拥挤和食物匮乏后，它们就会聚集在一起。蝗灾是非洲和世界上其他温暖地区的一大难题。曾有记载的最大的蝗虫群来自北非。它包含了10万亿只个体，总重量达2500万吨以上。

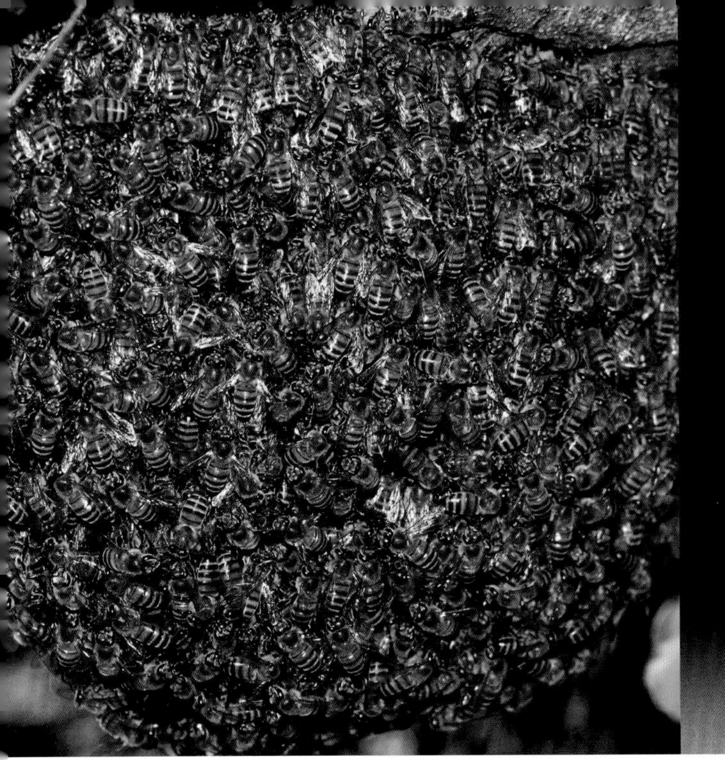

▲蜂群

这些蜜蜂聚成一群挂在一根树枝上。蜂群里面的某个地方就是新生的蜂王，它准备组建一个新巢。当蜂群聚在蜂王周围时，侦察蜂出发为新巢选址。一旦发现了好地方，蜂群就搬家到那里定居。蜜蜂聚在一起看起来很危险，其实此时的蜜蜂通常脾气温和，很少蜇人。

▲聚集现场

春季平静的某天，雄性的蚋或蠓常聚在一起，像是弥漫在空气里的烟雾。蚋通常是独自生活，但是繁殖季节时，雄性聚在一起吸引雌性。如果一只雌性靠近，一只雄性就会迅速接近她，两只虫子接着一起飞走。与其他群体不同，这样的群体仅能维持不到一小时。如果天气转变或开始刮风了，群体立即就散开了。

群体被捕食▶

群居对于蠓来说十分有利，它可以帮助雄性和雌性相互发现。但群体生活也吸引带刺的蠓，正如图中所示。它们不加入群体，而是捕食这些群居的蠓，昆虫的群体生活也吸引其他捕食者，比如鸟类。许多种鸟喜欢捕食飞蚁。当这些飞蚁飞离它们的巢穴时，鸟就会立即捕捉它们。

成群取暖

这些瓢虫聚在一起冬眠。这是一种不同的聚群，因为它几乎毫不移动。瓢虫待在一起度过整个冬季，春天之后就各自离开。苍蝇也经常组成冬眠群体。有一种欧洲苍蝇叫作粉蝇，如果有机会常会聚集在空屋子或仓库。某些最大冬眠群体是由蝴蝶和蛾子组成的。

迁徙

昆虫是动物界最伟大的旅行家之一。每年，都有百万只蝴蝶长途迁徙到达它们的繁殖地。一旦繁殖结束，它们又和下一代转头飞向它们的越冬地。所有的昆虫——包括蜻蜓、蚱蜢、蛾子和牧草虫，都会季节性地迁徙。昆虫完全依靠自己的力量到达它们想去的地方，它们靠本能导航。它们的旅行被称为迁徙。在迁徙过程中，昆虫走过了世界不同地方，经历着各种不同的自然条件。

▲准备上路

这些蜻蜓栖身在湖边的芦苇上，就要开始从蒙古到南亚的漫长向南的旅程。旅行充满危险，因为它们会受到暴风雨的袭击，还有诸如鸟类的捕食者的袭击。许多蜻蜓都死在这次旅行中，但更多的则死在回来的路上。但是对于幸存者而言，迁徙的一大好处是，它们躲开了蒙古寒冷的冬天。

◀随风旅行

小型的迁徙昆虫飞行能力有限——比如这只牧草虫，但是在风的帮助下它们可以迁徙很长的距离。夏天，它们常被暴风雨卷到空中。在被风吹走很远后，它们慢慢落回到地面。当昆虫以这种方式迁徙时，它们无法决定方向，但是如果幸运的话，它会落在食物充足的地方。

◀成功者的聚会

这些黑脉金斑蝶到达了它们在墨西哥的越冬地，并聚集在松树树干上。接下来的几个月，蝴蝶都会待在树上，天气暖和时稍稍飞一会儿。春季温度回升时，它们出发向北飞向遥远的繁殖地。并不是所有的黑脉金斑蝶都会加入这个聚会，其中有些就待在出生地，在树洞或树皮中冬眠。

北美洲的黑脉金斑蝶是世界上最有名的迁徙昆虫。它们多数会在大陆的南部度过冬天，要么是美国加利福尼亚州，要么是得克萨斯州和墨西哥北部。春天，某些蝴蝶会迁徙到加拿大——距离达 3000 千米。

夏天向北迁徙的蝴蝶通常在旅行结束前就已经繁殖或者死去。它们的下一代会完成向北的旅程，在夏天结束前开始向南飞行。

◀路程中

这张示意图展示了一只典型的昆虫迁徙时，在不同方向飞行多少次。春天，它迁徙总体方向是向北，当然也会飞向不同的方向。秋天时，就正好反过来，总体方向朝南。如果昆虫生活在南半球，迁徙就是反方向循环模式。昆虫靠自带的罗盘导航辨认方向，但也使用诸如海岸这样的地标。

▲途中迷路

800 年前，这只蝗虫迫降在美国怀俄明州的冰川上。科学家在研究冰川的冰层时发现了它。这只蝗虫和其他许多蝗虫一样，死在迁徙的路上。坏运气以多种方式阻止着昆虫的迁徙。船只在航行中经常遇到成群迷路的蝴蝶。一旦昆虫到了远海的开阔水域，它们能回到陆地的机会就很渺茫了。

昆虫和人类

许多人对昆虫怀有复杂的感情——尤其是对那些会叮咬和蜇人的或那些进入室内的昆虫。昆虫是种麻烦的生物，有些昆虫会啃食粮食作物或传播疾病，给人类造成很严重的问题。但有些昆虫则很有益，它们会向人类提供有用的产品，例如丝和蜂蜜。尤其重要的是，它们会给世界上许多植物授粉。没有它们，生物界将会变得非常乏味。

养蜂人穿着
防护服装
烟雾迫使蜜蜂停止
飞行，落在巢脾上
丝线绕木制
线轴缠绕
几缕丝缠
成一股线
茧浮在一
锅温水中
木框中
的巢脾
木框垂直放
在蜂箱中

▲缫丝

桑蚕丝是由蚕的幼虫生产的。当毛虫化蛹时，它们用薄薄的丝茧将自己裹起来。这里展示的传统的缫丝方法，即用水浮起蚕茧。每只蚕茧都可以缫出长达 900 米的一缕丝。饲养蚕最早出现在 5000 多年前的中国。今天，它们已从野外绝迹了。

◀搜集蜂蜜

身穿防护服的是一位养蜂人，他打开蜂箱正取出一些巢脾。在他另一边，是一支烟枪用来向蜜蜂放烟以控制它们。蜜蜂在一个方形木头框中筑巢。养蜂人将它们取出，将蜂房上的蜡板盖去掉，放到离心分离器中（用来分离液体蜂蜜的机器）。机器会将蜂蜜从蜂房中分离出来。

▲科罗拉多甲虫

科罗拉多甲虫在啃食土豆的叶子。这种害虫原产于北美，但自从1850年它们被意外地带到世界上许多其他地方。每只雌虫一年可以产3000枚卵，一年可繁殖三代。如果不加控制，它们将毁掉大片的土豆。

▲吉卜赛蛾

这种白色的小蛾子原产自欧洲和亚洲，它们取食树木的叶子。19世纪60年代，它被引进北美，为的是饲养获得它们的丝。然而，一些成虫逃了出来，躲进了附近的树林，很快地繁衍。这种蛾子在北美几乎没有天敌，因此它们的幼虫可以将树木的叶子吃光。直到今天，吉卜赛蛾仍然在传播，一旦爆发，树林就需要喷药了。

▲地中海果蝇

这种具有破坏性的害虫可以在各种水果上产卵。它们的幼虫钻进水果，使水果无法出售。它原产自非洲，现在几乎散播到了世界所有的温暖地带。因为这么小的昆虫能造成如此大的损失，水果生产地需要做极大的努力才能免受其害。世界许多地方都有隔离检疫规则以防止它们入境。

▲移动蜂箱

大多数蜂巢都固定在一个地方，但是这辆卡车则装满了蜂箱，春夏两季都在移动。这些蜂箱租给果农，几周后授粉任务结束，再次聚集在一起。蜜蜂很好地适应了这种旅行式的生活方式。每次蜂箱转移，它们很快就能找回方向感，从而找到回家的路。

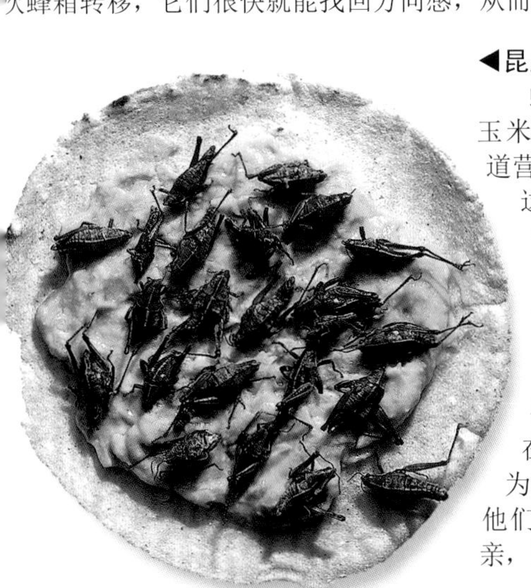

◀昆虫食品

蚱蜢烤熟并铺展在玉米薄饼上后，就是一道营养丰富的酥脆美食。这种以昆虫为主料的食谱秘方源自墨西哥，但在世界上其他地区也有把昆虫当作食物的。昆虫含有大量蛋白质，但只有微量的脂肪。在西方，许多人都认为吃昆虫很恶心，尽管他们很乐意吃昆虫的近亲，比如龙虾、虾和蟹。

蚊子是如何传播疟疾的

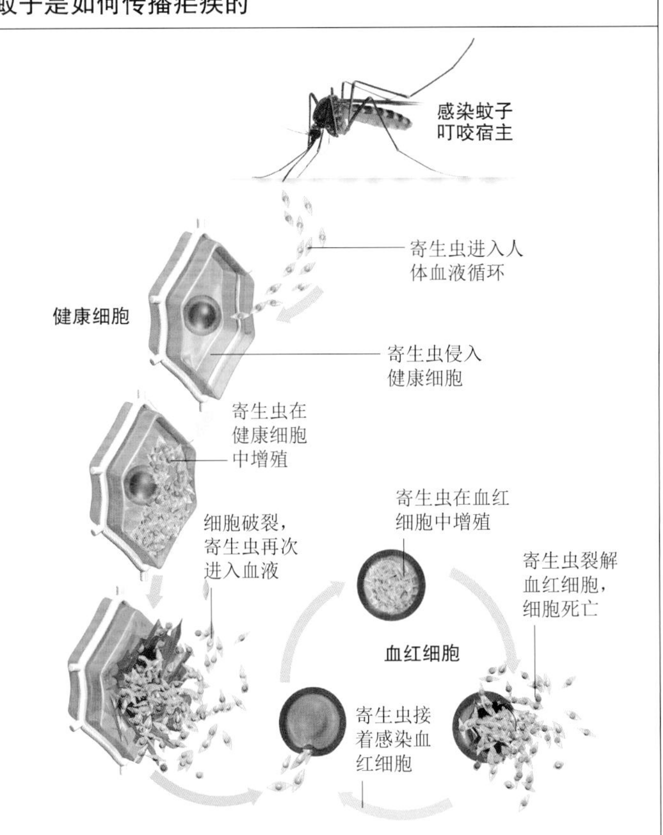
感染蚊子叮咬宿主
寄生虫进入人体血液循环
健康细胞
寄生虫侵入健康细胞
寄生虫在健康细胞中增殖
细胞破裂，寄生虫再次进入血液
寄生虫在血红细胞中增殖
寄生虫裂解血红细胞，细胞死亡
血红细胞
寄生虫接着感染血红细胞

昆虫可向人类传播大约20种疾病，向动物传播的疾病更多。其中，疟疾是最危险的，每年都会有几百万人口感染。疟疾是由一种生活在蚊子唾液腺中的单细胞寄生虫引起的。当一只已感染的蚊子叮咬了人类宿主，寄生虫（疟原虫）即进入宿主的血液循环系统，并感染健康细胞。它们在这里增殖，接着细胞破裂进入血液，在此再次增殖。疟疾会造成多种发热，有时造成肾脏和脑的致命损伤。蚊子叮咬已经感染的人即携带上病源。

昆虫研究

研究昆虫的专家被称为昆虫学家。他们研究昆虫，为了弄明白昆虫是如何生活的，并且发现它们是如何影响人类以及世界上其他生物的。经过昆虫学家的研究，人类知道了许多有益的昆虫，以及那些侵袭农作物和传播疾病的害虫。昆虫学家也研究当人类改变和破坏自然界时，对昆虫的影响。许多其他领域的科学家也会研究昆虫。例如，基因学家靠研究微小的果蝇，在基因和遗传方面有了重大发现。昆虫也给了工程师创造 6 条腿的机器人，甚至微缩星球的灵感。

E8
E7
E6
D8
D7
D6
C8
C7
C6

▲聚焦果蝇

这些果蝇被排列在塑料小盘中，即将送到显微镜下，对它们的特征进行研究。对于基因学家，这些果蝇极其重要，因为它们很容易喂养，而且繁殖迅速。果蝇还有另一个优点：尽管身材很小，果蝇体内却含有极长的染色体（携带动物基因线形 DNA）。这对科学界研究染色体的作用机制很有帮助。

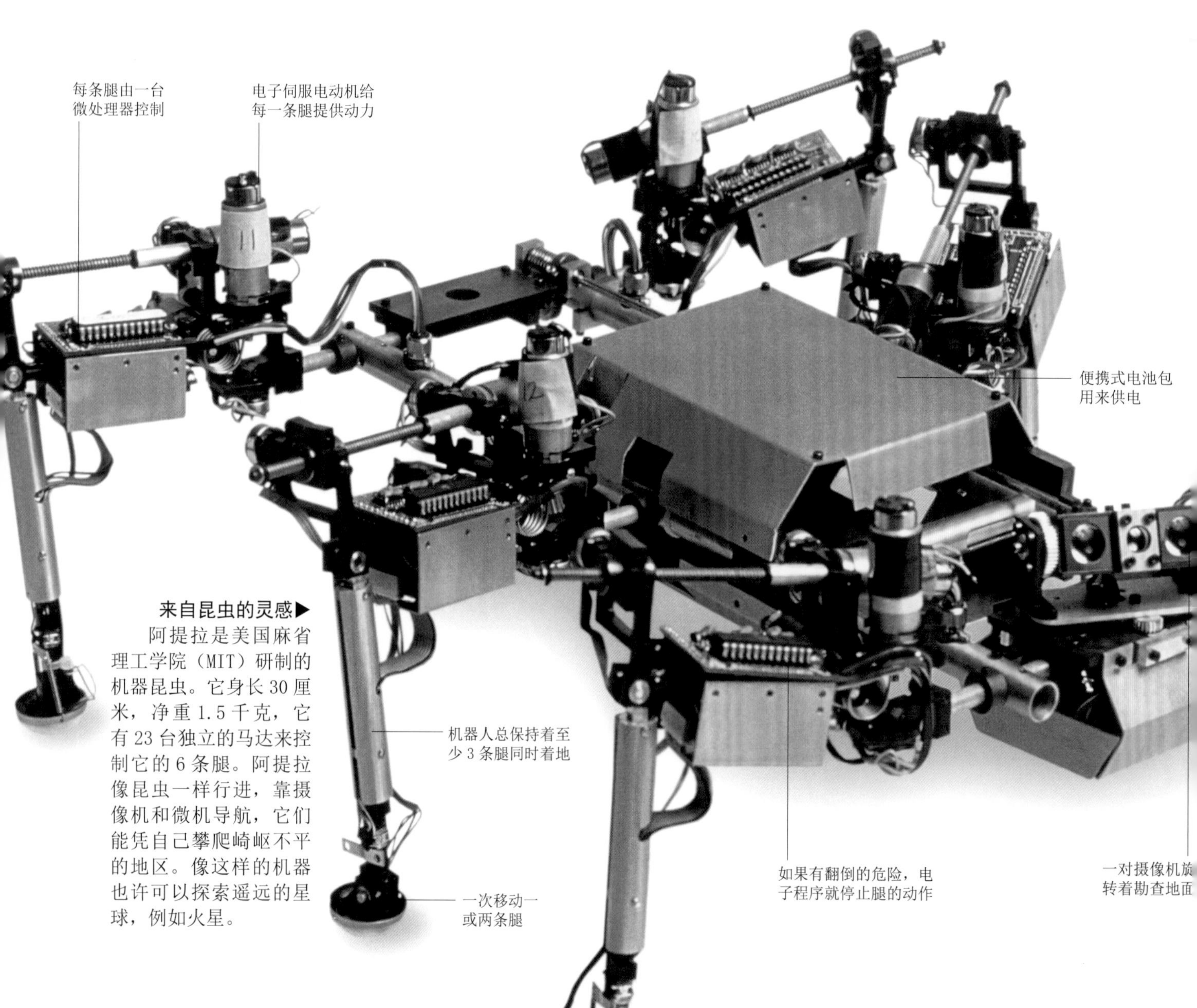
每条腿由一台微处理器控制
电子伺服电动机给每一条腿提供动力
便携式电池包用来供电
机器人总保持着至少 3 条腿同时着地
一次移动一或两条腿
如果有翻倒的危险，电子程序就停止腿的动作
一对摄像机旋转着勘查地面

来自昆虫的灵感▶

阿提拉是美国麻省理工学院（MIT）研制的机器昆虫。它身长 30 厘米，净重 1.5 千克，它有 23 台独立的马达来控制它的 6 条腿。阿提拉像昆虫一样行进，靠摄像机和微机导航，它们能凭自己攀爬崎岖不平的地区。像这样的机器也许可以探索遥远的星球，例如火星。

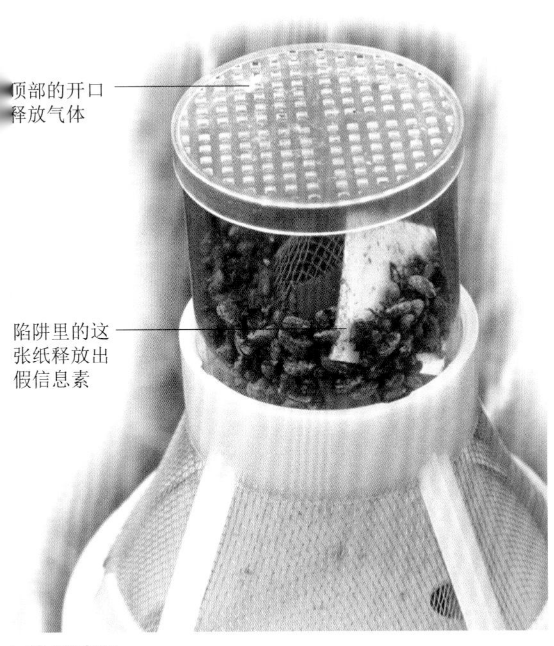
顶部的开口
释放气体
陷阱里的这
张纸释放出
假信息素

▲嗅觉陷阱

这只塑料陷阱是被设计用来诱捕棉籽象鼻虫——一种棉花地中的害虫。陷阱散发出的气味是模仿一只棉籽象鼻虫的信息素。在野外，象鼻虫靠信息素相互吸引。当它们闻到假信息素时爬进陷阱，就此被捕。这种陷阱可以用来对付许多种害虫。与杀虫剂不同，它们能消灭害虫而不会同时杀掉有益的昆虫。

昆虫同盟▶

在20世纪20年代，一种多刺的梨形仙人掌在澳大利亚辽阔的农田造成灾难性的危害。为了制止它的传播，昆虫学家从阿根廷借来了一种吃仙人掌的蛾子。他们在笼子里养蛾子，并在野外散播了30亿枚卵。10年之内，灾难过去了。今天，这些蛾子仍然控制着仙人掌的生长。

濒危昆虫

蜻蜓目

由于人类改变了自然界的环境，造成蜻蜓在很多地方都受到了威胁。这种旧金山蜻蜓生活在加利福尼亚的繁华地区，这使它们面临的境况十分危险。

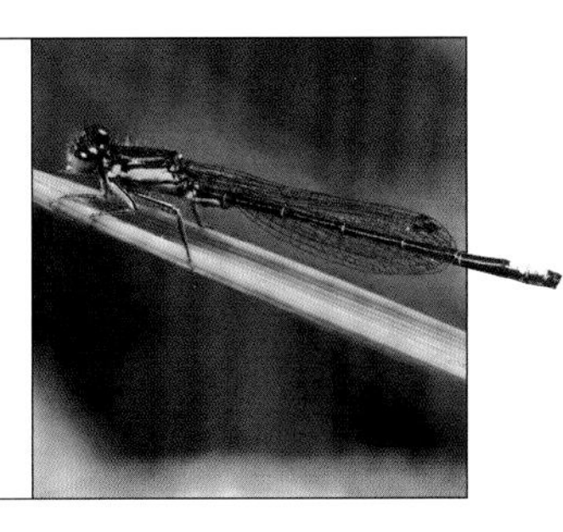

甲虫

甲虫的幼虫吃活着或死去的树木。当森林被砍伐，枯死的树木被清理掉，对甲虫来说是极大的生存威胁。吃木头的甲虫发育缓慢，因此恢复它们需要很长的时间。例如双色吉丁虫就是木材蛀虫，也是欧洲最稀有的甲虫之一。

蝴蝶

这只亚历山大女王凤尾蝶被收藏家捕获，因为它是世界上最大的蝴蝶之一。和所有昆虫一样，蝴蝶也会因世界气候迅速变化而受到威胁。昆虫学家正抓紧研究它们，以探索其带来的影响。

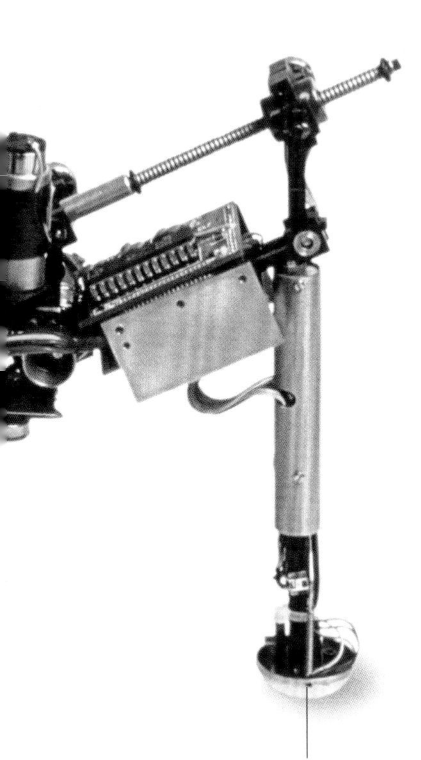
腿可以实现垂
直或水平操作

▲发现新品种

2002年，昆虫学家在纳米比亚的群山中发现了这种非同寻常的昆虫。虽然总有新品种的昆虫被发现，但这只却格外让人兴奋，因为以前从来没发现过像这样的昆虫。经过研究后，科学家决定称它为螩（Mantophasmid），意思是一半是螳螂，一半是竹节虫。到目前为止，又发现了几种螩（xiū）。

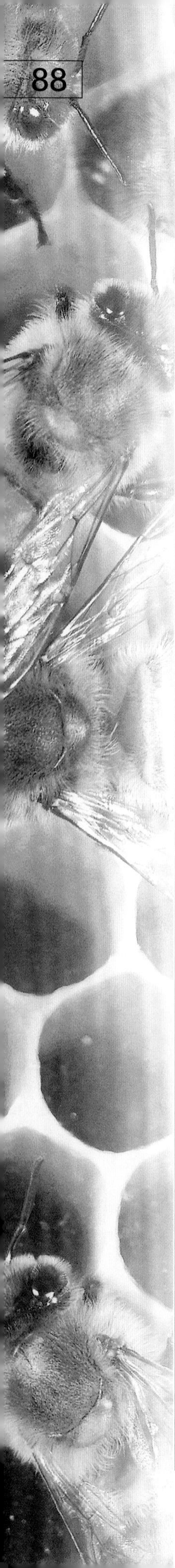

昆虫分类

无翅亚纲（原始无翅昆虫）

目	俗名	科	种	分布	特征
石蛃目	衣鱼	2	350	全世界均见	无翅昆虫，背部隆起，长有复眼和3条纤细刚毛似的尾巴。
缨尾目	衣鱼	4	370	全世界均见	无翅昆虫，腹部细长，长有三条腹尾。身上覆盖银色的鳞片，外貌像是鱼类。在腐败的植物和室内常见。

有翅亚纲［有翅昆虫（尽管某些间接无翅）］

外翅类分类（不完全变态昆虫）

目	俗名	科	种	分布	特征
蜉蝣目	蜉蝣	23	2500	全世界，南极除外	虫体细长，两对翅膀。成虫不再进食，通常仅存活不到一天。若虫生活在淡水中，取食植物和动物。
蜻蜓目	蜻蜓和豆娘	30	5500	全世界，南极除外	虫体细长，两对翅膀，腹部纤细，复眼发达。成虫常在空中捕食其他昆虫。若虫生活在淡水中。
襀翅目	石蝇	15	2000	全世界，南极除外	飞行能力不强，腹部扁平，两对薄膜状翅膀。幼虫生活在淡水中，成熟前约蜕皮30次。
蛩蠊目	蛩蠊	1	25	亚洲和北美	细长无翅昆虫，生活在岩石间。头部和眼睛均很小，腿很发达，低温下仍可以保持活动。
直翅目	蟋蟀和蚱蜢	28	20 000	全世界，南极除外	重型昆虫，长有咀嚼式口器，坚硬的前翅，后腿发达。多数取食植物，但有些猎食或者腐食。
竹节虫目	竹节虫和叶虫	3	2500	全世界，南极除外	行动缓慢的食草昆虫，身体纤细，伪装成树叶或者树枝的典型代表。雌性通常无翅。某些种类，雌性无须交配即可繁殖，而雄性罕见或没有。
螩	螩	1	13	南非	肉食类无翅昆虫，虫体细长，触角纤细，腿部发达。该目发现最晚，2002年确立。
螳螂目	螳螂	8	2000	全世界，南极除外	虫体细长，突袭捕猎，抓取性的前腿有刺。螳螂目光敏锐，头部灵活，有两对翅膀。无翅的若虫也是捕食性昆虫。
革翅目	蠼螋	10	1900	全世界，南极除外	扁平的腹部末端长有螯。大多数种类后翅折叠复杂，在小得多的前翅下拍打。蠼螋吃植物和动物性食物。
蜚蠊目	蟑螂	6	4000	全世界，南极除外	椭圆形昆虫，咀嚼性口器，腿部发达。大多数种类有两对翅膀。
纺足目	足丝蚁	8	300	热带及亚热带	这些昆虫在丝质的隧道、泥土或树叶堆中生活。两性的前肢都是勺子形的，包含丝腺。雄性有翅，但雌性无翅。
等翅目	白蚁	7	2750	热带及温带	社会性植食昆虫，生活在精心搭建的巢中。工蚁无翅，蚁后和雄蚁则有翅。

续表

目	俗名	科	种	分布	特征
缺翅目	缺翅虫	1	29	热带及温带，澳大利亚除外	蚂蚁似的小型昆虫，生活在腐烂的木头或树叶堆中。大多数种类的成虫都有有翅形态和无翅形态。
啮虫目	树皮虱，书虱	35	3000	全世界均可见	典型生活在树丛、树叶堆和室内的小型昆虫。大多数成虫，头部粗钝，长着两对翅膀。书虱有时无翅。
虱毛目	寄生虱	25	6000	全世界均可见	无翅的寄生性昆虫，生活在鸟类或哺乳动物身上。每一种通常仅寄生一种宿主。
半翅目	蝽	134	82 000	全世界，南极除外	种类繁多，吃植物或动物，用口器穿刺或吸吮。有翅的种类，前翅通常坚韧，关上时保护后翅。蝽类在多种栖息环境中生存。
缨翅目	蓟马	8	5000	全世界，南极除外	虫体细长，长有两对羽毛状翅膀的昆虫。许多种类多取食植物的汁液，有些是农作物的严重害虫。

内翅类分类（完全变态昆虫）

目	俗名	科	种	分布	特征
广翅目	泥蛉和鱼蛉	2	300	全世界，南极除外	生活在水边的昆虫，两对翅膀形状大小相近。成虫不再进食。幼虫为肉食性，生活在淡水中。
蛇蛉目	蛇蛉	2	150	全世界，南极除外	捕食性昆虫，有两对翅膀，咀嚼性口器。捕食时，长长的脖子突然刺向猎物。幼虫也是肉食性的。
脉翅目	蚁狮和草蜻蛉	17	4000	全世界，南极除外	捕食性昆虫，两对翅膀大小相近，长有精细的翅脉网。幼虫的颌很大，也是肉食性。
鞘翅目	甲虫	166	370 000	全世界均可见	长有坚固前翅（鞘翅），像罩子一样保护后翅。甲虫的栖息地范围极广，生活史及食物多样。幼虫可能没有腿，而是在自己的食物中钻洞。
捻翅目	飞虱	8	560	全世界均可见	寄生在其他昆虫身上的小型昆虫。雄性的翅膀有独特的扭曲，终生生活在宿主身上。
长翅目	蝎蛉	9	550	全世界，南极除外	翅膀细长，腹部通常弯曲的昆虫。成虫吃活的昆虫、死去的残骸或者花蜜。幼虫常为腐食性。
蚤目	跳蚤	18	2000	全世界均可见	无翅的寄生昆虫，生活在哺乳动物和鸟类身上。身体扁平便于进入皮毛。后腿发达，跳跃能力强。幼虫像是蠕虫，腐食性。
双翅目	蝇	130	122 000	全世界均可见	这种昆虫有一对翅膀和一对平衡棒。成虫的口器用来叮咬或吸吮，主要吃流质食物，如血液和花蜜。苍蝇的幼虫像蠕虫。该目许多为寄生虫和害虫。
毛翅目	石蛾	43	8000	全世界，南极除外	外貌和蛾子相似，触角细长的昆虫，水边常见。石蛾幼虫生活在水中，常制作便携的套子保护自己。
鳞翅目	蝴蝶和蛾子	127	165 000	全世界，南极除外	全身覆盖有微小的鳞片。大多数蝴蝶和蛾子都有宽大的翅膀，简洁的身体，管状的口器不用时会卷起来。
膜翅目	蜜蜂、黄蜂和蚂蚁	91	198 000	全世界，南极除外	长有典型的细腰和两对不一样的翅膀。飞行时，前后翅由微小的钩子连在一起。其许多种类都有刺。

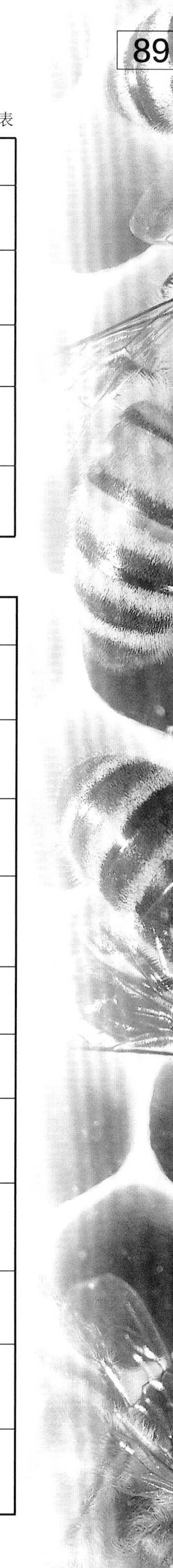

词汇表

DNA

脱氧核糖核酸的缩写。DNA是生物用来储藏信息的物质。它就像是化学的秘方，指导细胞生成和控制其运转。另见染色体。

鼻型兵蚁

白蚁中，头部形状像是喷嘴的一种特殊兵蚁。它们会向袭击巢穴的任何东西喷出一种黏性物质。

变态

昆虫或其他动物发育中身体形态的改变。昆虫发生两种变形。不完全变态的昆虫生命的第一阶段是若虫，很像成虫。随着生长，身体逐渐而缓慢地变形。完全变态昆虫的生命则从幼虫开始。它们和成虫完全不同，在化蛹或结茧时，身体形状忽然发生变化。

表面张力

一种能使水表面成膜的分子间的吸引力。有些昆虫利用表面张力在池塘和小溪表面移动。

兵虫

昆虫群体中，兵虫是保卫巢穴和捕捉猎物的特殊职虫。

彩虹色

一束光线通过折射分解成不同颜色。彩虹色在昆虫中很常见，常常使昆虫看起来有金属光泽。

虫瘿

由昆虫、蚜虫，或者某些细菌引起的植物的异常增生。能引发虫瘿的昆虫常将植物当作庇护所和食物来源。

重寄生虫

侵袭另一种寄生虫的寄生虫。

触角

绝大多数昆虫的成虫头部都有的感觉器官。昆虫的触角有嗅觉、味觉、触觉，还能感知空气的振动。

单眼

昆虫头顶的单个眼睛。和复眼不同，单眼并不形成图像，而是用来全面感知各种光线。

蝶蛹

蝴蝶或蛾子的蛹。蛹的外壳通常坚硬并富有光泽，但是有的在蛹外还有丝质的茧。

冬眠

冬季的深度睡眠。缺乏必需的食物，昆虫靠冬眠熬过一年最寒冷的季节。

毒液

有毒化合物的统称。昆虫用毒液自卫，捕获或毒死猎物。

分类

昆虫的辨别和分组方法。科学的分类通常能表明，通过进化而不同的生物有着怎样的联系。

跗节

昆虫的脚。跗节由许多环节组成，末端常有一个或数个爪子。

腐食动物

以动物残骸为食的昆虫或其他动物。

复眼

含有许多独立小单元的眼睛，每个单元都有自己的透镜结构。

腹部

昆虫身体的后部，紧接着胸部。腹部包含着昆虫的生殖系统，还有消化系统的大部分。

腹足

毛虫身体后部短小而柔软的腿。腹足不像真正的腿，没有分节或关节。

股节

昆虫腿部直接在膝部以上的部分，通常是昆虫腿部最长的一段。

后翅

两对翅膀的昆虫身上，这对翅膀紧靠着胸部末端。后翅通常比前翅轻薄，起飞前总是保持合拢。

呼吸系统

昆虫体内携带氧气到各个细胞，并将二氧化碳废气带走的身体系统。昆虫的呼吸系统由充满空气的管道组成，被称为气管。

花粉

花朵产生的像尘埃一样的物质，包含着植物雄性生殖细胞。花朵结实必须交换花粉。

花粉囊

花上制造产生花粉的部分。许多花的花粉囊都有特殊的形状，便于将花粉散到来访的昆虫身上。

花蜜

花产生的含糖液体。花用花蜜吸引昆虫的到访，利用昆虫进行传粉。

环节

组成昆虫身体的单位。环节通常在外骨骼上可见。每个环节外都有甲片，通过窄小的关节和邻近的环节分隔开。

喙

纤细的鸟嘴形口器，被某些昆虫用来穿刺和吸食血液。

基因

控制生物生长和运转的化学指令。基因由DNA组成，繁殖时，遗传给下一代。

脊椎动物

长有脊柱的动物。

寄生虫

生活在其他动物体内并以之为食的昆虫。

茧

在化蛹前，某些昆虫制作的保护性丝质外壳。

节肢动物

一种身体分节的动物，长有外骨骼和内置关节的腿。节肢动物包含有昆虫以及其他无脊椎动物，例如蜘蛛和蜈蚣。

节肢弹性蛋白

昆虫体内极具弹性的物质。昆虫将其用来储存能量，用来飞翔和跳跃。

进化

生物适应周围环境而产生的生物性状的缓慢变化。进化并不发生在一个单一世代内，而是需要花费几代的时间。

警戒色

告知昆虫有毒或不宜食用的鲜亮颜色。

胫节

昆虫膝部以下的腿。

抗凝剂

一种暴露在空气中可以防止血液凝固的物质。吸血的昆虫能产生这种物质，使它们在吸血时保持血液流动。

科

科学分类体系中，科用来表示一组亲缘关系很近的种类。

髋

昆虫腿部最上面的部分，位置紧邻身体。髋部连接在胸部上。

昆虫学家

研究昆虫的专家。

脸盖

蜻蜓或豆娘的幼虫铰链连接的部分口器，能从嘴下射出，用来捕捉其他昆虫。

猎物

被其他动物捕捉并吃掉的动物。

摩擦声

一种靠身体部位间相互发出声音的办法。昆虫常会摩擦自己的腿或翅膀。

母体

在昆虫群体中，母体指可以飞走建立自己巢穴的雌性和雄性。成功组建一个新巢的雌性将会成为王后。

目

在昆虫分类中，目指一个主要的动物大类，通常包含一个或数个科。同一目中的昆虫尽管身体比例、生活方式上有很大的不同，但仍具有相同的基本特性。

拟寄生虫

这种昆虫的生命开始于寄生性的幼虫，生活在寄主体内。等它变为成虫时，寄主死亡。大多数拟寄生虫都寄生在其他昆虫身上。

拟态

昆虫外貌模仿成不宜食用或者有毒的东西，借以保护自己。许多昆虫都伪装成味道不佳的，或者叮咬和蜇人的其他昆虫。

平衡棒

双翅昆虫身上用来代替后翅的一对短小的棒状器官。飞行时，平衡棒用来在空中保持平衡。

栖息地

生物生存必需的各种环境。多数昆虫只有一种赖以生存的栖息地。

蛴螬

身体短小，没有腿的幼虫。大多数蛴螬蠕动，或者靠咬穿它们的食物钻洞来移动。

气管

携带空气进入昆虫身体，使昆虫得以呼吸的管子。气管开口的那端称为通气孔。气管伸出许多极细微的分支，到达每个细胞个体。

气孔

昆虫体表的呼吸孔。气孔使空气进入昆虫的气管中。

迁徙

昆虫在一年内的不同时间利用不同地区的自然条件，在两个不同地区间旅行。

前翅

两对翅膀的昆虫中，前翅的位置最靠近胸部。前翅通常比后翅硬，合拢时用来保护后翅。

鞘翅

甲虫的前翅。鞘翅坚硬，当折起时，像罩子一样保护后翅。

求偶

一种昆虫和其他动物用于吸引配偶进行繁殖的特征行为。

群体

一起生活的亲缘极近的一组昆虫。绝大多数的群体都是由称为王后的单一个体开始的。

染色体

在绝大多数细胞内都有的显微结构。染色体含有生物合成和运转所必需的指令（DNA）。

肉食动物

以其他动物为食的动物。

若虫

靠不完全变态发育昆虫的幼虫。若虫通常和成虫看起来很像，只是没有翅膀。每次蜕皮它们的身体都发生微小的改变，最后一次蜕皮发育出具有功能的翅膀，转变为成虫。

腮

动物用于水下呼吸的器官。在昆虫中，腮用于收集氧气，并传递到气管系统。

社会等级

形成群体生活的昆虫（例如蚂蚁）的特殊分级。在群体中，不同的等级有不同的身体形状和分工。这些等级包括工蚁、兵蚁和蚁后。

社会昆虫

和其他同类在一个群体内生活的昆虫。社会昆虫分担繁殖和喂养后代的工作。

神经系统

感知外部环境，指导昆虫活动的身体部位。

生殖系统

昆虫身体上用来繁殖的部分。它在雄性昆虫体内产生精细胞，雌性昆虫体内产生卵细胞。有些雌性可不经交配而繁殖。

受精

受精是指生物繁殖中，雄性细胞和雌性细胞融合的瞬间。受精后，雌性昆虫就会产下它们的卵。

授粉

花粉从一朵花到另一朵花之间的传播。有些植物靠风授粉，但更多的靠昆虫授粉。

宿主

被寄生虫侵袭的动物。宿主会因寄生虫而虚弱，但通常能够幸存。

头胸部

蜘蛛和它们近亲身体的前半部分。头胸部由头和胸部融合而成。

蜕皮

昆虫为身体成长并改变外形，脱掉外层外骨骼。对于昆虫，蜕皮常被称为“脱掉外皮”。

外骨骼

包裹动物身体外的骨骼，保护下面的柔软部分。

外壳

另见外骨骼。

王后

建立昆虫群体的雌性。在多数群体中，王后是唯一可以产卵的个体，所有职虫都是它的后代。

伪装

帮助昆虫或其他动物和环境融为一体的形状、颜色和图案。

无脊椎动物

没有脊椎骨的动物。无脊椎动物包含所有昆虫和其他节肢动物，还有其他一些尤其是淡水和海洋里的动物。无脊椎动物通常都很小，但数量远多于脊椎动物，而且种类更加多样。

细胞

由极薄的一层膜包裹的一个微小单元的生命物质。一只昆虫通常包含数百万个细胞，不同形态的细胞具有不同功能。

细菌

单细胞微生物，世界上最简单但也是最多样的生物。能引起疾病的细菌常称为病原体。

消化囊

昆虫消化系统的一部分，用来在降解前储藏食物。

消化系统

用来分解食物，并吸收其包含的营养物质的身体部分。消化系统根据食物的不同而形状多变。

血淋巴

昆虫的血液。和人类的血液不同，血淋巴的压力很低，它缓慢地流经昆虫身体的间隙，而不是动脉和静脉。

信息素

昆虫散发出的用于影响其他昆虫行为的化学物质。昆虫用信息素吸引配偶，保持联系，巢穴遭侵袭时发出警报。信息素靠空气或直接接触传播。

胸部

昆虫身体的中部，在腹部和头部之间。腿和翅膀都附着在胸部，而且其中还包含有大多数行动所必需的肌肉。

雄蜂

成年雄性蜜蜂。雄蜂和蜂王交配，但和工蜂不同之处在于，它们并不收集食物和喂养后代。

休眠

长时间不活动的昆虫进行休眠状态，为了在逆境中生存。

循环系统

昆虫体内，将血淋巴输送到全身的系统。

眼点

昆虫翅膀上的像大眼睛一样的标志。昆虫用它来吓走猎食者。

蛹

昆虫生命循环中的一个休眠阶段。此时，幼虫的身体结构分解，构建起成虫结构。蛹只存在完全变态发育的昆虫中。

幼虫

幼年的完全变态昆虫。幼虫的模样通常和成虫完全不同，而且食物通常也不同。它们通过称为蛹的特殊休眠阶段发育为成虫。

蜇刺

蚂蚁、蜜蜂和黄蜂身上改良的产卵管，用来注射毒液。它们用蜇刺对付猎物或自卫。

职虫

在社会性昆虫中，司职收集食物、维护巢穴以及照看后代的个体。职虫通常是不育雌性，如工蜂和工蚁。

纸箱

某些白蚁靠咀嚼木头得到的，用来筑巢，和纸板相似的物质。

种

在野外，外形十分相似并可一起繁殖的一组动物。种是科学家用以给昆虫进行分类的基本单位。

柱头

花朵上结出种子的部分。许多花朵中，为了收集昆虫身上的花粉，柱头都有着特定的形状。

致 谢

Dorling Kindersley would like to thank Lynn Bresler for proof-reading and the index; Margaret Parrish for Americanization; and Niki Foreman for editorial assistance.

David Burnie would like to express his warm thanks to Dr. George McGavin for his help and advice during the preparation of this book, and also to Clare Lister of Dorling Kindersley, for her enthusiasm and expertise in bringing the book to completion.

Picture Credits
The publisher would like to thank the following for their kind permission to reproduce their photographs:

Abbreviations key:
t-top, b-bottom, r-right, l-left, c-centre, a-above, f-far

1 DK Images: Frank Greenaway c. 2 Science Photo Library: Claude Nuridsany & Marie Perennou c. 3 FLPA: Mark Moffett/Minden Pictures c. 4 Corbis: Lynda Richardson c. 5 DK Images: Dave King crb. 6 DK Images: Dave King cl; Jane Burton crb. 6 Warren Photographic: car. 6-7 Corbis: W. Cody. DK Images: Frank Greenaway. 7 Ardea.com: Pascal Goetgheluck cbr. 7 Corbis: Hyungwon Kang/Reuters cra. DK Images: Colin Keates bcl. Nature Picture Library Ltd: Duncan McEwan bcr; Nick Garbutt cr. 8 DK Images: Frank Greenaway cb; Geoff Dann clb; Kim Taylor cbr. Warren Photographic: bcl. 8-9 DK Images: Colin Keates. 9 Alamy Images: Nigel Cattlin/Agency Holt Studios International Ltd bcr. Corbis: Gary W. Carter br; George D.Lepp cr; Michael Clark/Frank Lane Picture Agency cfr. N.H.P.A.: Stephen Dalton tcr. Science Photo Library: Susumu Nishinaga cbl. Warren Photographic: tr. 10 Alamy Images: David Sanger tcr. Ardea.com: Alan Weaving cb. Corbis: Ralph A.Clevenger cr. DK Images: Frank Greenaway clb; Steven Wooster br. 11 Corbis: Carl & Ann Purcell bcl; Strauss/Curtis cbl. DK Images: Colin Keates cr, bcr; Francesca Yorke cra; Frank Greenaway tc, ca. 12 The Natural History Museum, London: ca. OSF/photolibrary.com: b. 13 Natural Visions: crb. DK Images: Dave King tr. FLPA: Michael & Patricia Fogden/Minden Pictures cfr. Science Photo Library: Claude Nuridsany & Marie Perennou cal; Eye of Science bcl; Vaughan Fleming bc. 14 Science Photo Library: Claude Nuridsany & Marie Perennou bl; Dr Jeremy Burgess clb. 15 Nature Picture Library Ltd: Hans Christoph Kappel tr. N.H.P.A.: Ant Photo Library br. 16 Science Photo Library: Eye of Science clb, cfl; John Burbidge ca. 17 DK Images: Frank Greenaway cr, cb, crb; Kim Taylor cbr; Peter Anderson car, tcr. N.H.P.A.: George Bernard cbl. Science Photo Library: Claude Nuridsany & Marie Perennou cal, tcl. 18 N.H.P.A.: Stephen Dalton cbr. Getty Images: National Geographic bl. 18-19 Warren Photographic. 19 Ardea.com: John Mason bcl. Warren Photographic: br. Professor Dr. Ruediger Wehner: car. 20 DK Images: Frank Greenaway bl. N.H.P.A.: George Bernard tcr. 20-21 DK Images: Frank Greenaway. 21 Auscape: cfr. DK Images: Frank Greenaway bl, bc, br, cbl. N.H.P.A.: Robert Thompson tcr. OSF/photolibrary.com: cbl. Warren Photographic: tc. 22 DK Images: Steve Gorton bl. 22-23 DK Images: Dave King. 23 Alamy Images: Nigel Cattlin/Holt Studios International Ltd cbr; Wildchromes tr. DK Images: Jerry Young crb. Science Photo Library: Claude Nuridsany & Marie Perennou tc. Warren Photographic: cr. 24 DK Images: Colin Keates/The Natural History Museum, London bcr; Frank Greenaway crb; Kim Taylor tl, cla, bl. 25 DK Images: Steve Gorton t. N.H.P.A.: Alan Barnes bcl. Warren Photographic: br. 26-27 Warren Photographic. 27 DK Images: Colin Keates car; Dave King cfr; Frank Greenaway car; Frank Greenaway/The Natural History Museum, London cra; Steve Gorton tc. N.H.P.A.: Stephen Dalton cl. Warren Photographic: tl. 28-29 DK Images: Frank Greenaway. 29 Alamy Images: Maximilian Weinzierl tl; NaturePicks car. DK Images: Neil Fletcher br, tcr. N.H.P.A.: Stephen Dalton cbr. OSF/photolibrary.com: ca. Science Photo Library: Andy Harmer cr. 30 DK Images: Frank Greenaway clb, cfl. Nature Picture Library Ltd: Martin Dohrn tr. 30-31 DK Images: Frank Greenaway. 31 Michael and Patricia Fogden: crb. Nature Picture Library Ltd: Premaphotos cfr. 32 Natural Visions: bl. Corbis: Clouds Hill Imaging Ltd cb. DK Images: Neil Fletcher ca. Science Photo Library: Claude Nuridsany & Marie Perennou car. 32-33 DK Images: Neil Fletcher. 33 DK Images: Neil Fletcher tl, c, br. N.H.P.A.: M.I. Walker tr. OSF/photolibrary.com: ca. 34 Corbis: Michael & Patricia Fogden bl. OSF/photolibrary.com: cra, bcr. 34-35 OSF/photolibrary.com. 35 N.H.P.A.: George Bernard cl. OSF/photolibrary.com: cla, br. Warren Photographic: car, tcr. 36 DK Images: Geoff Brightling/Peter Minster car. Nature Picture Library Ltd: Martin Dohrn b. 37 DK Images: Steve Gorton/Oxford Museum of Natural History tl. Science Photo Library: Dr Gary Gaugler bl; John Burbidge cfl; Sinclair Stammers cla, crb. Warren Photographic: cra, car. 38 DK Images: Frank Greenaway cbr; Kim Taylor cbl. OSF/photolibrary.com: clb, cb. 39 N.H.P.A.: Stephen Dalton cfr. OSF/photolibrary.com: tr. Science Photo Library: Eye of Science ca; Sinclair Stammers crb. Warren Photographic: tl. 40 Corbis: Gary W. Carter bl. Science Photo Library: bcr; J.C.Revy cb; VVG ca. 41 DK Images: Frank Greenaway br; Steve Gorton cbl. Nature Picture Library Ltd: Premaphotos tcl. Science Photo Library: Claude Nuridsany & Marie Perennou tr. 42 Alamy Images: Maximilian Weinzierl cbr. FLPA: Minden Pictures clb. Nature Picture Library Ltd: Premaphotos tl. Science Photo Library: Darwin Dale/Agstock cb. 43 DK Images: Kim Taylor cbl. N.H.P.A.: Stephen Dalton cb. Science Photo Library: Claude Nuridsany & Marie Perennou tr; Michael Abbey cal. 44 DK Images: Oxford Scientific Films b. Science Photo Library: Susumu Nishinaga tl. 45 DK Images: Howard Rice cb; Kim Taylor tr. N.H.P.A.: Robert Thompson tl. Warren Photographic: clb, cfr. 46 Ardea.com: D.W.Greenslade cfl. DK Images: Neil Fletcher cfl. N.H.P.A.: Stephen Dalton bl. OSF/photolibrary.com: bcr. Warren Photographic: clb. 46-47 N.H.P.A.: James Carmichael JR. 47 Corbis: David A. Northcott tr. N.H.P.A.: Stephen Dalton tcl. Science Photo Library: Darwin Dale/Agstock tc. 48 DK Images: Gables cfl. Warren Photographic: car. 48-49 N.H.P.A.: Anthony Bannister. 49 DK Images: Steve Gorton/Oxford University Museum cfr. The Natural History Museum, London: cbr. N.H.P.A.: Stephen Dalton tr. 50 DK Images: Frank Greenaway/The Natural History Museum, London car. Nature Picture Library Ltd: Ingo Arndt b. 51 DK Images: Frank Greenaway crb. Holt Studios International: ca. N.H.P.A.: Anthony Bannister cfl. OSF/photolibrary.com: bc, br, bcr. 52 DK Images: Colin Keates/The Natural History Museum, London clb; Jerry Young bl. 52-53 N.H.P.A.: Anthony Bannister. 53 Natural Visions: bcl. DK Images: Frank Greenaway tr, cr, cbl; Frank Greenaway/The Natural History Museum, London c, tc; Harry Taylor/The Natural History Museum, London br. N.H.P.A.: Stephen Dalton crb. 54 N.H.P.A.: Daniel Heuclin clb. 54-55 Warren Photographic. 55 Alamy: Ashok Captain/Agency Ephotocorp crb. DK Images: Colin Keates tcr; Frank Greenaway tc, tr. FLPA: tcl. Getty Images: Taxi c. 56 Corbis: Galen Rowell tr. Warren Photographic: b. 57 Ardea.com: Steve Hopkin br. Holt Studios International: t. Nature Picture Library Ltd: cl; Richard Bowsher c. Warren Photographic: bcl. 58 Alamy Images: Maximilian Weinzierl cfl. FLPA: Mitsuhiko Imamori/Minden Pictures b. N.H.P.A.: Eric Soder tr. 59 DK Images: Frank Greenaway tl; Jane Burton br. FLPA: Michael & Patricia Fogden/Minden Pictures clb, bl, cfl. N.H.P.A.: Daniel Heuclin tr. 60 Nature Picture Library Ltd: Hans Christoph Kappel cfl. 60 OSF/photolibrary.com: bl. 60-61 Science Photo Library: Andrew Syred. 61 Ardea.com: cr. DK Images: Frank Greenaway tcl; Kim Taylor cfr. N.H.P.A.: Anthony Bannister bc. OSF/photolibrary.com: tr. 62 Corbis: Michael & Patricia Fogden tr. DK Images: Neil Fletcher bl, bc, bcl. 62-63 DK Images: Linda Whitwam; Neil Fletcher. 63 Natural Visions: cbr. Ardea.com: bcr; Alan Weaving cr. DK Images: Frank Greenaway cbr; Neil Fletcher cl. Ecoscene: tcr. Nature Picture Library Ltd: car; Robin Chittenden cra. N.H.P.A.: Gerry Cambridge tcr. 64 DK Images: Andy Crawford/Gary Stabb - modelmaker bcl; Dave King c, cfl; Frank Greenaway cb; Jane Burton bl; Kim Taylor br. N.H.P.A.: John Shaw tc, tr. 65 Corbis: Roy Morsch br. DK Images: Frank Greenaway cl; Frank Greenaway/The Natural History Museum, London cl; Kim Taylor c. Nature Picture Library Ltd: Ingo Arndt bl. N.H.P.A.: John Shaw tl, tc, tr. Jerry Young tr; Ted Benton crb. 66-67 DK Images: Kim Taylor and Jane Burton. 67 Corbis: Pat Jerrold/Papilio tcr. DK Images: Jerry Young tr; Ted Benton crb. FLPA: Mitsuhiko Imamoril/Minden Pictures cfr. OSF/photolibrary.com: cl. 68 Ardea.com: cla. DK Images: Frank Greenaway cbr, cfl; Kim Taylor cl; Steve Gorton/Oxford University Museum c. OSF/photolibrary.com: bl. Warren Photographic: cr. 68-69 FLPA: Mitsuhiko Imamori/Minden Pictures. 69 Ardea.com: cbr; Steve Hopkin cra. FLPA: Mitsuhiko Imamori/Minden Pictures cfr. Nature Picture Library Ltd: David Welling bc. 70 Corbis: Michael T. Sedam b; Wolfgang Kaehler car. 71 Natural Visions: tl. Ardea.com: John Mason br; Steve Hopkin cla. DK Images: Frank Greenaway car; Guy Ryecart/The Ivy Press Limited cfr. FLPA: Fritz Polking cbl. 72 DK Images: Frank Greenaway cla, clb, cfl. Nature Picture Library Ltd: Andrew Cooper br; Pete Oxford bl; Premaphotos bc. 72-73 DK Images: Oxford Scientific Film. 73 Ardea.com: Alan Weaving bc. Nature Picture Library Ltd: Hermann Brehm bl; Martin Dohrn br. 74-75 DK Images: Frank Greenaway. 75 DK Images: Geoff Dann bcl. Nature Picture Library Ltd: John B Free tcl. OSF/photolibrary.com: tc. Warren Photographic: br. 76 DK Images: Kim Taylor c. 76-77 DK Images: Kim Taylor. Warren Photographic. 77 Natural Visions: crb. Ardea.com: Steve Hopkin car. DK Images: Frank Greenaway cbl. N.H.P.A.: Anthony Bannister crb; Stephen Dalton cb. OSF/photolibrary.com: cbr. 78 DK Images: Jerry Young c. Warren Photographic: cla. 78-79 N.H.P.A.: Manfred Danegger. 79 Natural Visions: tcl. FLPA: Konrad Wothe/Minden Pictures bcr; Treat Davidson car. Nature Picture Library Ltd: Premaphotos tcr. N.H.P.A.: N.A. Callow cbr; Steve Robinson cr. Science Photo Library: B.G Thomson cbl. 80 Science Photo Library: Sinclair Stammers tr, c. 80-81 FLPA: Mitsuhiko Imamori/Minden Pictures. 81 Nature Picture Library Ltd: John Cancalosi br. N.H.P.A.: Eric Soder tr; Martin Harvey tl. Science Photo Library: David Scharf cfr. 82 Holt Studios International: bl. OSF/photolibrary.com: cl. 82-83 FLPA: Frans Lanting/Minden Pictures. 83 Jeffrey A. Lockwood: br, cbr. 84 Corbis: Michael Pole bl; Wolfgang Kaehler cra. 85 Alamy Images: Steve Fallon/Agency LifeFile Photos Ltd cl. Corbis: Naturfoto Honal tc. DK Images: Frank Greenaway cr. N.H.P.A.: Daniel Heuclin tl. Science Photo Library: Jack K. Clark/Agstock tr; Peter Menzel bcl. 86 Ardea.com: tr. 86-87 Science Photo Library: Peter Menzel. 87 ASA-Multimedia: Thomas Kujawski cb. 87 DK Images: Colin Keates br; Nigel Hicks car. The Natural History Museum, London: crb. N.H.P.A.: Ant Photo Library tr. Eric Preston: cfr. Science Photo Library: Debra Ferguson/Agstock tcl. 90 DK Images: Frank Greenaway l. 91 DK Images: Frank Greenaway r. 92 DK Images: Frank Greenaway l. 93 DK Images: Frank Greenaway r. 94 DK Images: Frank Greenaway l.

Jacket images
Dorling Kindersley: Jerry Young
Huitu: Tomny lx / Getty Images
Cosmln / Getty Images